U0260030

大学数学学习辅导丛书

工 程 数 学

复变函数（第四版）学习辅导与习题选解

王绵森 编

高等教育出版社·北京

内容提要

本书是与西安交通大学编写的《复变函数(第四版)》相配套的学习辅导书,按照原教材各章的顺序,每章都包含内容提要、教学基本要求、释疑解难、例题分析和部分习题解法提要五个部分,在附录中还配备了五套自我检测试题及解答。与一般的“习题集”或“解题指南”不同,本书不但包含解题方法和解题思路的分析,而且包含对复变函数中基本概念、基本理论和重要思想方法的系统小结,并针对学生在学习过程中提出的一些疑难问题,以问答形式给予较详尽的分析和解答,帮助学生加深对内容的理解,提高他们的数学素养和分析、解决问题的能力。

本书对于非数学类专业的理工科本科生学习复变函数课程无疑是一本很好的学习参考书,对于从事复变函数教学工作的青年教师也是很有裨益的教学参考书。

目　　录

致　读　者

这本小册子是与西安交通大学编写的《复变函数(第四版)》(高等教育出版社出版)相配套的学习辅导书。它与一般的“习题集”或“解题指南”不同,不但包含解题方法和解题思路的分析,而且包含对《复变函数(第四版)》中基本概念、基本理论、重要思想方法的总结与释疑解难,目的在于帮助读者在学好本课程的同时,提高读者的数学素养和能力。

基于上述目的,本书按照原教材的各章顺序,每章都包含下列五部分内容(第一章不含释疑解难)。

一、内容提要　这部分内容不是对定义、定理、公式和方法的简单罗列,而是对各章中重要概念、理论和方法的较为系统的小结,以使读者在原有的基础上加深对各章内容的理解。

二、教学基本要求　这部分是从教育部高教司在1995年颁布的工科类《复变函数课程教学基本要求》中摘录下来的。应当指出,这个教学基本要求是所有本科生应当达到的合格要求。读者应当根据本人及所在院校的具体情况确定自己的学习目标,但不能低于基本要求。文中用黑体排印的,属较高要求,必须深入理解,牢固掌握,熟练应用。本书中还含有少量带 * 号的部分是超出教学基本要求的引伸和补充,供读者选用。

三、释疑解难　这部分是根据许多教师和同学在学习本课程中所提出的疑难问题以及编者多年的教学经验汇集加工而成的,其中包括对一些重要概念和理论的深入理解,常见错误的剖析以及解题方法和解题思路的小结等。书中以问答形式编写了28个问题,并给出了较为详尽的解答。

四、例题分析　本书中共配备了47个例题(有些还包括若干小题)，每个例题均包含“分析”和“解答”两部分。其目的在于通过分析解题思路，阐明解题方法，使读者不但知道这个题目是“怎样做的”，而且要懂得“为什么要这样做”，有无其它解法，解题思路和方法能否用于解决其它问题等，以便举一反三，提高分析和解决问题的能力。

五、部分习题解法提要　本书对原教材中各章习题的三分之一以上给出了解法提要，其中多数是初学者感到比较难的。希望读者掌握这些题目的解题方法，独立完成其余的习题。

另外，在附录中，还配备了五套自我检测试题(每套两小时)，并附有简要解答。读者可以用这些试题对自己的学习成效进行独立的自我检测，不要急于看解答。

正如原教材“引言”中所说的那样，“复变函数中的许多概念、理论和方法是实变函数在复数领域内的推广和发展，因而它们有许多相似之处。但是，复变函数又有与实变函数不同之点。我们在学习中，要勤于思考，善于比较，既要注意共同点，更要弄清不同点。这样，才能抓住本质，融会贯通。”这段话既是对本课程内容与特点的概述，又是对读者学习方法的指导。在本书中，我们经常采用与实变函数相关内容进行对比的方法，在指出它们共性的同时，着力于揭示它们的区别，重点讨论复变函数中的一些新概念、新理论和新方法，并注意分析产生这些区别的原因。我们相信，只要读者遵循上述方法，多想一些问题，多下一点功夫，是完全能够学好这门课程的。

编者非常感谢审稿人齐植兰教授，她对书稿进行了认真细致的审查，她所提出的许多宝贵的意见和建议对提高本书的质量起了十分重要的作用。感谢高教出版社高级策划李艳馥同志，没有她的辛勤劳动，本书是很难这么快地面市的。

由于时间仓促和编者的水平有限，错误与不妥之处在所难免。编者热忱欢迎广大教师和读者批评指正，提出改进意见。

编　者

2003 年 5 月于西安交通大学

第一章　复数与复变函数

内 容 提 要

在高等数学课程中,研究的对象是实变函数,也就是自变量与因变量都是实数的函数,而本课程研究的对象是自变量与因变量都是复数的函数,即复变函数.因此,本章在简要复习复数的概念、运算和表示的基础上,先将函数的概念推广到复数域,然后,介绍复变函数的极限与连续性,为学习后面的内容奠定基础.

一、复数及其表示

复数的概念、运算及其表示方法大多在中学已经学过.然而,在复习的基础上加深对内容的理解,熟练运用复数知识解决有关问题,对以后的学习是非常重要的.读者应特别注意以下几个问题.

1. 关于复数的几何表示

由于复数 $z = x + iy$ 与复平面上的点 $P(x,y)$ 或向量 $\overrightarrow{OP}$ 之间的一一对应关系,所以,复数可用复平面上的点或向量来表示.这一事实看似简单,但却有重要的理论意义和应用价值.(1) 它建立了非零复数 z 的三角表示式和指数表示式:

$$z = r(\cos\theta + i\sin\theta), \qquad z = re^{i\theta}, \tag{1.1}$$

其中 $r = |z|$,θ 为 z 的无穷多个辐角中的任一值.利用这两种表示,可以使复数的运算大为简化,应用更加灵便.(2) 建立了复变数与平面图形的联系,使我们能用复数形式的方程或不等式表示一些平面曲

线或图形,为用复数研究平面几何问题奠定了基础(见教材第二节例3与例4).(3)建立了复数与向量之间的联系,使我们可以用复数表示那些能用平面向量表示的物理量.例如,考虑一河面上的水在某时刻的流动问题.只要在河面上取定一坐标系 xOy,并将河面上任一点 P 处的两个速度分量记为 v_x 与 v_y,则速度向量 $\boldsymbol{v}$ 就可用复数 $v=v_x+iv_y$ 来表示(图1.1).类似地,平面静电场某点处的电场强度也可以用复数 $E=E_x+iE_y$ 来表示.从而为复变函数在科学技术中的应用开辟了道路,改变了长期以来人们把复数看成仅仅是数系的形式地推广,是没有实际意义的"虚数"的观念.

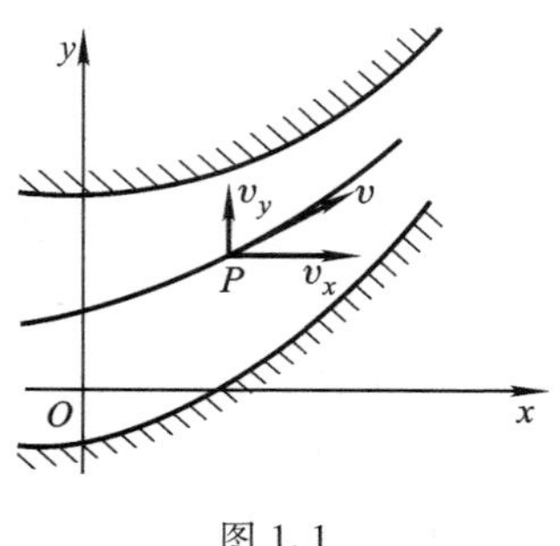

图1.1

2. 关于辐角的多值性

任何一个非零复数 z 都有无穷多个辐角:

$$\operatorname{Arg} z=\arg z+2k\pi \qquad (k=0,\pm1,\pm2,\cdots),$$

其中主值 arg z 满足 $-\pi<\arg z\leqslant\pi$.对于给定的 $z\neq0$,应按下列关系式由 $\arctan\dfrac{y}{x}$ 来求其辐角的主值(或称**主辐角**):

$$\arg z=\begin{cases}\arctan\dfrac{y}{x}, & \text{当 } z \text{ 在第一、四象限时},\\ \arctan\dfrac{y}{x}+\pi, & \text{当 } z \text{ 在第二象限时},\\ \arctan\dfrac{y}{x}-\pi, & \text{当 } z \text{ 在第三象限时},\\ \pm\dfrac{\pi}{2}, & \text{当 } z \text{ 在虚轴上},\\ \pi, & \text{当 } z \text{ 在负实轴上}.\end{cases} \tag{1.2}$$

由于辐角的多值性,使得许多复变初等函数都是多值函数(见第二章).

3. 关于复数乘积和商的模与辐角

设 z_1 与 z_2 为两个非零复数,则

$$|z_1z_2| = |z_1||z_2|, \qquad \left|\frac{z_1}{z_2}\right| = \frac{|z_1|}{|z_2|}, \tag{1.3}$$

$$\operatorname{Arg}(z_1z_2) = \operatorname{Arg} z_1 + \operatorname{Arg} z_2, \tag{1.4}$$

$$\operatorname{Arg}\left(\frac{z_1}{z_2}\right) = \operatorname{Arg} z_1 - \operatorname{Arg} z_2. \tag{1.5}$$

其中关于辐角的两个等式应理解为等式两端分别所构成的数集(它们都包含无穷多个辐角)是相等的,即对于左端的任一给定值,右端必有一值与它相等,反之亦然.

根据上述关于乘积的模与辐角的等式不难得知,复数 z_1 乘以复数 z_2 在几何上就相当于把向量 z_2 逆时针旋转一个角 $\arg z_1$(或$\operatorname{Arg} z_1$ 的任一值),并把 z_2 的模伸长(或缩短)到 $|z_1|$ 倍. 若 $|z_1| = 1$,乘法就相当于将向量 z_2 旋转. 因此,若在解决某具体问题中需要对向量进行旋转,则可采用复数的乘法. 对于除法,可作类似的几何解释.

4. 关于复球面和无穷远点

借助于地图制图学中将地球投影到平面上的测地投影法,为了建立复平面与球面上点的一一对应关系,在复平面上引入了一个与球面上北极相对应的假想点,并称它为**无穷远点**,记作 ∞. 包含无穷远点 ∞ 的复平面称为**扩充复平面**,该球面称为**复球面**或**黎曼(Riemann)球面**. 复球面是扩充复平面的一个几何模型. ∞ 是一个复数,其模 $|\infty| = +\infty$,实部、虚部与辐角都无意义,不要把它与高等数学中的 $+\infty$, $-\infty$ 以及 ∞ 混为一谈. 很多书上用 $\mathbf{C}$ 表示复平面,用 $\mathbf{C}^*$ 表示扩充复平面,因此,$\mathbf{C}^* = \mathbf{C} \cup \{\infty\}$.

二、复变函数的极限与连续性

1. 复变函数的概念

复变函数是高等数学中一元实变函数概念的推广，二者定义的表述形式几乎完全一样，只要将定义中的"实数（或实数集）"换为"复数（或复数集）"就行了．但对下面几点希望读者多加注意：(1)实变函数是单值函数，而复变函数有单值函数和多值函数之分；(2)复变函数 $w=f(z)$ 是从 z 平面上的点集 G 到 w 平面上的点集 G^* 的一个映射，因此，在几何上它不但可以把 z 平面上的点映射（或变换）为 w 平面上的点，而且可以把 z 平面上的曲线或图形映射为 w 的平面上的曲线或图形，实现两个不同复平面上的图形之间的有趣的变换（见教材中的例子），为简化或研究某些问题提供了可能．待读者学习共形映射时，会进一步认识这个问题的重要性；(3) 由于一个复变函数 $w=f(z)$ 对应着两个二元实变函数：

$$u=u(x,y),\qquad v=v(x,y),$$

所以，可以将对复变函数的研究转化为对两个二元实变函数的研究．这是研究复变函数的常用思想方法之一．

2. 复变函数的极限

复变函数的极限是一元实变函数极限的推广，定义的表述形式也相似，因此，可以仿照高等数学中的方法，证明复变函数极限的有理运算法则等有关命题．但是，复变函数极限的定义实际上比一元实变函数极限的定义要求要苛刻得多．在讨论一元实变函数的极限 $\lim\limits_{x\to x_0}f(x)$ 时，只要当 x 在 x 轴上沿 x_0 的左、右两侧以任意方式趋于 x_0 时，$f(x)$ 趋于同一个常数（即左、右极限存在且相等），那么极限 $\lim\limits_{x\to x_0}f(x)$ 就存在并且等于这个常数．而在讨论复变函数 $\lim\limits_{z\to z_0}f(z)$ 的极限时，则要求 z 在 z_0 的邻域内从四面八方沿任何曲线以任何方式趋于 z_0 时，$f(x)$ 都要趋于同一个常数，才能说该极限存在．因此，当 z 沿

两条不同路径趋于 z_0 时,$f(z)$ 趋于两个不同的常数,或者 z 沿某一路径趋于 z_0 时,$f(z)$ 不能趋于一个确定的的常数,那么该极限必不存在. 这一点与高等数学中二元函数的极限类似. 之所以如此,是因为复变函数的定义域是复平面上的一个区域,z_0 的去心邻域是以 z_0 为中心的一个去心圆域. 由此,我们也不难理解"复变函数 $f(z) = u(x,y) + iv(x,y)$ 当 $z \to z_0$ 时的极限存在等价于它的实部 $u(x,y)$ 和虚部 $v(x,y)$(都是二元实变函数)当 $(x,y) \to (x_0,y_0)$ 时极限同时存在"这个结论,它将研究复变函数的极限问题转化为研究两个二元实变函数的极限问题.

3. 复变函数的连续性

可以仿照上面关于复变函数极限那样进行总结,希望读者自己去补充.

教学基本要求

1. **掌握复数的各种表示方法及其运算.**
2. 了解区域的概念.
3. 了解复球面与无穷远点.
4. **理解复变函数概念.**
5. 了解复变函数的极限和连续的概念.

例题分析

例 1.1 将复数 $z = \dfrac{(\sqrt{3}+i)(2-2i)}{(\sqrt{3}-i)(2+2i)}$ 化为三角形式与指数形式.

分析 将一个复数 z 化成三角形式与指数形式的关键在于求出

该复数的模与辐角的主值. 通常的方法是先将 z 化成代数形式 $z=x+iy$, 再利用 $|z|=\sqrt{x^2+y^2}$ 与(1.2)式分别求出它的模与主辐角. 本题中由于 z 的分子与分母互为共轭复数,而复数与其共轭复数的模相等,因此,容易利用(1.3)式求出 $|z|$. 至于主辐角除可用(1.2)式求得外,也可以利用关于乘积与商的辐角公式(1.4)与(1.5)来求. 下面给出两种解法,便于读者比较.

解　法一　将 z 的分子与分母同乘以 $(\sqrt{3}+i)(2-2i)$,得

$$z=\frac{(\sqrt{3}+i)^2}{|\sqrt{3}+i|^2}\cdot\frac{(2-2i)^2}{|2-2i|^2}=\left(\frac{1}{2}+\frac{\sqrt{3}}{2}i\right)(-i)=\frac{\sqrt{3}}{2}-\frac{1}{2}i,$$

所以 $|z|=1$, $\arg z=\arctan\left(-\frac{\sqrt{3}}{3}\right)=-\frac{\pi}{6}$. 从而得到 z 的三角形式与指数形式:

$$z=\cos\frac{\pi}{6}-i\sin\frac{\pi}{6}=\mathrm{e}^{-\frac{\pi}{6}i}.$$

法二　根据(1.3)式,我们有

$$|z|=\frac{|\sqrt{3}+i||2-2i|}{|\sqrt{3}-i||2+2i|}=1.$$

再由公式(1.4)与(1.5),又得

$$\begin{aligned}\operatorname{Arg} z&=\operatorname{Arg}\frac{\sqrt{3}+i}{\sqrt{3}-i}+\operatorname{Arg}\frac{2-2i}{2+2i}=\left(2m\pi+\frac{\pi}{3}\right)+\left(2n\pi-\frac{\pi}{2}\right)\\&=2(m+n)\pi-\frac{\pi}{6},\end{aligned}$$

其中 m 与 n 为整数,因此 $\arg z=-\frac{\pi}{6}$.

从而可得与法一中相同的三角形式与指数形式.

例 1.2　设 z_1 与 z_2 是两个不同的复数.

(1) 证明恒等式:

$$|1-\bar{z}_1z_2|^2-|z_1-z_2|^2=(1-|z_1|^2)(1-|z_2|^2);\tag{1.6}$$

（2）试就 z_1,z_2 与单位圆周 $|z|=1$ 的不同位置关系，分别说明复数 $z_0=\dfrac{z_1-z_2}{1-\bar{z}_1z_2}$ 与单位圆周的位置关系.

分析 此题关键是证明(1)中的恒等式.关于复数模的恒等式通常可以利用等式 $|z|^2=z\bar{z}$ 以及共轭复数的运算来证明.

证 (1)此恒等式可直接利用上述方法得到.事实上，

$$\begin{aligned}
&|1-\bar{z}_1z_2|^2-|z_1-z_2|^2\\
&=(1-\bar{z}_1z_2)\overline{(1-\bar{z}_1z_2)}-(z_1-z_2)\overline{(z_1-z_2)}\\
&=(1-\bar{z}_1z_2)(1-z_1\bar{z}_2)-(z_1-z_2)(\bar{z}_1-\bar{z}_2)\\
&=1-\bar{z}_1z_2-z_1\bar{z}_2+|z_1|^2|z_2|^2\\
&\quad-(|z_1|^2-\bar{z}_1z_2-z_1\bar{z}_2+|z_2|^2)\\
&=(1-|z_1|^2)(1-|z_2|^2).
\end{aligned}$$

（2）若 z_1 与 z_2 都在单位圆内或单位圆外，则 $|z_1|<1,|z_2|<1$，或者 $|z_1|>1,|z_2|>1$. 由(1)中等式(1.6)易知 $|z_0|=\left|\dfrac{z_1-z_2}{1-\bar{z}_1z_2}\right|<1$，故 $z_0=\dfrac{z_1-z_2}{1-\bar{z}_1z_2}$ 在单位圆内；若 z_1 与 z_2 中有一个在单位圆内，另一个在单位圆外，则 z_0 在单位圆外；若 z_1 与 z_2 中至少有一个在单位圆周上，则 z_0 也在单位圆周上.

注 若 z_1 与 z_2 中至少有一个在单位圆周上，不妨设 $|z_1|=1$. 此时上述结论直接用下面的方法证明更为简便.

由于 $|z_1|=1$，所以 $z_1=\dfrac{1}{\bar{z}_1}$，从而

$$|z_0|=\left|\frac{z_1-z_2}{1-\bar{z}_1z_2}\right|=\left|\frac{z_1-z_2}{\bar{z}_1(z_1-z_2)}\right|=1.$$

例 1.3 证明复平面上三点 z_1,z_2 与 z_3 共线的充要条件是 $\dfrac{z_3-z_1}{z_2-z_1}$ 为实数.

分析 用复数的方法解决平面几何问题通常有两个基本思路.

其一是将平面上的点用复数表示，平面曲线用复数方程表示. 本题中将通过两点 z_1 与 z_2 的直线方程用复数方程来表示，点 z_3 与 z_1, z_2 共线的充要条件就是 z_3 在连接 z_1 与 z_2 的直线上，即 z_3 满足该直线方程. 其二是平面上的点(即复数)可用向量表示，利用向量的有关知识来解决. 本题中，z_1、z_2 与 z_3 共线相当于向量 $z_3 - z_1$ 与 $z_2 - z_1$ 共线，两向量共线当且仅当它们的夹角为 π 的整数倍.

证　法一　不难将通过 z_1 与 z_2 的直线参数方程化为复数形式:

$$z = z_1 + t(z_2 - z_1), \qquad t \in (-\infty, +\infty).$$

z_3 在该直线上的充要条件为:存在实数 $t^* \in (-\infty, +\infty)$，使

$$z_3 = z_1 + t^*(z_2 - z_1),$$

从而有

$$\frac{z_3 - z_1}{z_2 - z_1} = t^*.$$

法二　不失一般性，将 z_1 平移到原点，则 z_1, z_2 与 z_3 共线 $\Leftrightarrow$ 向量 $z_3 - z_1$ 与向量 $z_2 - z_1$ 共线 $\Leftrightarrow$

$$\operatorname{Arg}\frac{z_3 - z_1}{z_2 - z_1} = n\pi, \qquad n = 0, \pm,1, \pm 2, \cdots,$$

或

$$\frac{z_3 - z_1}{z_2 - z_1} = \left|\frac{z_3 - z_1}{z_2 - z_1}\right| e^{n\pi i} = -\left|\frac{z_3 - z_1}{z_2 - z_1}\right|$$

为一实数.

例 1.4　求下列集合 G 在给定的映射 $w = f(z)$ 下的像集 G^*，并画出 G^* 的图形:

(1) $f(z) = z^2 - z, G = \{z \mid 0 < \operatorname{Im}(z) < 1\}$;

(2) $f(z) = x - y + i(x + y)$,

$$G = \left\{z \mid 0 < \arg(z + 1) < \frac{\pi}{4}, 1 \leqslant |z| \leqslant 2\right\}.$$

分析　求集合 G 在给定映射下的像集 G^*，通常将 G 中有代表性的点或曲线的方程（例如 G 的边界曲线等）代入到给定的映射求出像点或像曲线，然后再确定 G^*. 本题中的第(1)小题就采用这种方法. 由于其中的 G 是 z 平面上宽度为1的带形域，$y=0$ 与 $y=1$ 是它的边界，$y=c(0<c<1)$ 是 G 中与边界平行的水平直线. 因此，只要求出它们的像曲线，则 G^* 即可确定. 但第(2)小题如果仍这种方法可能比较复杂. 细心的读者不难发现，由于题中的映射可以写成 $f(z)=(1+i)z$ 的形式，因此，直接利用复数乘法的几何意义就能很容易得到 G^*.

解　(1) 令 $w=u+iv$，则映射 $f(z)=z^2-z$ 对应于

$$u=x^2-y^2-x,\qquad v=2xy-y. \tag{1.7}$$

将边界 $y=0$ 代入上式得其像曲线的参数方程为

$$u=x^2-x=(x-\frac{1}{2})^2-\frac{1}{4},\qquad v=0,$$

它表示 w 平面的实轴上 $u\geqslant-\frac{1}{4}$ 的部分. 再将边界 $y=1$ 代入(1.7)式得:

$$u=x^2-x-1,\qquad v=2x-1,$$

消去参数 x 就得到 $y=1$ 的像曲线方程 $u=\frac{1}{4}v^2-\frac{5}{4}$，显然它是 w 平面上的一条抛物线. 用同样的方法可求得 G 内平行于边界的水平直线族 $y=c(0<c<1)$ 的象曲线是 w 平面上的抛物线族 $u=\frac{1}{4c^2}v^2-(c^2+\frac{1}{4})$. 由此不难看出，$G$ 的像集 G^* 是 w 平面上抛物线 $u=\frac{1}{4}v^2-\frac{5}{4}$ 右边的区域，不含该抛线本身，也不包含实轴上 $u\geqslant-\frac{1}{4}$ 的部分(图1.2). G^* 是一个无界的单连通区域.

(2) 由于 $w=f(z)=(1+i)z=\sqrt{2}e^{\frac{\pi}{4}i}z$，根据复数乘法的几何意

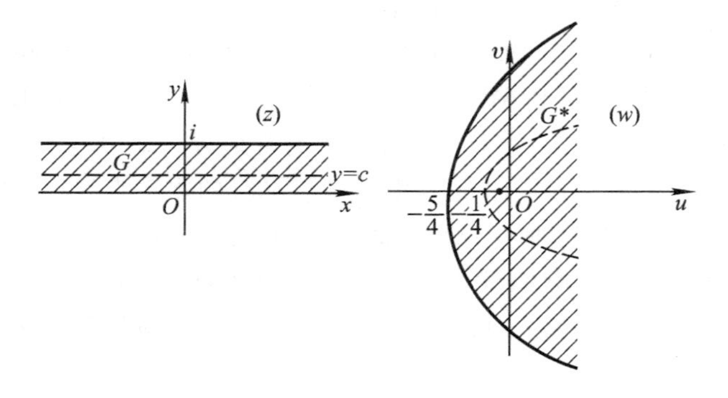

图 1.2

义,集合 G 的像集 G^* 可由 G 中每个点(向量)沿逆时针旋转$\frac{\pi}{4}$,模伸长到原来的$\sqrt{2}$倍得到. 而 G 表示 z 平面上以 $z=-1$ 为顶点与正实轴夹角为$\frac{\pi}{4}$的角形域 $0<\arg(z+1)<\frac{\pi}{4}$ 和闭圆环区域 $1\leqslant|z|\leqslant 2$ 的交集,从而可得 G 与 G^* 的图形如图 1.3 所示.

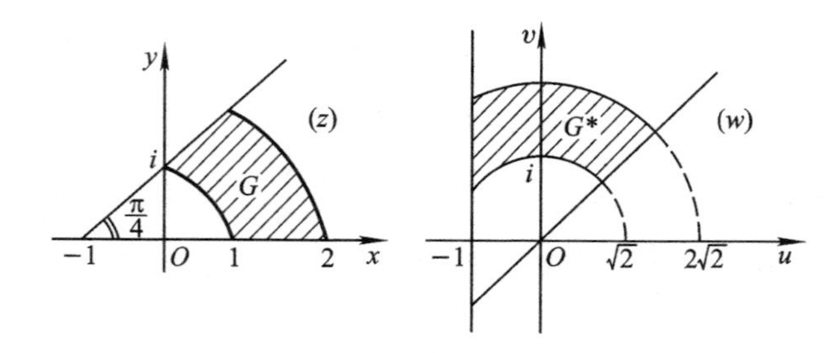

图 1.3

例 1.5　判断下列函数在给定点处的极限是否存在. 若存在,试求出极限的值.

(1) $f(z)=\dfrac{z\operatorname{Re}(z)}{|z|}, z\to 0$;

(2) $f(z)=\dfrac{\mathrm{Re}(z^2)}{|z|^2}, z\to 0$;

(3) $f(z)=\dfrac{z-i}{z(z^2+1)}, z\to i$.

分析 判断一个复变函数在给定点处的极限是否存在有三种方法. 一是用函数极限的定义. 类似于实变函数,定义多用于验证某函数的极限等式,本书对这种方法不作更多的要求. 但是,读者应当会用极限定义来判定某函数的极限不存在,这种方法在本章"内容提要"中已作详细说明. 第二种方法是利用教材第26页中的定理一,讨论函数的实部 $u=u(x,y)$ 与 $v=v(x,y)$ 的极限是否存在,这是判断极限是否存在的常用方法. 第三种方法是利用教材中第27页的定理二,直接利用极限的有理运算法则求函数的极限. 与实变函数一样,应用时必须满足这些法则成立的条件.

下面给出的解法都基于以上三种方法,其中有的小题给出了多种解法.

解 (1) **法一** 由于 $|f(z)|=|z|\left|\dfrac{\mathrm{Re}(z)}{z}\right|\leqslant|z|$,所以,对于任给的 $\varepsilon>0$,取 $\delta=\varepsilon$,则当 $0<|z|<\delta$ 时,恒有

$$|f(z)-0|=|f(z)|\leqslant|z|<\varepsilon.$$

根据极限定义,当 $z\to 0$ 时,$f(z)$ 的极限存在,并且其值为0.

法二 设 $z=x+iy$,则

$$f(z)=\frac{(x+iy)x}{\sqrt{x^2+y^2}}=\frac{x^2}{\sqrt{x^2+y^2}}+i\frac{xy}{\sqrt{x^2+y^2}},$$

由此得 $u(x,y)=\dfrac{x^2}{\sqrt{x^2+y^2}}, v(x,y)=\dfrac{xy}{\sqrt{x^2+y^2}}$. 利用高等数学的知识,不难得知

$$\lim_{(x,y)\to(0,0)}\frac{x^2}{\sqrt{x^2+y^2}}=\lim_{(x,y)\to(0,0)}\frac{xy}{\sqrt{x^2+y^2}}=0,$$

故当 $z\to 0$ 时,$f(z)$ 的极限存在且为0.

（2）**法一**　令 $z = x + iy$，则 $f(z) = \dfrac{x^2 - y^2}{x^2 + y^2}$，从而有

$$u(x,y) = \frac{x^2 - y^2}{x^2 + y^2}, \qquad v(x,y) = 0.$$

令 z 沿直线 $y = kx$ 趋于 0，则

$$\lim_{(x,y)\to(0,0)} u(x,y) = \lim_{x\to 0} \frac{x^2 - k^2x^2}{x^2 + k^2x^2} = \frac{1 - k^2}{1 + k^2}.$$

由于它随 k 的不同而不同，因此，当 $(x,y) \to (0,0)$ 时 $u(x,y)$ 的极限不存在，故 $z \to 0$ 时，$f(z)$ 的极限不存在.

法二　令 $z = re^{i\theta}$，则

$$f(z) = \frac{r^2\cos 2\theta}{r^2} = \cos 2\theta.$$

当 z 沿射线 $\arg z = \theta$ 趋于 0 时，$f(z)$ 的极限随 θ 的不同而不同. 例如，当 $\theta = 0$ 时，$\lim\limits_{z\to 0} f(z) = 1$；当 $\theta = \dfrac{\pi}{4}$ 时，$\lim\limits_{z\to 0} f(z) = 0$. 因此当 $z \to 0$ 时，$f(z)$ 的极限不存在.

（3）由于 $f(z)$ 的分子与分母中含有极限为零的因子，消去后得

$$f(z) = \frac{z - i}{z(z^2 + 1)} = \frac{1}{z(z + i)} \quad (z \neq i),$$

所以

$$\lim_{z\to i} f(z) = \lim_{z\to i} \frac{1}{z(z + i)} = -\frac{1}{2}.$$

注　还可以进一步讨论本题中三个函数的连续性. 根据连续函数的定义，三个函数在 $z = 0$ 处都不连续. 但第（1）小题中只要补充定义 $f(z)$ 在 $z = 0$ 处的值 $f(0) = 0$，那么 $f(z)$ 在 $z = 0$ 处就连续了. 第（3）小题中除 $z = 0$ 处 $f(z)$ 不连续外，在 $z = i$ 处 $f(z)$ 也不连续. 当然，只要重新定义 $f(i) = -\dfrac{1}{2}$，也就连续了. 但 $z = 0$ 处的不连续性是不能消除的！

部分习题解法提要

8. 将下列复数化为三角表示式和指数表示式:

4) $1-\cos\varphi+i\sin\varphi \quad (0\leqslant\varphi\leqslant\pi)$.

解 利用半角公式得

$$z=1-\cos\varphi+i\sin\varphi=2\sin\frac{\varphi}{2}\left(\sin\frac{\varphi}{2}+i\cos\frac{\varphi}{2}\right).$$

当 $\varphi=0$ 时,$z=0$,故只要考虑 $0<\varphi\leqslant\pi$ 的情形. 此时,由于 $0<\frac{\varphi}{2}\leqslant\frac{\pi}{2}$,所以 $2\sin\frac{\varphi}{2}>0$,可以作为 $|z|$. 再利用余角关系即得

$$z=2\sin\frac{\varphi}{2}\left[\cos\left(\frac{\pi}{2}-\frac{\varphi}{2}\right)+i\sin\left(\frac{\pi}{2}-\frac{\varphi}{2}\right)\right]=2\sin\frac{\varphi}{2}e^{\left(\frac{\pi}{2}-\frac{\varphi}{2}\right)i}.$$

问题:若将题中的 φ 限制在 $\left(-\pi,-\frac{\pi}{2}\right)$ 内,请写出 z 的三角形式与指数形式,并求其辐角的主值.

11. 证明:$|z_1+z_2|^2+|z_1-z_2|^2=2(|z_1|^2+|z_2|^2)$,并说明其几何意义.

证 直接利用等式 $|z|^2=z\bar{z}$ 即得所要证明的等式. 该等式在几何上表示平行四边形两对角线的长的平方和等于其相邻两边长的平方和的二倍.

16. 2) 求微分方程 $y'''+8y=0$ 的一般解.

解 所给方程是三阶常系数线性微分方程,一般解就是它的通解. 由于它的特征方程为 $\lambda^3+8=0$,特征根为

$$\lambda=\sqrt[3]{-8}=2\left(\cos\frac{\pi+2k\pi}{3}+i\sin\frac{\pi+2k\pi}{3}\right),\qquad k=0,1,2,$$

即

$$\lambda_0 = 2\left(\cos\frac{\pi}{3} + i\sin\frac{\pi}{3}\right) = 1 + \sqrt{3}i,$$

$$\lambda_1 = 2(\cos\pi + i\sin\pi) = -2,$$

$$\lambda_2 = 2\left(\cos\frac{5\pi}{3} + i\sin\frac{5\pi}{3}\right) = 1 - \sqrt{3}i.$$

所以它的一般解为 $y = C_1 e^{-2x} + e^x(C_2\cos\sqrt{3}x + C_3\sin\sqrt{3}x)$，其中 C_1、C_2 与 C_3 为三个任意常数.

19. 设 z_1, z_2, z_3 三点适合条件：$z_1 + z_2 + z_3 = 0$，$|z_1| = |z_2| = |z_3| = 1$. 证明：$z_1, z_2, z_3$ 是内接于单位圆周 $|z| = 1$ 的一个正三角形的顶点.

证　由于 $|z_1| = |z_2| = |z_3| = 1$，所以 z_1, z_2 与 z_3 位于单位圆周 $|z| = 1$ 上. 为证 $\triangle z_1z_2z_3$ 是一正三角形，不失一般性，可设 $z_1 = 1$，$z_2 = \cos\theta_2 + i\sin\theta_2$，$z_3 = \cos\theta_3 + i\sin\theta_3$，代入 $z_1 + z_2 + z_3 = 0$，可得

$$1 + \cos\theta_2 + \cos\theta_3 = 0, \qquad \sin\theta_2 + \sin\theta_3 = 0.$$

由后一等式得 $\theta_3 = -\theta_2$，再代入前一等式又得 $\cos\theta_2 = -\frac{1}{2}$，从而 $\theta_2 = \frac{2}{3}\pi$，$\theta_3 = -\frac{2}{3}\pi$，因此 $\triangle z_1z_2z_3$ 为正三角形.

20. 如果复数 z_1, z_2, z_3 满足等式

$$\frac{z_2 - z_1}{z_3 - z_1} = \frac{z_1 - z_3}{z_2 - z_3},$$

证明

$$|z_2 - z_1| = |z_3 - z_1| = |z_2 - z_3|,$$

并说明这些等式的几何意义.

证　由已知等式得

$$|z_2 - z_1| = \frac{|z_1 - z_3|^2}{|z_2 - z_3|}.$$

在已知等式两边同减 1，得$\frac{z_2 - z_3}{z_3 - z_1} = \frac{z_1 - z_2}{z_2 - z_3}$，从而又有

$$|z_2 - z_1| = \frac{|z_2 - z_3|^2}{|z_3 - z_1|}.$$

比较上面两个关于模的等式得知$|z_2 - z_3| = |z_1 - z_3|$，于是就证明了$|z_2 - z_1| = |z_3 - z_2| = |z_3 - z_1|$. 它表明满足已知等式的三点$z_1$，$z_2$与$z_3$是等边三角形$z_1z_2z_3$的三个顶点.

24. 证明复平面上的圆周方程可写成：

$z\bar{z} + \alpha\bar{z} + \bar{\alpha}z + c = 0$，(其中$\alpha$为复常数，$c$为实常数).

证 由于平面上的圆周方程为

$$A(x^2 + y^2) + Bx + Cy + D = 0,$$

将$x = \frac{1}{2}(z + \bar{z})$，$y = \frac{1}{2i}(z - \bar{z})$代入上式即得所要证明的圆周的复数方程.

26. 函数$w = \frac{1}{z}$把下列z平面上的曲线映射成w平面上怎样的曲线？

1) $x^2 + y^2 = 4$；　　2) $y = x$；

3) $x = 1$；　　4) $(x - 1)^2 + y^2 = 1$.

解 将$x^2 + y^2 = 4$代入$w = \frac{1}{z}$得$|w| = \frac{1}{|z|} = \frac{1}{\sqrt{x^2 + y^2}} = \frac{1}{2}$，故知$x^2 + y^2 = 4$的像曲线为圆周$u^2 + v^2 = \frac{1}{4}$. 第2)、3)、4)小题可按下面方法求得像曲线. 令$z = x + iy$，则函数$w = \frac{1}{z}$对应于

$$u = \frac{x}{x^2 + y^2}, \quad v = -\frac{y}{x^2 + y^2}.$$

将z平面上的已知曲线方程代入上面两式消去参数即可到它们的像

曲线. 例如,第 3) 小题中,曲线方程为 $x=1$,代入得 $u=\dfrac{1}{1+y^2}$,$v=-\dfrac{y}{1+y^2}$. 于是

$$u^2+v^2=\frac{1+y^2}{(1+y^2)^2}=\frac{1}{1+y^2}=u,$$

故所求像曲线为圆周 $\left(u-\dfrac{1}{2}\right)^2+v^2=\dfrac{1}{4}$.

28. 证明 §6 定理二与定理三.

证　定理二中的 2) 证明如下:

设 $f(z)=u_1(x,y)+iv_1(x,y)$, $g(x,y)=u_2(x,y)+iv_2(x,y)$, $A=u_1+iv_1$, $B=u_2+iv_2$,则

$$f(z)g(z)=u_1(x,y)u_2(x,y)-v_1(x,y)v_2(x,y)$$
$$+i[u_1(x,y)v_2(x,y)+v_1(x,y)u_2(x,y)].$$

根据已知条件和定理一知,

$$\lim_{(x,y)\to(x_0,y_0)}u_k(x,y)=u_k,\lim_{(x,y)\to(x_0,y_0)}v_k(x,y)=v_k,k=1,2,$$

从而

$$\lim_{(x,y)\to(x_0,y_0)}[u_1(x,y)u_2(x,y)-v_1(x,y)v_2(x,y)]=u_1u_2-v_1v_2,$$
$$\lim_{(x,y)\to(x_0,y_0)}[u_1(x,y)v_2(x,y)+v_1(x,y)u_2(x,y)]=u_1v_2+v_1u_2.$$

所以

$$\lim_{z\to z_0}f(z)g(z)=(u_1u_2-v_1v_2)+i(u_1v_2+v_1u_2)=AB.$$

其余法则证法类似,读者可仿照上面的方法自己独立完成. 至于定理三的证明,可根据连续的定义与定理一进行.

由于 $f(z)$ 在 z_0 处连续,所以 $\lim\limits_{z\to z_0}f(z)=f(z_0)$. 再由定理一,该式等价于

$$\lim_{(x,y)\to(x_0,y_0)}u(x,y)=u(x_0,y_0),$$
$$\lim_{(x,y)\to(x_0,y_0)}v(x,y)=v(x_0,y_0),$$

故 $u(x,y)$ 与 $v(x,y)$ 同时在 (x_0,y_0) 处连续. 上述推理过程反过来也成立.

29. 设函数 $f(z)$ 在 z_0 连续且 $f(z_0)\neq 0$,那么可找到 z_0 的小邻域,在这邻域内 $f(z)\neq 0$.

证 此结论与实变函数相应的结论类似,证明方法也类似. 由已知, $\lim\limits_{z\to z_0} f(z)=f(z_0)\neq 0$,故 $\forall\varepsilon>0$, $\exists\delta>0$,使得当 $|z-z_0|<\delta$ 时,恒有 $|f(z)-f(z_0)|<\varepsilon$,或

$$|f(z_0)|-\varepsilon<|f(z)|<|f(z_0)|+\varepsilon.$$

取 $\varepsilon=\dfrac{1}{2}|f(z_0)|$,对此 $\varepsilon>0$,亦必有一 $\delta_0>0$,当 $|z-z_0|<\delta_0$ 时,使上式成立. 由上式中的左半不等式得知,当 $|z-z_0|<\delta_0$ 时,恒有 $|f(z)|>\dfrac{1}{2}|f(z_0)|>0$, 故 $f(z)$ 在此邻域中不等于 0.

注 此题亦可利用定理三化为两个二元实变函数来证明,读者不妨一试.

30. 设 $\lim\limits_{z\to z_0} f(z)=A$,证明 $f(z)$ 在 z_0 的某一去心邻域内是有界的,即存在一个实常数 $M>0$,使在 z_0 的某一去心邻域内有 $|f(z)|\leqslant M$.

证 这个结论也是具有极限的实变函数的有界性对复变函数的推广. 由于 $\lim\limits_{z\to z_0} f(z)=A$, 所以, $\forall\varepsilon>0$, $\exists\delta>0$, 使得当 $0<|z-z_0|<\delta$ 时, $|f(z)-A|\leqslant\varepsilon$. 取 $\varepsilon=1$,则 $\exists\delta_0>0$,使得当 $0<|z-z_0|<\delta_0$ 时, $|f(z)-A|\leqslant 1$,从而有

$$|f(z)|\leqslant|A|+1.$$

令 $M=|A|+1$,即得所要证明的结论.

31. 设

$$f(z)=\frac{1}{2i}\left(\frac{z}{\bar{z}}-\frac{\bar{z}}{z}\right),(z\neq 0).$$

试证当 $z\to 0$ 时 $f(z)$ 的极限不存在.

证 **法一** 由于

$$f(z)=\frac{1}{2i}\frac{z^2-\bar{z}^2}{|z|^2}=\frac{2\mathrm{Re}(z)\cdot 2i\mathrm{Im}(z)}{2i|z|^2}$$
$$=\frac{2xy}{x^2+y^2}\quad (z=x+iy),$$

于是

$$u(x,y)=\frac{2xy}{x^2+y^2},\qquad v(x,y)=0.$$

令 z 沿 $y=kx$ 趋于 0,则

$$\lim_{\substack{x\to 0\\ y=kx\to 0}} u(x,y)=\lim_{x\to 0}\frac{2kx^2}{x^2+k^2x}=\frac{2k}{1+k^2},$$

易见它随 k 的不同而不同,所以当 $(x,y)\to(0,0)$ 时,$u(x,y)$ 的极限不存在,从而得知当 $z\to 0$ 时,$f(z)$ 极限不存在.

法二　令 $z=r(\cos\theta+i\sin\theta)$,则

$$f(z)=\frac{2r\cos\theta\cdot 2ir\sin\theta}{2ir^2}=\sin 2\theta.$$

取 $\theta=0$,即当 z 沿正实轴趋于 0 时,$f(z)\to 0$;取 $\theta=\frac{\pi}{4}$,即当 z 沿第一象限平分角线趋于 0 时,$f(z)\to 1$. 故当 $z\to 0$ 时,$f(z)$ 的极限不存在.

32. 试证 $\arg z$ 在原点与负实轴上不连续.

证　由于当 $z=0$ 时,$\arg z$ 无定义,因而不连续. 当 z_0 为负实轴上的点时,$z_0=x_0<0$,$\arg z_0=\pi$. 根据(1.2)式,

$$\lim_{\substack{z\to z_0\\ y\to 0^-}}\arg z=\lim_{\substack{x\to x_0\\ y\to 0^-}}\left(\arctan\frac{y}{x}-\pi\right)=-\pi\neq\arg z_0,$$

因此,$\arg z$ 在负实轴上不连续. 读者不难进一步证明,$\arg z$ 在复平面上其余各点处都是连续的.

第二章　解析函数

内容提要

本章将一元实变函数微分学推广到复变函数,包括复变函数的导数与解析函数的概念,判断复变函数可导与解析的方法以及复变初等函数三部分内容. 由于解析函数是一类比可导函数要求更强的复变函数,它具有许多一般复变函数所没有的很好性质,因而在理论研究和实际应用中都具有十分重要的价值,是复变函数研究的主要对象,也是我们学习本课程应当重点掌握的内容之一.

一、复变函数的导数与解析函数的概念

1. 复变函数的导数与微分

设函数 $w=f(z)$ 定义于区域 D, $z_0, z_0+\Delta z\in D$. 若极限

$$\lim_{\Delta z\to 0}\frac{\Delta w}{\Delta z}=\lim_{\Delta z\to 0}\frac{f(z_0+\Delta z)-f(z_0)}{\Delta z}$$

存在,则称 $f(z)$ 在 z_0 处**可导**,该极限值称为 $f(z)$ 在 z_0 处的**导数**,记作

$$f'(z_0)=\left.\frac{\mathrm{d}w}{\mathrm{d}z}\right|_{z=z_0}=\lim_{\Delta z\to 0}\frac{f(z_0+\Delta z)-f(z_0)}{\Delta z}. \tag{2.1}$$

此时,称 $f'(z_0)\Delta z$ 为 $f(z)$ 在 z_0 处的**微分**,记作 $\mathrm{d}w=f'(z_0)\mathrm{d}z$. 若 $f(z)$ 在 z_0 处的微分存在,则称 **$f(z)$ 在 z_0 处可微**. 若 $f(z)$ 在区域 D 内每点都可导(可微),则称它**在 D 内可导(可微)**. 与一元实变函数相同,复

变函数可导与可微是等价的.

由于复变函数的导数定义在形式上与一元实变函数的导数定义相同,因此,复变函数的求导法则也与一元实变函数的求导法则完全相同(见教材第37页).

注意,由于导数定义中对极限(2.1)式存在的要求与 $\Delta z \to 0$ 的路径和方式无关,因此,复变函数导数的定义实际上比对一元实变函数导数的定义要求苛刻得多.如果当 Δz 沿某一路径趋于0时,$\dfrac{\Delta w}{\Delta z}$ 的极限不存在,或者沿两条不同路径趋于0时,$\dfrac{\Delta w}{\Delta z}$ 趋于不同的数,那么该函数在 z_0 处不可导.这就为判断函数的不可导性提供了有效的方法.

同一元实变函数可导与连续的关系一样,复变函数 $w = f(z)$ 在点 z_0 可导,则它必在该点连续;反之不成立.

2. 解析函数

若 $w = f(z)$ 在点 z_0 及 z_0 的某邻域内处处可导,则称 $f(z)$ **在 z_0 处解析**;若 $f(z)$ 在区域 D 内处处解析,则称 $f(z)$ 在区域 D **内解析**,这时称 $f(z)$ 是 D 内的一个**解析函数**(或**正则函数,全纯函数**).使 $f(z)$ 不解析的点 z_0 称为它的**奇点**.

应当注意函数解析与可导这两个概念的联系和区别.对一个区域 D 而言,函数解析与可导是两个等价的概念,即

$$f(z) \text{ 在 } D \text{ 内解析} \Leftrightarrow f(z) \text{ 在 } D \text{ 内可导};$$

对一个点 $z_0 \in D$ 而言,函数解析比可导要求高得多,$f(z)$ 在 z_0 处解析不但要求 $f(z)$ 在 z_0 处可导,而且要求它在 z_0 的某邻域内可导.故

$$f(z) \text{ 在 } z_0 \in D \text{ 内解析 } f(z) \underset{\not\leftarrow}{\rightarrow} \text{在 } z_0 \in D \text{ 内可导}.$$

解析函数的和、差、积、商(分母为零的点除外)与复合也是解析函数.

二、判断函数可导与解析的方法

1. 利用可导与解析的定义

根据定义,判断函数在一点 z_0 处或区域 D 内是否解析关键在于判定该函数的可导性,因此必须熟悉导数与可导性的定义(参见教材中第二章 §1 中的例 1 与例 2).

2. 利用可导(解析)函数的和、差、积、商与复合仍为可导(解析)函数的性质

例如,设 $f(z)=(3z^2-4z+2)^{10}+\frac{1}{z^2+1}$,则

$$f'(z)=10(3z^2-4z+2)^9(6z-4)-\frac{2z}{(z^2+1)^2}$$
$$=20(3z-2)(3z^2-4z+2)^9-\frac{2z}{(z^2+1)^2},$$

因此,该函数在复平面内除 $z=\pm i$ 外处处可导,处处解析,$z=\pm i$ 是奇点.

3. 利用可导与解析的充要条件(即教材第二章 §2 中的定理一和定理二)

读者应当注意,定理一虽然只给出了函数 $w=f(z)$ 在一点 $z\in D$ 处可导的充要条件,但由于点 $z\in D$ 的任意性,因此,由它不仅可以立即得到判定该函数在区域 D 内可导与解析的充要条件,而且可以用它判定函数在一点 $z\in D$ 处的解析性(只要验证在点 z 及其某邻域内是否满足该条件就可以了). 因此,定理一是判定函数可导与解析的基本定理.

定理一与定理二把判定函数 $f(z)=u+iv$ 的可导性与解析性转化为判定两个二元实变函数 $u=u(x,y)$ 与 $v=v(x,y)$ 是否可微并且满足柯西 – 黎曼方程(简称 C-R 方程)

$$\frac{\partial u}{\partial x}=\frac{\partial v}{\partial y},\qquad \frac{\partial v}{\partial x}=-\frac{\partial u}{\partial y}. \tag{2.2}$$

由于这两个条件是充分而且必要的,因此,只要其中有一个条件不满足,那么,$f(z)$ 既不可导也不解析,而 C-R 方程(2.2) 成立与否是判定可导与解析的主要条件. 在具体应用中,常常用"u 与 v 的一阶偏导数在点(x_0,y_0) 或区域 D 内存在且连续"(容易验证) 代替"u 与 v 在点(x_0,y_0) 或区域 D 内可微"(不易验证),得到如下推论:若 u 与 v 的一阶偏导数在点(x_0,y_0)(或区域 D 内) 存在、连续并且满足 C-R 方程,则 $f(z) = u + iv$ 在点 $z_0(x_0,y_0)$ 可导(或区域 D 内解析).

注　此推论是判断 $f(z)$ 在点 z_0 可导的充分条件,但对于判断 $f(z)$ 在区域 D 内解析来说,不但是充分的,而且也是必要的. 关于必要性可利用教材中第三章 §6 中的定理来证明(见本书第三章释疑解难中问题 3.5 的最后一段).

若 $f(z) = u + iv$ 在点 $z = x + iy$ 可导或解析,则

$$f'(z) = \frac{\partial u}{\partial x} + i\frac{\partial v}{\partial x} = \frac{1}{i}\frac{\partial u}{\partial y} + \frac{\partial v}{\partial y}. \tag{2.3}$$

三、初等函数

复变初等函数是实变初等函数在复数域内的推广,它既保持了实变初等函数的某些基本性质,又有一些不同的特殊性质. 读者应当熟悉它们的定义与性质,特别是要注意那些实变初等函数所没有的性质.

1. 指数函数

$$e^z = \exp z = e^x(\cos y + i\sin y).$$

主要性质有:

(1) 解析性: 在 z 平面内处处解析,且$(e^z)' = e^z$;

(2) 加法定理: $\exp(z_1 + z_2) = \exp z_1 \cdot \exp z_2$;

(3) 周期性: $\exp(z + 2k\pi i) = \exp z \ (k = 0, \pm 1, \pm 2, \cdots)$.

2. 对数函数

$$\operatorname{Ln} z = \ln |z| + i\operatorname{Arg} z.$$

主要性质有：

(1) 多值性：对数函数有无穷多个分支，其中 $\ln z=\ln|z|+i\arg z$ 称为主值支，其余分支为：

$$\operatorname{Ln} z=\ln z+2k\pi i,\qquad k=\pm1,\pm2,\cdots;$$

(2) 解析性：在除去原点和负实轴的 z 平面内处处解析，且 $(\operatorname{Ln} z)'=(\ln z)'=\dfrac{1}{z}$；

(3) 保持了实变对数函数的如下性质：

$$\operatorname{Ln}(z_1z_2)=\operatorname{Ln} z_1+\operatorname{Ln} z_2,\qquad \operatorname{Ln}\frac{z_1}{z_2}=\operatorname{Ln} z_1-\operatorname{Ln} z_2.$$

但是，$\operatorname{Ln} z^n\neq n\operatorname{Ln} z\ (n>1)$，并且“负数无对数”这个结论不成立.

3. 乘幂与幂函数

乘幂 $a^b=e^{b\operatorname{Ln} a}(a\neq0)$. 当 b 为整数时，它是单值的；当 $b=\dfrac{p}{q}$ 为有理数($q\neq0,p,q$ 互质)时，它有 q 个值：

$$a^b=e^{\frac{p}{q}\ln|a|}\left[\cos\frac{p}{q}(\arg a+2k\pi)+i\sin\frac{p}{q}(\arg a+2k\pi)\right],$$

$$(k=0,1,2,\cdots,q-1);$$

当 b 为其它值时，它具有无穷多个值：

$$a^b=e^{b(\ln|a|+i\arg a+2k\pi i)},\qquad k\text{ 为整数}.$$

幂函数 $z^b=e^{b\ln z}(z\neq0)$. 主要性质有：

(1) 多值性：除去 $b=n$(整数)外，是多值函数. 当 b 为有理数时，它有有限多个值，其余情况下有无穷多个值；

(2) 解析性：在除去原点与负实轴的 z 平面内处处解析，且 $(z^b)'=bz^{b-1}$.

4. 三角函数与双曲函数

三角正弦 $\sin z=\dfrac{e^{iz}-e^{-iz}}{2i}$，**三角余弦** $\cos z=\dfrac{e^{iz}-e^{-iz}}{2}$. 主要性

质有：

（1）解析性：　在 z 平面内处处解析，且

$$(\sin z)' = \cos z, \qquad (\cos z)' = -\sin z;$$

（2）有界性 $|\sin z| \leqslant 1$ 与 $|\cos z| \leqslant 1$ 不成立；

（3）保持实变三角正弦与三角余弦函数相同的周期性、奇偶性，加法定理与相应的三角恒等式，欧拉公式也成立.

其余三角函数，例如正切与余切函数等有类似性质，不再一一罗列.

双曲正弦 $\operatorname{sh} z = \dfrac{e^z - e^{-z}}{2}$，**双曲余弦** $\operatorname{ch} z = \dfrac{e^z + e^{-z}}{2}$. 它们有与三角正弦和三角余弦相类似的性质. 值得注意的是，它们都是周期为 $2\pi i$ 的周期函数，并且与三角正弦和三角余弦有如下的关系：

$$\sin iy = i\operatorname{sh} y, \qquad \operatorname{sh} iy = i\sin y,$$

$$\cos iy = \operatorname{ch} y, \qquad \operatorname{ch} iy = \cos y.$$

5. 反三角函数与反双曲函数

反三角正弦　$\operatorname{Arc}\sin z = -i\operatorname{Ln}(iz + \sqrt{1 - z^2})$，

反三角余弦　$\operatorname{Arc}\cos z = -i\operatorname{Ln}(z + \sqrt{z^2 - 1})$，

反双曲正弦　$\operatorname{Arsh} z = \operatorname{Ln}(z + \sqrt{z^2 + 1})$，

反双曲余弦　$\operatorname{Arch} z = \operatorname{Ln}(z + \sqrt{z^2 - 1})$，

其中 $\sqrt{z^2 - 1}$，$\sqrt{1 - z^2}$，$\sqrt{z^2 \pm 1}$ 等都应理解为双值函数.

它们都是无穷多值函数，解析性与求导公式不难由上面的表达式得到，不再一一罗列.

* 四、平面场的复势

解析函数是研究平面向量场问题的有力工具，复势函数就是统一描绘平面无源无旋向量场的分布和变化情况的一个解析函数. 读者应结合平面流速场和平面静电场学习构造复势函数的方法，初步

体会解析函数的重要应用.

1. 用复变函数表示平面向量

正如第一章中所指出的,由于复数可以用平面向量来表示,因而,凡能用平面向量表示的物理量就能用复数来表示,物理中的许多平面向量场(即二元向量值函数)就能用复变函数来表示.例如,平面定常流速场 $\boldsymbol{v} = v_x(x,y)\boldsymbol{i} + v_y(x,y)\boldsymbol{j}$ 可以用复变函数

$$v(z) = v_x(x,y) + iv_y(x,y)$$

来表示;平面静电场 $\boldsymbol{E} = E_x(x,y)\boldsymbol{i} + E_y(x,y)\boldsymbol{j}$ 可以用复变函数

$$E(z) = E_x(x,y) + iE_y(x,y)$$

来表示.这样,就能应用复变函数的方法(特别是解析函数理论)来研究平面向量场问题.

2. 构造平面无源无旋场复势函数的方法

设 $\boldsymbol{A} = A_x(x,y)\boldsymbol{i} + A_y(x,y)\boldsymbol{j}$ 为分布在某一平面单连域 B 内的无源无旋场,其中 $A_x(x,y)$ 与 $A_y(x,y)$ 都有连续的偏导数.由

$$\mathrm{div}\boldsymbol{A} = \frac{\partial A_x}{\partial x} + \frac{\partial A_y}{\partial x} = 0,$$

可知存在一个二元函数 $\psi(x,y)$,使 $\mathrm{d}\psi(x,y) = -A_y(x,y)\mathrm{d}x + A_x(x,y)\mathrm{d}y$;再由

$$\mathrm{rot}\boldsymbol{A} = \frac{\partial A_y}{\partial x} - \frac{\partial A_x}{\partial y} = 0,$$

又可得到一个二元函数 $\varphi(x,y)$,使 $\mathrm{d}\varphi(x,y) = A_x(x,y)\mathrm{d}x + A_y(x,y)\mathrm{d}y$,并且满足 C-R 方程 $\frac{\partial\varphi}{\partial x} = \frac{\partial\psi}{\partial y}, \frac{\partial\varphi}{\partial y} = -\frac{\partial\psi}{\partial x}$.我们称解析函数

$$w = f(z) = \varphi(x,y) + i\psi(x,y)$$

为该向量场 $\boldsymbol{A}$ 的**复势函数**,简称**复势**.

在平面流速场中,复势函数 $f(z)$ 的实部 $\varphi(x,y)$ 就是该向量场的势函数,而虚部 $\psi(x,y)$ 就是向量场的流函数,并且流速 $v = \overline{f'(z)}$;在

平面静电场中，复势$f(z)$的实部$\varphi(x,y)$就是它的力函数，虚部$\psi(x,y)$是势函数(电位)，并且它的电场强度$E=-i\overline{f'(z)}$. 利用复势函数，可以画出流速场(或静电场)的等势线(或电力线)与流线(或电位线)的图形，得到该场的流动图像，帮助我们研究该场分布和变化情况.

教学基本要求

1. **理解复变函数的导数与复变函数解析的概念.**
2. **掌握复变函数解析的充要条件.**
3. 了解指数函数、三角函数、双曲函数、对数函数及幂函数的定义及它们的主要性质(包括在单值域中的解析性).

释疑解难

问题 2.1 若Δz沿任何射线$y=kx$(k为任意常数)趋于0时，$\dfrac{f(z_0+\Delta z)-f(z_0)}{\Delta z}$都趋于某确定的常数$A$，那么是否可以断定函数$w=f(z)$在点$z_0$处可导，并且$f'(z_0)=A$?

答 不能. 因为根据定义，$w=f(z)$在点z_0处可导要求Δz沿任何路径以任何方式趋于0时$\dfrac{f(z_0+\Delta z)-f(z_0)}{\Delta z}$的极限都存在而且相等，射线$y=kx$只是其中的一种路径. 例如，设函数

$$f(z)=\begin{cases}\dfrac{x(x^2+y^2)(y-xi)}{x^2+y^4}, & z\neq 0,\\ 0, & z=0,\end{cases}$$

则当Δz沿射线$y=kx$趋于0时，

$$\lim_{\substack{\Delta z\to 0\\ y=kx}}\frac{f(0+\Delta z)-f(0)}{\Delta z}=\lim_{\Delta x\to 0}\frac{(\Delta x)^4(1+k^2)(k-i)}{(\Delta x)^3[1+k^4(\Delta x)^2])(1+ki)}=0;$$

而当 Δz 沿抛物线 $y^2 = x$ 趋于 0 时，

$$\lim_{\substack{\Delta z \to 0 \\ y^2 = x}} \frac{f(0+\Delta z) - f(0)}{\Delta z} = \lim_{\Delta y \to 0} \frac{(\Delta y)^5[(\Delta y)^2 + 1](1 - \Delta y i)}{(\Delta y)^5 \cdot 2(\Delta y + i)} = -\frac{i}{2},$$

所以该函数在 $z = 0$ 处不可导.

问题 2.2 我们知道，一个定义在区域 D 内的复变函数 $w = f(z) = u(x,y) + iv(x,y)$ 对应于两个二元实变函数

$$u = u(x,y), \quad v = v(x,y), \quad (x,y) \in D,$$

并且 $w = f(z)$ 在点 $z_0 = x_0 + iy_0 \in D$ 处极限 $\lim\limits_{z \to z_0} f(z)$ 存在的充分必要条件是极限 $\lim\limits_{(x,y)\to(x_0,y_0)} u(x,y)$ 与 $\lim\limits_{(x,y)\to(x_0,y_0)} v(x,y)$ 都存在；$w = f(z)$ 在点 z_0 处连续的充要条件是 $u = u(x,y)$ 与 $v = v(x,y)$ 在点 (x_0,y_0) 处都连续. 试问："$w = f(z)$ 在 z_0 处可导的充要条件是 $u = u(x,y)$ 与 $v = v(x,y)$ 在点 (x_0,y_0) 处都可导"是否成立？为什么？

答 命题的必要性成立，但充分性不成立，就是说，$u(x,y)$ 与 $v(x,y)$ 在 (x_0,y_0) 处可导不能保证 $f(z)$ 在 z_0 处可导. 例如，函数 $f(z) = \bar{z} = x - iy$ 的实部 $u = x$ 与虚部 $v = -y$ 的偏导数处处存在，因而处处可导，但容易验证，$w = \bar{z}$ 却是一个处处不可导的函数. 事实上，根据教材中的定理一，函数 $w = f(z)$ 在点 $z_0 \in D$ 处可导，不但要求它的实部 $u(x,y)$ 与虚部 $v(x,y)$ 都是可微的，而且实部与虚部之间还要满足一定的条件，即满足 C-R 方程；反之亦然. 这一点与函数 $w = f(z)$ 的极限与连续性有很大的不同.

出现上述情况的根本原因是复变函数对可导性的要求比较苛刻，(2.1) 式中极限的存在与 $\Delta z \to 0$ 的路径和方式无关. 如果说从教材中关于定理一必要性的证明过程不容易看到这一点，那么在下面的证法中可以清楚地看到满足 C-R 方程是保证复变函数可导性不可缺少的条件.

设 $f(z) = u(x,y) + iv(x,y)$ 在点 $z_0 \in D$ 处可导，则由导数

定义，

$$f'(z) = \lim_{\Delta z \to 0} \frac{f(z_0 + \Delta z) - f(z_0)}{\Delta z}$$

$$= \lim_{\substack{\Delta x \to 0 \\ \Delta y \to 0}} \left[\frac{u(x_0 + \Delta x, y_0 + \Delta y) - u(x_0, y_0)}{\Delta x + i\Delta y} + i\frac{v(x_0 + \Delta x; y_0 + \Delta y) - v(x_0, y_0)}{\Delta x + i\Delta y} \right]$$

$$= \lim_{\substack{\Delta x \to 0 \\ \Delta y \to 0}} \frac{\Delta u + i\Delta v}{\Delta x + i\Delta y}.$$

由于此等式当Δz沿任何路径趋于0时均成立，因而当Δz沿两条特殊路径趋于0时也成立.

当Δz沿平行于实轴的直线趋于0时，

$$f'(z) = \lim_{\Delta x \to 0} \frac{\Delta u + i\Delta v}{\Delta x} = \frac{\partial u}{\partial x} + i\frac{\partial v}{\partial x};$$

当Δz沿平行于虚轴的直线趋于0时，

$$f'(z) = \lim_{\Delta y \to 0} \frac{\Delta u + i\Delta v}{i\Delta y} = \frac{\partial v}{\partial y} - i\frac{\partial u}{\partial y}.$$

比较以上两式即得 C-R 方程：

$$\frac{\partial u}{\partial x} = \frac{\partial v}{\partial y}, \qquad \frac{\partial v}{\partial x} = -\frac{\partial u}{\partial y}.$$

问题 2.3 在高等数学中，微分中值定理具有重要的理论意义和应用价值，它们能推广到复变函数中来吗？

答 不能. 我们以罗尔(Rolle)定理为例来说明不能推广到复变函数中的原因. 罗尔定理告诉我们，若函数$y = f(x)$在闭区间$[a, b]$上连续，在开区间(a, b)内可导，并且$f(a) = f(b)$，则至少存在一点$\xi \in (a, b)$，使$f'(\xi) = 0$. 由于复变函数$w = f(z)$是定义在z平面中集合上的函数，它的连续性与可导性都要求函数定义在一点的某个邻域上或某个区域上，仅在实轴(或虚轴)的某个区间上不能讨论它的连续性与可导性. 况且由于复数不能比较大小，所以在复平面上(除实轴或虚轴外)不能定义通常的区间. 即使将罗尔定理中的前两个条件放宽为 $f(z)$ 在 z 平面某区域 D 内解析,将条件"$f(a)=f(b)$"改为在 D 内的某线段的两个端点 z_1 与 z_2 上相等,即 $f(z_1)=f(z_2)$,结论也不一定成立. 例如,设 $f(z)=e^z$,根据指数函数 e^z 的周期性,对任何 z,$e^z=e^{z+k\pi i}$(k 为整数),但是$(e^z)'=e^z\neq 0$,罗尔定理不成立.

问题 2.4 试说明复变函数在一点处极限存在、连续、可导、可微与解析之间的关系.

答 设复变函数 $w=f(z)$ 定义在区域 D 内,$z_0\in D$. 它在一点 $z_0\in D$ 处极限存在、连续、可导与可微之间的关系和一元实变函数 $y=f(x)$ 在点 x_0 处对应概念之间的关系是完全一样的,即可导与可微是等价的;可导必连续,反之不成立;连续必有极限,反之不成立. 读者应当理解并熟悉这些关系,对于不成立的,应当能举出反例.

有极限而不连续的例子:函数 $f(z)=\dfrac{z\mathrm{Re}(z)}{|z|}$ 在 $z=0$ 处的极限存在,并且极限值为 0(见本书第一章例题分析中的例 1.5(1)),但它在 $z=0$ 处不连续(因 $f(z)$ 在 $z=0$ 处无定义).

连续而不可导的例子:不难验证 $f(z)=\bar{z}$,$g(z)=x+2yi$ 等都是连续而不可导的,而且它们在复平面上处处连续但处处不可导. 这类函数在复变函数中几乎随处可见,但在实变函数中要构造这种函数却是非常用困难的.

解析是复变函数中所特有的重要概念. 函数 $w=f(z)$ 在 $z_0\in D$ 处解析不但要求它在 z_0 处可导,而且要求它在 z_0 的某一邻域内可导. 因此,$f(z)$ 在 z_0 处解析必在 z_0 处可导,反之不成立. 在一点可导但在此点不解析的函数也很多. 例如,$f(z)=z\mathrm{Re}(z)$ 在 $z=0$ 处可导,但不解析(见教材第二章 §2 例 1(3)).

现用框图把上述关系简单地表示如下:

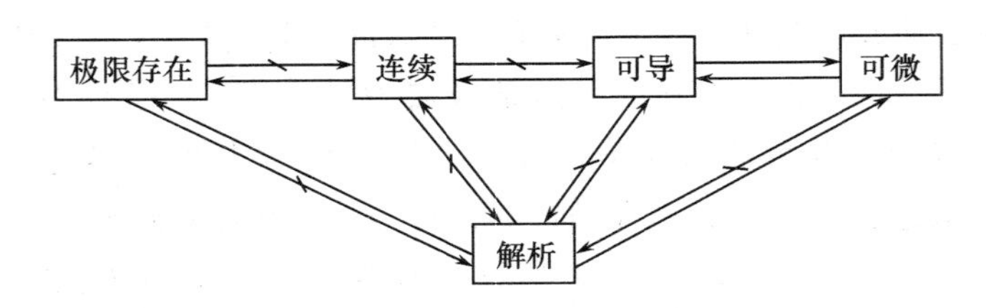

根据上述关系，我们检验一个复变函数在点 z_0 处是否可导、是否解析，通常可先看它在该点是否有极限，若无极限，则它在该点必不可导，也不解析；若有极限，再看在该点是否连续，不连续必不可导，也不解析；若连续，再看在该点是否可导，不可导必不解析；若在该点可导，再看是否存在该点的一个邻域，在此邻域内也可导，若存在，则函数在该点解析，否则不解析.

问题 2.5　利用可导与解析的充要条件是判断复变函数的可导性与解析性的常用方法. 怎样才能正确而熟练地应用这个方法呢？

答　函数可导与解析的充要条件将判断复变函数的可导性与解析性转化为构成它的实部与虚部两个二元实变函数是否可微并且满足 C-R 方程的问题. 因此，要正确而熟练地应用这个方法，关键在于能否正确而熟练地利用二元实变函数导数与微分的有关知识. 为使用方便起见，我们将二元实变函数在一点处连续、可导（即两个一阶偏导数存在）、可微以及一阶偏导数连续等概念之间的关系用框图表示如下：

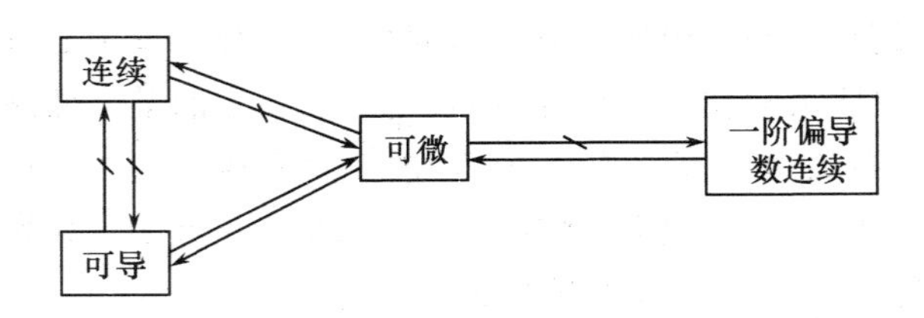

根据上述关系，判断一个复变函数 $f(z)$ 是否可导和解析，可按

下列步骤进行.第一步,检验它的实部 u 与虚部 v 是否连续,若 u 与 v 中有一个不连续,则 u 与 v 中相应的那个函数必不可微,从而 $f(z)$ 不可导,也不解析;第二步,若 u 与 v 都连续,再看它们是否可导.若其中有一个不可导,则相应的那个函数必不可微,因而 $f(z)$ 既不可导也不解析;第三步,若 u 与 v 都连续且可导,再检验四个一阶偏导是否连续,且满足 C-R 方程.若偏导数连续(从而 v 与 v 都可微),但不满足 C-R 方程,则 $f(z)$ 仍不可导也不解析;若偏导数连续且满足 C-R 方程,则 $f(z)$ 必可导(如 $f(z)$ 还在一点的某一邻域内满足上述两个条件,则 $f(z)$ 在该点也解析);若满足 C-R 方程,但偏导数不连续,则还应利用二元实变函数可微的定义来检验 u 与 v 是否可微,然后才能断定 $f(z)$ 是否可导或解析,切不能由偏导数不连续就贸然断定 $f(z)$ 不可导,不解析.因为偏导数连续是二元实变函数可微的充分条件,请读者务必小心!下面仅就这种情况举一例说明.设

$$w = f(z) = \begin{cases} |z|^2 \sin \dfrac{1}{|z|}, & z \neq 0, \\ 0, & z = 0, \end{cases}$$

则它的实部与虚部分别为

$$u(x,y) = \begin{cases} (x^2 + y^2) \sin \dfrac{1}{\sqrt{x^2 + y^2}}, & x^2 + y^2 \neq 0, \\ 0, & x^2 + y^2 = 0, \end{cases}$$

$$v(x,y) = 0.$$

当 $x^2 + y^2 \neq 0$ 时,

$$u_x(x,y) = 2x\sin \frac{1}{\sqrt{x^2 + y^2}} - \frac{x}{\sqrt{x^2 + y^2}} \cos \frac{1}{\sqrt{x^2 + y^2}},$$

并且由偏导数定义得

$$u_x(0,0) = \lim_{\Delta x \to 0} \frac{u(0 + \Delta x, 0) - u(0,0)}{\Delta x} = \lim_{\Delta x \to 0} \Delta x \sin \frac{1}{|\Delta x|} = 0,$$

$$u_y(0,0) = 0,$$

故知 u 与 v 在点(0,0) 处可导,且满足 C-R 方程. 由于极限

$$\begin{aligned}&\lim_{(x,y)\to(0,0)} u_x(x,y)\\ =&\lim_{(x,y)\to(0,0)}\left(2x\sin\frac{1}{\sqrt{x^2+y^2}}-\frac{x}{\sqrt{x^2+y^2}}\cos\frac{1}{\sqrt{x^2+y^2}}\right)\end{aligned}$$

不存在,所以 $u_x(x,y)$ 在点(0,0) 处不连续. 但由此不能断定 $u(x,y)$ 在(0,0) 处不可微. 事实上,根据二元实变函数可微的定义,

$$\begin{aligned}&\lim_{\rho\to 0}\frac{\Delta u-[u_x(0,0)\Delta x+u_y(0,0)\Delta y]}{\rho}\\ =&\lim_{\rho\to 0}\frac{[(\Delta x)^2+(\Delta y)^2]\sin\dfrac{1}{\sqrt{(\Delta x)^2+(\Delta y)^2}}}{\rho}\\ =&\lim_{\rho\to 0}\rho\sin\frac{1}{\rho}=0,\quad \left(\rho=\sqrt{(\Delta x)^2+(\Delta y)^2}\right),\end{aligned}$$

因此 $u(x,y)$ 在(0,0) 处是可微的. $v(x,y)$ 的可微性是显然的,故 $f(z)$ 在$z=0$ 处是可导的.

问题2.4 与2.5 中给出了判断一个复变函数是否可导、解析的基本逻辑思路. 当读者比较熟练之后,不必按照上述步骤一步一步去检验,应当灵活运用各种方法进行判断.

问题 2.6 对于复变对数函数,当正整数 $n>1$ 时,等式

$$n\mathrm{Ln}\, z=\mathrm{Ln}\, z^n,\qquad \mathrm{Ln}\sqrt[n]{z}=\frac{1}{n}\mathrm{Ln}\, z$$

不成立,为什么?

答 由于复变对数函数是无穷多值函数,所以上面两个等式成立应当理解为等式两端可能取得的函数值的全体是相同的. 但当 n 为大于 1 的正整数时,上述等式两端所取得的函数值的全体并不相同,现以 $n=2$ 时为例来说明. 设 $z=re^{i\theta}$,则

$$2\mathrm{Ln}\, z=2\ln r+i(2\theta+4l\pi),\qquad l=0,\pm 1,\pm 2,\cdots.$$

又由 $z^2=r^2e^{2i\theta}$ 得

$$\operatorname{Ln} z^2 = \ln r^2 + i(2\theta + 2m\pi), \qquad m = 0, \pm 1, \pm 2, \cdots.$$

所以,它们的实部相等,但虚部可能取的值却不尽相同. 例如,对于 l 的各值,$2\ln z$ 的虚部中 π 的系数为

$$0, \pm 4, \pm 8, \pm 12, \cdots,$$

而对 m 的各值,$\operatorname{Ln} z^2$ 的虚部中 π 的系数则为

$$0, \pm 2, \pm 4, \pm 6, \pm 8, \pm 10, \pm 12, \cdots,$$

所以等式 $2\operatorname{Ln} z = \operatorname{Ln} z^2$ 左端可能取的值只是右端可能取的值的一部分,不完全相同,因此该等式不成立.

读者可用类似的方法说明另一等式也不成立.

问题 2.7 在高等数学中,e^x 既可以看成以 e 为底的指数函数,也可以看成数 e 的 x 次幂. 试问,在复数函数中,e^z 也可以这样理解吗?

答 不能. 这是很多初学者容易混淆的一个问题. 在复变函数中,e^z 是表示复变指数函数的一个符号,即

$$e^z = e^x(\cos y + i\sin y),$$

一般用符号 $\exp z$ 来表示. 习惯上很多书上仍用 e^z 表示,但是,这里的 e^z 没有幂的含意. 读者必须注意,e^z 作为指数函数与作为 e 的 z 次幂是有很大区别的. 为使读者更清楚地理解这种区别,我们详细地说明如下.

作为指数函数,$e^z = e^x(\cos y + i\sin y)$ 是一个单值解析函数(下面,用$\exp z$ 表示它). 作为 e 的 z 次幂,按照乘幂的定义,

$$\begin{aligned} e^z &= \exp(z\operatorname{Ln} e) = \exp[z(\ln e + 2k\pi i)] = \exp[z(1 + 2k\pi i)] \\ &= \exp z \cdot \exp(2k\pi z i) \qquad (k = 0, \pm 1, \pm 2, \cdots). \end{aligned}$$

一般情况下,它是多值的. 事实上,

(1) 当 z 为整数时,$\exp(2k\pi z i) = 1$,故 $e^z = \exp z$ 是单值的.

(2) 当 z 为有理数$\dfrac{p}{q}$($q \neq 0$,p 与 q 互质)时,e^z 仅取当 $k = 0,1,2,\cdots,q-1$ 时的 q 个值. 当且仅当 $k = 0$ 时,才有 $e^z = \exp z$. 对于它

的其余 $q-1$ 个值,$e^z \neq \exp z$,但它们的模相等.

(3) 当 z 为无理数时,e^z 取无穷个多值. 当且仅当 $k=0$ 时才有 $e^z=\exp z$, 其余值与 $\exp z$ 模相同但辐角不等.

(4) 当 z 为纯虚数 $bi(b\neq 0)$ 时,由于

$$\exp(2k\pi zi)=\exp(-2kb\pi)>0,$$

所以,在 e^z 的无穷多个值中,当且仅当 $k=0$ 时才有 $e^z=\exp z$,其余值与$\exp z$ 辐角相同而模不等.

(5) 当 z 为复数 $a+ib$(a 与 b 全不为0) 时,由于

$$\exp(2k\pi zi)=\exp(-2kb\pi)\exp(2ka\pi i),$$

所以,除当且仅当 $k=0$ 时有 $e^z=\exp z$ 外,其余各值与 $\exp z$ 的模与辐角均不相等.

综上所述,当且仅当 $k=0$时或$k\neq 0$而z为整数时才有 $e^z=\exp z$. 因此,读者对它们应严加区分!

问题 2.8 在高等数学已经讲过,一元实变函数 $y=f(x)$ 在定义区间内某点 x_0 处的导数$\left.\frac{\mathrm{d}y}{\mathrm{d}x}\right|_{x=x_0}=f'(x_0)$ 表示函数在 x_0 处的“变化率”(即因变量随自变量变化的快慢程度). 例如,路程函数 $s=s(t)$ 在 t_0 时刻的导数$\left.\frac{\mathrm{d}s}{\mathrm{d}t}\right|_{t=t_0}=s'(t_0)$ 就是 t_0 时刻的瞬时速度. 试问复变函数 $w=f(z)$ 在解析区域 D 内某点 z_0 处的导数$\left.\frac{\mathrm{d}w}{\mathrm{d}z}\right|_{z=z_0}=f'(z_0)$ 是否也表示该函数在 z_0 处的“变化率”呢?

答 由定义,

$$\left.\frac{\mathrm{d}w}{\mathrm{d}z}\right|_{z=z_0}=f'(z_0)=\lim_{\Delta z\to 0}\frac{f(z_0+\Delta z)-f(z_0)}{\Delta z}.$$

因此,$f'(z_0)$ 实际上也反映了$f(z)$ 在 z_0 处因变量 w 随自变量 z 变化的“速率”. 但是,由于 $f'(z_0)$ 是一个复数,复数不能比较大小,所以只能用它的模$|f'(z_0)|$ 来反映变化的快慢,也就是“变化率”的大

小.从这个意义上说,$f'(z_0)$ 表示了函数 $w = f(z)$ 在 z_0 处的“变化率”.例如,在平面不可压缩的定常流体的流速场中,设速度向量

$$\boldsymbol{v} = v_x(x,y)\boldsymbol{i} + v_y(x,y)\boldsymbol{j}$$

的分量 $v_x(x,y)$ 与 $v_y(x,y)$ 都有一阶连续偏导数,并且它在单连域 B 内是无源无旋的,那么,该场的复势函数 $w = f(z) = \varphi(x,y) + i\psi(x,y)$ 是一个解析函数.由于

$$v_x = \frac{\partial\varphi}{\partial x} = \frac{\partial\psi}{\partial y}, \qquad v_y = \frac{\partial\varphi}{\partial y} = -\frac{\partial\psi}{\partial x},$$

根据导数公式(2.3)可知,

$$v = v_x + iv_y = \frac{\partial\varphi}{\partial x} + i\frac{\partial\varphi}{\partial y} = \frac{\partial\varphi}{\partial x} - i\frac{\partial\psi}{\partial x} = \overline{f'(z)}.$$

所以 $f'(z) = \bar{v} = v_x - iv_y$,并且 $|f'(z)| = \sqrt{v_x^2 + v_y^2}$.此式表明:解析函数 $f(z)$ 在 z 处的导数 $f'(z)$ 就是该场的复速度 $\bar{v}$,它的模 $|f'(z)|$ 等于速度向量 $\boldsymbol{v}$ 的模.反之,如果在某区域内给定一个解析函数 $w = f(z)$,那么一定存在一个以它为复势的平面流速场 $v = \overline{f'(z)}$,从而 $f'(z) = \bar{v}$.

解析函数的导数在上述意义下表示了函数的变化率,使得解析函数在科学技术中得到了广泛的应用.

例题分析

例 2.1 判断下列函数何处可导,何处解析,并在可导或解析处分别求出其导数:

(1) $f(z) = \bar{z}z^n$(n 为大于 1 的正整数);

(2) $f(z) = x^3 - y^3 + 2x^2y^2i$;

(3) $f(z) = \dfrac{x+2y}{x^2+y^2} + i\dfrac{2x-y}{x^2+y^2}$.

分析 我们知道,判断函数可导与解析有三种方法:定义、可导

（解析）函数的有理运算与复合运算法则、充要条件（即教材中的定理一与定理二）. 对给定的函数具体采用什么方法应当根据所给函数的结构确定. 在(1) 题中，$f(z)$ 是复平面内处处可导（解析）的函数 z^n 与处处不可导（不解析）的函数 $\bar{z}$ 的乘积. 因此，在 $z \neq 0$ 处可利用有理运算性质来判定，在 $z=0$ 处，则可用可导的定义；对于(2) 题中的函数 $f(z)$，利用充要条件来判断比较简单；至于第(3) 题，当然也可以利用充要条件，但细心的读者不难发现，若将 $f(z)$ 化为 z 的函数，用有理运算法则可能更为简单.

解　(1) 类似于一元实变函数，读者不难用反证法证明：一个可导（解析）函数 $\varphi(z)$ 与不可导（不解析）函数 $\psi(z)$ 的乘积 $f(z)$ 在 $\varphi(z) \neq 0$ 处必不可导（不解析）. 所以，在 $z \neq 0$ 处，$f(z) = \bar{z}z^n$ 处处不可导（不解析）. 在 $z=0$ 处，由于

$$\lim_{z \to 0} \frac{\bar{z}z^n - 0}{z} = \lim_{z \to 0} \bar{z}z^{n-1} = 0,$$

因此，$f(z)$ 仅在 $z=0$ 处可导，且 $f'(0)=0$，但在复平面内无处解析.

(2) 因为

$$u(x,y) = x^3 - y^3, \qquad v(x,y) = 2x^2y^2,$$

$$\frac{\partial u}{\partial x} = 3x^2, \quad \frac{\partial u}{\partial y} = -3y^2, \quad \frac{\partial v}{\partial x} = 4xy^2, \quad \frac{\partial v}{\partial y} = 4x^2y.$$

易见四个一阶偏导数处处连续. 为满足 C-R 方程，必须

$$3x^2 = 4x^2y, \qquad -3y^2 = -4xy^2,$$

解之得 $x=y=0$，$x=y=\frac{3}{4}$. 所以，当且仅当 $z=0$ 和 $z=\frac{3}{4}+\frac{3}{4}i$ 时 $f(z)$ 可导，在复平面内处处不解析. 在两个可导点处的导数分别为

$$f'(0) = 0, \qquad f'\left(\frac{3}{4}+\frac{3}{4}i\right) = \frac{27}{16}(1+i).$$

(3) 由于

$$f(z)=\frac{(x-iy)+2i(x-iy)}{x^2+y^2}=\frac{(1+2i)\bar{z}}{\bar{z}z}=\frac{1+2i}{z},$$

所以除 $z=0$ 外 $f(z)$ 处处可导,处处解析,并且

$$f'(z)=-\frac{1+2i}{z^2} \qquad (i\neq 0).$$

读者不妨再用充要条件将此题重做一遍,并比较两种方法的优劣.

例 2.2 试研究函数

$$f(z)=\sqrt{|xy|}$$

在 $z=0$ 处的可导性.

分析 根据例 2.1 的分析,研究本题中函数的可导性只能用两种方法,即用定义直接验证或用充要条件来判别,下面分别采用这两种方法讨论.

解 **法一** 用定义. 由于

$$\frac{f(0+\Delta z)-f(0)}{\Delta z}=\frac{\sqrt{|\Delta x\Delta y|}}{\Delta x+i\Delta y},$$

当 $\Delta z=\Delta x+i\Delta y$ 沿射线 $\Delta y=k\Delta x$ 趋于 0 时,

$$\lim_{\Delta z\to 0}\frac{f(0+\Delta z)-f(0)}{\Delta z}=\pm\frac{\sqrt{|k|}}{1+ki},$$

它随 k 的变化而变化,因此,$f(z)$ 在 $z=0$ 处不可导.

法二 用充要条件. 因为

$$u(x,y)=\sqrt{|xy|}, \qquad v(x,y)=0,$$

$$u_x(0,0)=\lim_{\Delta x\to 0}\frac{u(\Delta x,0)-u(0,0)}{\Delta x}=0=v_y(0,0),$$

$$u_y(0,0)=\lim_{\Delta y\to 0}\frac{u(0,\Delta y)-u(0,0)}{\Delta y}=0=-v_x(0,0),$$

所以在 $z=0$ 处满足 C-R 方程. 但是,

$$\frac{\Delta u-[u_x(0,0)\Delta x+u_y(0,0)\Delta y]}{\rho}=\frac{\sqrt{|\Delta x\Delta y|}}{\sqrt{(\Delta x)^2+(\Delta y)^2}},$$

令 $\rho=\sqrt{(\Delta x)^2+(\Delta y)^2}$ 沿射线 $\Delta y=k\Delta x$ 趋于 0 时,上述比值趋于一个与 k 有关的值 $\dfrac{\sqrt{k}}{\sqrt{1+k^2}}$,故知二元函数 $u(y)=\sqrt{|xy|}$ 在点(0,0)处不可微,因此,$f(z)$ 在 $z=0$ 处不可导.

注　法二比法一复杂得多. 经常发现有的初学者采用法二时,在证明了该函数满足 C-R 方程后立即得出 $f(z)$ 可导的结论,这是值得注意的严重错误!判断函数的可导性或解析性时,除了验证 u 与 v 是否满足 C-R 方程外,还要验证 u 与 v 是否可微,二者缺一不可!

法二在验证 $u(x,y)$ 的可微性利用了二元函数可微的定义,因为题中的 $u(x,y)=\sqrt{|xy|}$ 虽然在点(0,0)处偏导数存在,但不连续,由此还不能断定 $u(x,y)$ 在(0,0)处不可微!

例 2.3　设函数 $f(z)=u(x,y)+iv(x,y)$ 在区域 D 内解析,且满足下列条件之一,试证 $f(z)$ 在 D 中内是常数.

(1) $\overline{f(z)}$ 在 D 内也解析;

(2) $u=e^v+1$.

分析　为了证明 $f(z)$ 在 D 内是常数,只要证明在 D 内它的实部 u(或虚部 v)是常数,或者 $f'(z)\equiv 0$,也就是要证明在 D 内 u(或 v)的一阶偏导数恒为0. 对于(1),由 $f(z)$ 及 $\overline{f(z)}$ 都在 D 内解析,故必满足 C-R 方程,从而不难得到所要证明的结论;对于(2),由于 $u=e^v+1$,所以只要证明 u 与 v 中有一个为常数就行了. 这也可利用 $f(z)$ 解析满足 C-R 方程及上述等式得到.

证　(1) 由 $f(z)$ 与 $\overline{f(z)}$ 都在 D 内解析,必满足 C-R 方程得:

$$\frac{\partial u}{\partial x}=\frac{\partial v}{\partial y},\qquad \frac{\partial v}{\partial x}=-\frac{\partial u}{\partial y},$$

$$\frac{\partial u}{\partial x}=-\frac{\partial v}{\partial y},\qquad -\frac{\partial v}{\partial x}=-\frac{\partial u}{\partial y}.$$

将上面两组等式分别相加,我们有

$$\frac{\partial u}{\partial x} = 0, \qquad \frac{\partial u}{\partial y} = 0.$$

再利用导数公式及 C-R 方程,得

$$f'(z) = \frac{\partial u}{\partial x} + i\frac{\partial v}{\partial x} = \frac{\partial u}{\partial x} - i\frac{\partial u}{\partial y} = 0,$$

故知 $f(z)$ 在 D 内是常数.

注 由此题可得知,若 $f(z)$ 在 D 内是非常数的解析函数,则 $\overline{f(z)}$ 在 D 内必不解析. 这个结论是很重要的. 例如,e^z,$\sin z$,$\cos z$ 等函数在复平面内处处解析,由于

$$e^{\bar{z}} = \overline{e^z}, \sin\bar{z} = \overline{\sin z}, \cos\bar{z} = \overline{\cos z},$$

(见教材中第二章习题 11),因而 $e^{\bar{z}}$,$\sin\bar{z}$ 和 $\cos\bar{z}$ 在复平面内处处不解析.

(2) 利用 C-R 方程及等式 $u = e^v + 1$ 可得

$$\frac{\partial v}{\partial y} = \frac{\partial u}{\partial x} = e^v\frac{\partial v}{\partial x}, \qquad \frac{\partial v}{\partial x} = -\frac{\partial u}{\partial y} = -e^v\frac{\partial v}{\partial y},$$

从而有

$$(1 + e^{2v})\frac{\partial v}{\partial y} = 0,$$

故 $\frac{\partial v}{\partial y} = 0, \frac{\partial v}{\partial x} = 0$. 因此,$v$ 与 u 在 D 内都是常数,说明 $f(z)$ 在 D 内也是常数.

例 2.4 试讨论函数

$$f(z) = |z| + \mathrm{Ln}\, z$$

的连续性与可导性.

分析 本题中 $f(z)$ 是两个函数之和,其中 $|z|$ 是处处连续但处处不可导的函数,而 $\mathrm{Ln}\, z$ 在复平面上除原点与负实轴外处处连续且可导. 所以只要利用连续函数与可导函数的四则运算性质就可以讨论清楚.

解　由于 $|z|$ 在复平面上处处连续，而 $\mathrm{Ln}\,z$ 在复平面上除原点与负实轴外处处连续，所以利用反证法不难证明 $f(z)$ 仅在原点与负实轴上不连续，其余各点处均连续.

关于可导性可类似地讨论. 因为 $f(z)$ 在原点与负实轴上不连续，所以也不可导(因为可导必连续). 在复平面上其余各点处，$|z|$ 不可导，而 $\mathrm{Ln}\,z$ 可导，用反证法不难证明 $f(z)$ 在这些点处也不可导. 所以 $f(z)$ 在复平面上处处不可导.

例 2.5　设 $f(z)$ 在区域 D 内解析，D^* 为关于实轴与 D 对称的区域，证明 $g(z)=\overline{f(\bar{z})}$ 在 D^* 内解析.

分析　证明 $g(z)$ 在 D^* 内解析有两种方法：一种是根据定义，证明它在 D^* 内处处可导；另一种是利用充要条件，下面分别用这两种方法证明.

证　法一　用定义. 设 z_0 为 D^* 内任意一点，则 $\bar{z}_0\in D$. 由已知条件，

$$\lim_{z\to z_0}\frac{g(z)-g(z_0)}{z-z_0}=\lim_{z\to z_0}\frac{\overline{f(\bar{z})}-\overline{f(\bar{z}_0)}}{z-z_0}=\overline{\left(\lim_{\bar{z}\to\bar{z}_0}\frac{f(\bar{z})-f(\bar{z}_0)}{\bar{z}-\bar{z}_0}\right)}$$
$$=\overline{f'(\bar{z}_0)}.$$

根据 z_0 的任意性知 $g(z)$ 在 D^* 内处处可导，因而在 D^* 内解析，且 $g'(z)=\overline{f'(\bar{z})}$.

法二　用充要条件. 由已知 $f(z)=u(x,y)+iv(x,y)$ 在 D 内解析，故 $u(x,y)$ 与 $v(x,y)$ 在 D 内可微且满足关于 x,y 的 C-R 方程. 任取 $z=s+it\in D^*$，则 $\bar{z}=s-it\in D$，故 $s=x,t=-y$. 记

$$U(s,t)=u(x,y)=u(s,-t),$$
$$V(s,t)=-v(x,y)=-v(s,-t),$$

易见 $U(s,t)$ 与 $V(s,t)$ 关于 s,t 可微，且

$$\frac{\partial U}{\partial s}=\frac{\partial u}{\partial x}\frac{\mathrm{d}x}{\mathrm{d}s}=\frac{\partial u}{\partial x},\quad \frac{\partial U}{\partial t}=\frac{\partial u}{\partial y}\frac{\mathrm{d}y}{\mathrm{d}t}=-\frac{\partial u}{\partial y},$$

$$\frac{\partial V}{\partial s} = -\frac{\partial v}{\partial x}\frac{\mathrm{d}x}{\mathrm{d}s} = -\frac{\partial v}{\partial x}, \qquad \frac{\partial V}{\partial t} = -\frac{\partial v}{\partial y}\frac{\mathrm{d}y}{\mathrm{d}t} = \frac{\partial v}{\partial y}.$$

由此及 u,v 关于 x,y 的 C-R 方程可得

$$\frac{\partial U}{\partial s} = \frac{\partial V}{\partial t}, \qquad \frac{\partial U}{\partial t} = -\frac{\partial V}{\partial s}.$$

因此,$g(z) = \overline{f(\bar{z})} = u(x,y) - iv(x,y) = U(s,t) + iV(s,t)$ 的实部 U 与虚部 V 关于 s,t 也满足 C-R 方程,故 $g(z)$ 在 D^* 内解析.

注 注意此题与例 2.3 注中结论的区别.

例 2.6 设 $w = f(z) = u + iv$ 在 z 平面区域 D 内解析,它将 D 一一映射为 w 平面的区域 G,证明 G 的面积为

$$S = \iint_{(D)} |f'(z)|^2 \mathrm{d}x\mathrm{d}y.$$

分析 在高等数学中我们已经知道,G 的面积可用二重积分 $S = \iint_{(D)} \mathrm{d}u\mathrm{d}v$ 来计算. 由已知,G 为 D 在映射 $w = f(z)$ 下的像,也就是由 D 经坐标变换 $u = u(x,y), v = v(x,y)$ 而得到的区域,所以

$$S = \iint_{(D)} \left|\frac{\partial(u,v)}{\partial(x,y)}\right| \mathrm{d}x\mathrm{d}y,$$

其中$\frac{\partial(u,v)}{\partial(x,y)}$表示雅可比(Jacobi)行列式$\begin{vmatrix} \frac{\partial u}{\partial x} & \frac{\partial u}{\partial y} \\ \frac{\partial v}{\partial x} & \frac{\partial v}{\partial y} \end{vmatrix}$. 因此,只要证明

$$|f'(z)|^2 = \left|\frac{\partial(u,v)}{\partial(x,y)}\right|,$$

就可以证明题中的结论. 上式不难由解析函数的导数公式与 C-R 方程得到.

证 根据解析函数的导数公式,我们有

$$|f'(z)|^2 = \left|\frac{\partial u}{\partial x} + i\frac{\partial v}{\partial x}\right|^2 = \left(\frac{\partial u}{\partial x}\right)^2 + \left(\frac{\partial v}{\partial x}\right)^2.$$

已知 $w=f(z)$ 在 D 内解析，故必满足 C-R 方程，从而有

$$|f'(z)|^2=\left|\frac{\partial u}{\partial x}\frac{\partial v}{\partial y}-\frac{\partial u}{\partial y}\frac{\partial v}{\partial x}\right|=\left|\frac{\partial(u,v)}{\partial(x,y)}\right|,$$

所以

$$S=\iint\limits_{(D)}\left|\frac{\partial(u,v)}{\partial(x,y)}\right|\mathrm{d}x\mathrm{d}y=\iint\limits_{(D)}|f'(z)|^2\mathrm{d}x\mathrm{d}y.$$

例 2.7　证明：函数 $w=u(x,y)+iv(x,y)$ 在区域 D 内解析的充要条件是在 D 内任意一点处都有：

（1）$|\mathrm{grad}\ u|=|\mathrm{grad}\ v|$；

（2）向量 $\mathrm{grad}\ u$ 与 $\mathrm{grad}\ v$ 正交；

（3）u 与 v 在 D 内处处可微.

分析　有些题目看上去似乎很难，但只要读者仔细分析题目的已知条件和结论，并将它们与已经学过的理论和方法加以比较，就可能找到解题的正确思路. 将本题中的三个条件与函数解析的充要条件对比，不难看到，只要证明 u,v 满足 C-R 方程的充要条件为题中条件(1)与(2)成立，就证明了本题的结论.

证　必要性　由已知，u,v 在 D 中可微且满足 C-R 方程：

$$\frac{\partial u}{\partial x}=\frac{\partial v}{\partial y},\frac{\partial v}{\partial x}=-\frac{\partial u}{\partial y},$$

所以，

$$|\mathrm{grad}\ u|=\sqrt{\left(\frac{\partial u}{\partial x}\right)^2+\left(\frac{\partial u}{\partial y}\right)^2}=\sqrt{\left(\frac{\partial v}{\partial x}\right)^2+\left(\frac{\partial v}{\partial y}\right)^2}=|\mathrm{grad}\ v|,$$

$$\begin{aligned}(\mathrm{grad}\ u)\cdot(\mathrm{grad}\ v)&=\left(\frac{\partial u}{\partial x}\boldsymbol{i}+\frac{\partial u}{\partial y}\boldsymbol{j}\right)\cdot\left(\frac{\partial v}{\partial x}\boldsymbol{i}+\frac{\partial v}{\partial y}\boldsymbol{j}\right)\\&=\frac{\partial u}{\partial x}\frac{\partial v}{\partial x}+\frac{\partial u}{\partial y}\frac{\partial v}{\partial y}=0.\end{aligned}$$

充分性　由于

$$\frac{\partial u}{\partial x}+i\frac{\partial u}{\partial y}=\sqrt{\left(\frac{\partial u}{\partial x}\right)^2+\left(\frac{\partial u}{\partial y}\right)^2}\mathrm{e}^{i\theta_1}=|\mathrm{grad}\ u|\mathrm{e}^{i\theta_1},$$

$$\frac{\partial v}{\partial y}-i\frac{\partial v}{\partial x}=\sqrt{\left(\frac{\partial v}{\partial x}\right)^2+\left(\frac{\partial v}{\partial y}\right)^2}\mathrm{e}^{i\theta_2}=|\operatorname{grad} v|\mathrm{e}^{i\theta_2},$$

其中，$\theta_1=\arctan\left(\frac{\partial u}{\partial y}\Big/\frac{\partial u}{\partial x}\right)$，$\theta_2=\arctan\left(-\frac{\partial v}{\partial x}\Big/\frac{\partial v}{\partial y}\right)$. 由条件(1)知 $|\operatorname{grad} u|=|\operatorname{grad} v|$；由条件(2)知

$$\frac{\partial u}{\partial x}\frac{\partial v}{\partial y}+\frac{\partial u}{\partial y}\frac{\partial v}{\partial y}=0,\text{或}\frac{\partial u}{\partial y}\Big/\frac{\partial u}{\partial x}=-\frac{\partial v}{\partial x}\Big/\frac{\partial v}{\partial y},$$

故 $\theta_1=\theta_2$. 于是有

$$\frac{\partial u}{\partial x}+i\frac{\partial v}{\partial x}=\frac{\partial v}{\partial y}-i\frac{\partial u}{\partial y},$$

所以，$\frac{\partial u}{\partial x}=\frac{\partial v}{\partial y}$，$\frac{\partial v}{\partial x}=-\frac{\partial u}{\partial y}$，即 C-R 方程成立. 再由条件(3)知 $f(z)=u+iv$ 在 D 内解析.

例 2.8 证明：若 ω 是指数函数 e^z 的周期，则 $\omega=2k\pi i$（k 为整数）.

分析 教材中证明了 $2k\pi i$ 是指数函数的周期，本题要证明的，指数函数的周期 ω 必是 $2k\pi i$. 也就是说，对任何复数 z，若 $\mathrm{e}^{z+\omega}=\mathrm{e}^z$，则必有 $\omega=2k\pi i$. 不难看出，这个结论可直接利用指数函数的加法定理与定义来证明.

证 设对任意的 z 有

$$\mathrm{e}^{z+\omega}=\mathrm{e}^z,$$

由加法定理得 $\mathrm{e}^\omega=1$. 令 $\omega=a+ib$，则有

$$\mathrm{e}^a(\cos b+i\sin b)=1,$$

从而必有

$$a=0,\cos b=1,\sin b=0.$$

故 $a=0$，$b=2k\pi$（k 为整数），所以 $\omega=2k\pi i$.

例 2.9 试求下列各函数的值及其主值.

(1) $(1+i)^{1-i}$；　(2) Arcsin 2.

分析 直接利用复变初等函数的定义及其性质来计算.

解　(1) 由乘幂及对数函数的定义,

$$(1+i)^{1-i} = e^{(1-i)\operatorname{Ln}(1+i)} = e^{(1-i)[\ln\sqrt{2}+i(\frac{\pi}{4}+2k\pi)]}$$

$$= e^{(\ln\sqrt{2}+\frac{\pi}{4}+2k\pi)+i(\frac{\pi}{4}+2k\pi-\ln\sqrt{2})}$$

$$= \sqrt{2}e^{\frac{\pi}{4}+2k\pi}\left[\cos\left(\frac{\pi}{4}-\ln\sqrt{2}\right)\right.$$

$$\left.+ i\sin\left(\frac{\pi}{4}-\ln\sqrt{2}\right)\right] (k\text{ 为整数}).$$

它的主值为

$$\sqrt{2}e^{\frac{\pi}{4}}\left[\cos\left(\frac{\pi}{4}-\ln\sqrt{2}\right)+i\sin\left(\frac{\pi}{4}-\ln\sqrt{2}\right)\right].$$

(2) 根据反正弦函数的表达式,我们有

$$\operatorname{Arcsin}2 = -i\operatorname{Ln}(2i+\sqrt{1-2^2}) = -i\operatorname{Ln}(2\pm\sqrt{3})i$$

$$= -i\left[\ln(2\pm\sqrt{3})+\left(\frac{\pi}{2}+2k\pi\right)i\right]$$

$$= \left(2k+\frac{1}{2}\right)\pi - i\ln(2\pm\sqrt{3})\quad (k=0,\pm1,\pm2,\cdots).$$

读者应当注意,在第二个等号右端出现了 $\pm$ 号,是由于在反正弦函数的表达式中,$\sqrt{1-z^2}$ 应看作双值函数的缘故. 不少人因为看书不仔细常把 $\sqrt{1-z^2}$ 仅取正号而导致错误!

部分习题解法提要

6. 判断下列命题的真假. 若真,请给以证明;若假,请举例说明.

1) 如果 $f(z)$ 在 z_0 连续,那么 $f'(z_0)$ 存在.

答　不成立. 反例:$f(z)=\bar{z}, g(z)=|z|$ 等在复平面上处处连续,但处处不可导.

2） 如果$f'(z_0)$存在，那么$f(z)$在z_0解析.

答 不成立. 反例：$f(z)=|z|^2$，$g(z)=z\mathrm{Re}(z)$等仅在$z=0$处可导，但处处不解析.

3） 如果z_0是$f(z)$的奇点，那么$f(z)$在z_0不可导.

答 不成立. 反例见本章例题分析中例2.1的(1)与(2)中的两个函数. $z=0$是(1)中函数的奇点，但也是可导点；$z=0$与$z=\frac{3}{4}+\frac{3}{4}i$是(2)中函数的奇点，也是它的可导点.

4） 如果z_0是$f(z)$和$g(z)$的一个奇点，那么z_0也是$f(z)+g(z)$和$f(z)/g(z)$的奇点.

答 不成立. 反例：$z=0$是函数$f(z)=z+\frac{1}{z}$与$g(z)=z-\frac{1}{z}$的奇点，但不是$f(z)+g(z)=2z$的奇点；$z=0$是$f(z)=\frac{1}{z}$与$g(z)=\frac{1}{z\sin z}$的奇点，但不是$\frac{f(z)}{g(z)}=\sin z$的奇点.

5） 如果$u(x,y)$和$v(x,y)$可导(指偏导数存在)，那么$f(z)=u+iv$亦可导.

答 不成立. 反例：$f(z)=\bar{z}=x-iy$的实部$u=x$，虚部$v=-y$均可导，但$f(z)=\bar{z}$处处不可导.

6） 设$f(z)=u+iv$在区域D内是解析的. 如果u是实常数，那么$f(z)$在整个D内是常数；如果v是实常数，那么$f(z)$在D内也是常数.

答 成立. 证明如下：

由已知$u=c$(实常数)，则$\frac{\partial u}{\partial x}=\frac{\partial u}{\partial y}=0$. 再由C-R方程得

$$\frac{\partial v}{\partial x}=-\frac{\partial u}{\partial y}=0,\qquad \frac{\partial v}{\partial y}=\frac{\partial u}{\partial x}=0,$$

因此v也是实常数，从而知$f(z)$是复常数. 若v是实常数，可类似地证明.

7. 如果 $f(z)=u+iv$ 是 z 的解析函数，证明：

$$\left(\frac{\partial}{\partial x}|f(z)|\right)^2+\left(\frac{\partial}{\partial y}|f(z)|\right)^2=|f'(z)|^2.$$

证 由于

$$\frac{\partial}{\partial x}|f(z)|=\frac{\partial}{\partial x}(\sqrt{u^2+v^2})=\frac{uu_x+vv_x}{\sqrt{u^2+v^2}},$$

$$\frac{\partial}{\partial y}|f(z)|=\frac{\partial}{\partial y}(\sqrt{u^2+v^2})=\frac{uu_y+vv_y}{\sqrt{u^2+v^2}},$$

所以

$$\left(\frac{\partial}{\partial x}|f(z)|\right)^2+\left(\frac{\partial}{\partial y}|f(z)|\right)^2=\frac{u^2(u_x^2+u_y^2)+v^2(v_x^2+v_y^2)}{u^2+v^2}.$$

根据 C-R 方程可得

$$\left(\frac{\partial}{\partial x}|f(z)|\right)^2+\left(\frac{\partial}{\partial y}|f(z)|\right)^2=\frac{u^2(u_x^2+v_x^2)+v^2(v_x^2+u_x^2)}{u^2+v^2}$$
$$=u_x^2+v_x^2.$$

再由导数公式又得

$$|f'(z)|^2=|u_x+iv_x|^2=u_x^2+v_x^2,$$

因此等式得证.

9. 证明柯西 – 黎曼方程的极坐标形式是：

$$\frac{\partial u}{\partial r}=\frac{1}{r}\frac{\partial v}{\partial \theta},\qquad \frac{\partial v}{\partial r}=-\frac{1}{r}\frac{\partial u}{\partial \theta}.$$

证 设 $u=u(x,y)$，$v=v(x,y)$. 由于 $x=r\cos\theta$，$y=r\sin\theta$，代入 u，u 可知 u 与 v 都是 r 和 θ 的函数，并且

$$r=\sqrt{x^2+y^2},\qquad \theta=\arctan\frac{y}{x}.$$

利用链式法则可得：

$$\frac{\partial u}{\partial x}=\frac{\partial u}{\partial r}\cos\theta-\frac{\sin\theta}{r}\frac{\partial u}{\partial \theta},\qquad \frac{\partial u}{\partial y}=\frac{\partial u}{\partial r}\sin\theta+\frac{\cos\theta}{r}\frac{\partial u}{\partial \theta},$$

$$\frac{\partial v}{\partial x}=\frac{\partial v}{\partial r}\cos\theta-\frac{\sin\theta}{r}\frac{\partial v}{\partial\theta},\qquad \frac{\partial v}{\partial y}=\frac{\partial v}{\partial r}\sin\theta+\frac{\cos\theta}{r}\frac{\partial v}{\partial\theta}.$$

代入 C-R 方程则有

$$\left(\frac{\partial u}{\partial r}-\frac{1}{r}\frac{\partial v}{\partial\theta}\right)\cos\theta=\left(\frac{\partial v}{\partial r}+\frac{1}{r}\frac{\partial u}{\partial\theta}\right)\sin\theta,\tag{1}$$

$$\left(\frac{\partial u}{\partial r}-\frac{1}{r}\frac{\partial v}{\partial\theta}\right)\sin\theta=-\left(\frac{\partial v}{\partial r}+\frac{1}{r}\frac{\partial u}{\partial\theta}\right)\cos\theta.\tag{2}$$

将(1)式乘以 $\cos\theta$,(2)式乘以 $\sin\theta$ 并相加得

$$\frac{\partial u}{\partial r}-\frac{1}{r}\frac{\partial v}{\partial\theta}=0.\tag{3}$$

从而得$\frac{\partial u}{\partial r}=\frac{1}{r}\frac{\partial v}{\partial\theta}$. 题中另一方程用类似方法可得,也可将(3)式代入到(1)式或(2)式中得到.

12. 找出下列方程的全部解:

1) $\sin z=0$.

解 根据三角正弦函数的定义,求解方程 $\sin z=0$ 就等同于求解方程 $e^{2iz}=1$. 令 $z=x+iy$,则该方程变为

$$e^{-2y}(\cos 2x+i\sin 2x)=1.$$

从而必有

$$e^{-2y}=1,\qquad \cos 2x=1,\qquad \sin 2x=0,$$

解之得 $y=0,x=n\pi$. 故原方程的全部解为 $z=n\pi$ $(n=0,\pm1,\pm2,\cdots)$.

4) $\sin z+\cos z=0$.

解 根据定义,求解方程 $\sin z+\cos z=0$ 等同于求解方程

$$(1+i)e^{2iz}=1-i,\text{或 } e^{2iz}=-i.$$

令 $z=x+iy$,则该方程变为

$$e^{-2y}(\cos 2x+i\sin 2x)=-i.$$

从而有 $e^{-2y}=1,\cos 2x=0,\sin 2x=-1$,解之得 $y=0,x=n\pi-\frac{\pi}{4}$,

故原方程的全部解为 $z = n\pi - \frac{\pi}{4}$（n 为整数）.

仿照 1）与 4）的方法，可求得 2）与 3）两题中方程的全部解.

14. 说明：

1）当 $y \to \infty$ 时，$|\sin(x+iy)|$ 和 $|\cos(x+iy)|$ 趋于无穷大.

解　因为（利用教材中的公式(2.3.17)），

$$\begin{aligned}|\sin(x+iy)| &= |\sin x\operatorname{ch} y + i\cos x\operatorname{sh} y| \\ &= \sqrt{\sin^2 x\operatorname{ch}^2 y + \cos^2 x\operatorname{sh}^2 y} \\ &= \sqrt{\left(\frac{e^y+e^{-y}}{2}\right)^2\sin^2 x + \left(\frac{e^y-e^{-y}}{2}\right)^2\cos^2 x} \\ &= \frac{1}{2}\sqrt{e^{2y}+e^{-2y}-2\cos 2x}.\end{aligned}$$

所以，当 $y \to \pm\infty$ 时，$|\sin(x+iy)| \to +\infty$. 仿此，可证另一结论.

2）当 t 为复数时，$|\sin t| \leqslant 1$ 和 $|\cos t| \leqslant 1$ 不成立.

解　由 1）已知 $|\sin t| \leqslant 1$ 和 $|\cos t| \leqslant 1$ 在复数域中不成立.

17. 说明下列等式是否正确：

1）$\operatorname{Ln} z^2 = 2\operatorname{Ln} z$；

2）$\operatorname{Ln}\sqrt{z} = \frac{1}{2}\operatorname{Ln} z$.

答　不正确. 具体说明参见本章释疑解难中的问题 2.6.

23. 证明：$\operatorname{sh} z$ 的反函数 $\operatorname{Arsh} z = \operatorname{Ln}(z + \sqrt{z^2+1})$.

证　反双曲正弦函数定义为双曲函数的反函数. 由方程

$$z = \operatorname{sh} w = \frac{1}{2}(e^w - e^{-w})$$

可得二次方程

$$e^{2w} - 2ze^w - 1 = 0.$$

解之可得它的根为

$$e^w = z + \sqrt{z^2+1},$$

其中 $\sqrt{z^2+1}$ 应理解为双值函数. 再由对数函数的定义,得

$$\operatorname{Arsh} z = w = \operatorname{Ln}(z+\sqrt{z^2+1}).$$

*24. 已知平面流速场的复势 $f(z)$ 为:

$$1)\ (z+i)^2,\quad 2)\ z^3,\quad 3)\ \frac{1}{z^2+1}.$$

求流动的速度以及流线和等势线的方程.

解 1) 由于该流速场的复势为 $f(z)=(z+i)^2$,故流体流动的速度为 $v(z)=\overline{f'(z)}=2\overline{(z+i)}=2(\bar{z}-i)$,流线方程为 $v=c_1$,即 $2x(y+1)=c_1$,等势线方程为 $u=c_2$,即 $x^2-(y+1)^2=c_2$.

2) 仿照 1) 由读者自己完成.

3) 流动的速度为

$$v(z)=\overline{f'(z)}=\overline{\left(-\frac{2z}{(z^2+1)^2}\right)}=-\frac{2\bar{z}}{(\bar{z}^2+1)^2};$$

流线方程为 $\dfrac{xy}{(x^2-y^2+1)^2+4x^2y^2}=c_1$; 等势线的方程为 $\dfrac{x^2-y^2+1}{(x^2-y^2+1)^2+4x^2y^2}=c_2$.

第三章 复变函数的积分

内容提要

本章将一元实变函数积分学推广到复变函数,包括复变函数积分的定义、性质和基本计算方法,解析函数积分的基本理论和方法以及解析函数与调和函数的关系三部分内容.由于解析函数的积分具有许多很好的性质,有比较系统而完整的理论和方法,因此,它们是整个复变函数理论的基础,是我们应当重点掌握的另一个重要内容.

一、复变函数积分的定义、性质与基本计算法

1. 定义(参见教材)

复变函数的积分定义与高等数学中定积分的定义在形式上非常相似,而且它也是一种"和式极限".不同的是:(1) 被积函数 $w=f(z)$ 是定义在复平面上区域 D 内的复变函数,而不是实变函数 $y=f(x)$;(2) 积分路径 C 是 D 内以 A 为起点 B 为终点的一条有向光滑曲线;(3) 积分的值不仅与起点 A 和终点 B 有关,而且一般情况下也与积分路径有关.由于这三点与高等数学中第二类平面线积分类似,因此它具有与第二类线积分许多相似的性质,并且可以化为后者进行计算.

2. 性质

(1) $\int_C f(z)\,\mathrm{d}z=-\int_{C^-} f(z)\,\mathrm{d}z$;

(2)(线性性质) $\int_C [\alpha f(z)+\beta g(z)]\mathrm{d}z=\alpha\int_C f(z)\mathrm{d}z+\beta\int_C g(z)\mathrm{d}z$,其中 α,β 为常数;

(3)(对积分路径的可加性) 若 C 由 C_1 与 C_2 连接而成,则

$$\int_C f(z)\mathrm{d}z=\int_{C_1} f(z)\mathrm{d}z+\int_{C_2} f(z)\mathrm{d}z;$$

(4)(不等式性质) 若 $|f(z)|\leqslant M, z\in C, L$ 为 C 的弧长,则

$$\left|\int_C f(z)\mathrm{d}z\right|\leqslant\int_C |f(z)|\mathrm{d}s\leqslant ML.$$

3. 基本计算法

(1) 化为两个二元实变函数的第二类线积分:

$$\int_C f(z)\mathrm{d}z=\int_C u\mathrm{d}x-v\mathrm{d}y+i\int_C v\mathrm{d}x+u\mathrm{d}y; \tag{3.1}$$

(2) 利用曲线 C 的参数方程将它化为定积分. 设积分路径 C 由参数方程 $z=z(t)(\alpha\leqslant t\leqslant\beta)$ 给出,起点 A 对应于 α,终点 B 对应于 β,则

$$\int_C f(z)\mathrm{d}z=\int_\alpha^\beta f[z(t)]z'(t)\mathrm{d}t. \tag{3.2}$$

二、解析函数积分的基本理论和方法

解析函数积分的基本理论主要包括柯西 - 古萨基本定理、柯西积分公式和高阶导数公式以及它们的一些推论和推广. 它们不仅是研究解析函数性质的重要工具,而且也为计算解析函数的积分提供了有效的方法.

1. 柯西 - 古萨基本定理 设 $f(z)$ 在单连域 B 内解析,C 为 B 内任一闭曲线,则

$$\oint_C f(z)\mathrm{d}z=0.$$

基本定理的推广

(1) 设$f(z)$在单连域B内解析,在闭区域$\overline{B}$上连续,C为B的边界曲线,则$\oint_C f(z)\,\mathrm{d}z = 0$.

(2) 复合闭路定理　设$f(z)$在多连域D内解析,C为D内任一简单闭曲线,$C_1,C_2,\cdots,C_n$是C内的简单闭曲线,它们互不包含也互不相交,并且以$C,C_1,C_2,\cdots,C_n$为边界的区域全含于D内,则

(1) $\oint_C f(z)\,\mathrm{d}z = \sum_{k=1}^{n}\oint_{C_k} f(z)\,\mathrm{d}z$,其中$C$与$C_k$均取正向;

(2) $\oint_\Gamma f(z)\,\mathrm{d}z = 0$,其中$\Gamma$为由$C$及$C_k^-$($k = 1,2,\cdots,n$)所组成的复合闭路.

基本定理的推论

(1) 闭路变形原理　一个在区域D内的解析函数$f(z)$沿闭曲线C的积分,不因C在D内作连续变形而改变它的值,只要在变形过程中C不经过使$f(z)$不解析的点.

(2) 设$f(z)$在单连域B内解析,则

$$F(z) = \int_{z_0}^{z} f(\zeta)\,\mathrm{d}\zeta \qquad (z,z_0 \in B) \tag{3.3}$$

是B内的一个单值解析函数,并且$F'(z) = f(z)$,即$F(z)$是$f(z)$的一个原函数.

(3) 设$f(z)$在单连域B内解析,$G(z)$为$f(z)$在B内的一个原函数,则

$$\int_{z_1}^{z_2} f(z)\,\mathrm{d}z = G(z_2) - G(z_1), \tag{3.4}$$

其中$z_1,z_2 \in B$.

推论(2)、(3)表明,对单连域内的解析函数,有与高等数学中的微积分基本定理和牛顿 - 莱布尼兹公式相类似的结果成立,从而使我们可用与高等数学中类似的方法去计算单连域内解析函数的

积分.

2. 柯西积分公式与高阶导数公式

(1) **柯西积分公式** 设$f(z)$在区域D内解析,C为D内任一正向简单闭曲线,其内部完全含于D,z_0为C内任意一点,则

$$f(z_0)=\frac{1}{2\pi i}\oint_C\frac{f(z)}{z-z_0}\mathrm{d}z. \tag{3.5}$$

柯西积分公式给出了解析函数$f(z)$的一个积分表达式.它表明,只要$f(z)$在区域边界上的值一经确定,那么它在区域内部任一点处的值就完全确定.它反映了解析函数在区域内部的值与其在区域边界上的值之间的密切关系,是解析函数的重要特性.

(2) **高阶导数公式** 在柯西积分公式同样的条件下,我们有

$$f^{(n)}(z_0)=\frac{n!}{2\pi i}\oint_C\frac{f(z)}{(z-z_0)^{n+1}}\mathrm{d}z \qquad (n=1,2,\cdots). \tag{3.6}$$

高阶导数公式表明,在区域D内的解析函数,其导函数仍是D内的解析函数,而且具有任意阶导数.这是解析函数区别于可微实变函数的又一重要特性.

利用上述两个公式,我们可以将教材第三章§1例2中的公式推广到一般情形:

$$\oint_C\frac{\mathrm{d}(z)}{(z-z_0)^{n+1}}=\begin{cases}2\pi i, & n=0,\\ 0, & n\neq 0,\end{cases} \tag{3.7}$$

其中C为包含z_0的任一简单正向闭曲线.

3. 解析函数积分的计算方法

(1) 利用本章内容提要中第一段所指出的两种方法.这两种方法是计算复变函数积分的最基本的方法,不论被积函数是否解析,积分路径是否封闭都可以采用.

(2) 对于沿封闭路径的积分,可以利用柯西积分公式与高阶导数公式进行计算,即

$$\oint_C \frac{f(z)}{(z-z_0)^{n+1}}\mathrm{d}z = 2\pi i f^{(n)}(z_0) \qquad (n=0,1,2,\cdots). \quad (3.8)$$

当 $n=0$ 时,它就是柯西积分公式;当 $n=1,2,\cdots$ 时,就是高阶导数公式. 使用公式(3.8)时应注意以下两点:

1）被积函数必须能表示成 $\dfrac{f(z)}{(z-z_0)^{n+1}}$ 的形式,并且满足该公式成立的条件.

2）常常需要将该公式与柯西 - 古萨定理、复合闭路定理、闭路变形原理等配套使用. 例如,先可将被积函数分解为几个简单分式之和,使其中每一项都表示成公式(3.8)中的形式,然后再联合使用上述定理和公式.

（3）对于单连域内解析函数沿非封闭路径的积分,可用上述基本定理的推论(3)进行计算. 即先求被积函数的原函数,然后代入公式(3.4)直接计算.

三、解析函数与调和函数的关系

1. 调和函数及其与解析函数的关系

（1）**调和函数与共轭调和函数的定义**　在区域 D 内具有二阶连续偏导数并且满足拉普拉斯(Laplace)方程

$$\frac{\partial^2\varphi}{\partial x^2}+\frac{\partial^2\varphi}{\partial y^2}=0$$

的二元实变函数 $\varphi(x,y)$ 称为在 D 内的调和函数. 设 $u(x,y)$ 与 $v(x,y)$ 为在区域 D 内的两个调和函数,并且满足 C-R 方程

$$\frac{\partial u}{\partial x}=\frac{\partial v}{\partial y}, \qquad \frac{\partial v}{\partial x}=-\frac{\partial u}{\partial y},$$

则称 v 是 u 在 D 中的共轭调和函数.

（2）**解析函数与调和函数的关系**

在区域 D 内的解析函数 $f(z)=u+iv$ 的实部 u 与虚部 v 都是调

和函数，并且虚部 v 为实部 u 的共轭调和函数.

应当注意，上述关系中 u 与 v 的关系不能颠倒，并且任意两个调和函数 u 与 v 所构成的函数 $u+iv$ 不一定是解析函数.

2. 已知单连域 B 内的解析函数 $f(z)$ 的实部或虚部，求 $f(z)$ 的方法

（1）偏积分法　若已知实部 $u=u(x,y)$，利用 C-R 方程先求得虚部 v 的偏导数 $\frac{\partial v}{\partial y}=\frac{\partial u}{\partial x}$，两边对 y 积分得 $v=\int\frac{\partial u}{\partial x}\mathrm{d}y+g(x)$，再由 $\frac{\partial v}{\partial x}=-\frac{\partial u}{\partial y}$，又得 $\frac{\partial}{\partial x}\int\frac{\partial u}{\partial x}\mathrm{d}y+g'(x)=-\frac{\partial u}{\partial y}$，从而 $g(x)=\int\left[-\frac{\partial u}{\partial y}-\frac{\partial}{\partial x}\int\frac{\partial u}{\partial x}\mathrm{d}y\right]\mathrm{d}x+C$，所以虚部 $v=\int\frac{\partial u}{\partial x}\mathrm{d}y+\int\left[-\frac{\partial u}{\partial y}-\frac{\partial}{\partial x}\int\frac{\partial u}{\partial x}\mathrm{d}y\right]\mathrm{d}x+C$，其中 C 为任意常数. 若已知虚部 $v=v(x,y)$，类似可求得实部 u.

（2）线积分法　若已知实部 $u=u(x,y)$，利用 C-R 方程可得 $\mathrm{d}v=\frac{\partial v}{\partial x}\mathrm{d}x+\frac{\partial v}{\partial y}\mathrm{d}y=-\frac{\partial u}{\partial y}\mathrm{d}x+\frac{\partial u}{\partial x}\mathrm{d}y$，故虚部为

$$v=\int_{(x_0,y_0)}^{(x,y)}-\frac{\partial u}{\partial y}\mathrm{d}x+\frac{\partial u}{\partial x}\mathrm{d}y+C.$$

由于该线积分与路径无关，可选简单路径（如折线）计算它，其中 (x_0,y_0) 与 (x,y) 为 B 内的点. 若已知虚部 v，可用类似方法求得实部 u.

（3）不定积分法　若已知实部 $u=u(x,y)$，根据解析函数的导数公式和 C-R 方程得知，

$$f'(z)=\frac{\partial u}{\partial x}+i\frac{\partial v}{\partial x}=\frac{\partial u}{\partial x}-i\frac{\partial u}{\partial y}.$$

将此式右端表示成 z 的函数 $U(z)$，由于 $f'(z)$ 仍为解析函数，故

$$f(z)=\int U(z)\,\mathrm{d}z+C\qquad（C\text{ 为实常数}）.$$

若已知虚部 v,则可用类似的方法求得实部 u.

教学基本要求

1. 了解复变函数积分的定义及性质,会求复变函数的积分.

2. **理解柯西积分定理,掌握柯西积分公式**.

3. **掌握解析函数的高阶导数公式**. 了解解析函数无限次可导的性质.

4. 了解调和函数与解析函数的关系,会从解析函数的实(虚)部求其虚(实)部.

释疑解难

问题 3.1　我们知道,复变函数积分的定义在形式上与高等数学中第二类平面线积分的定义几乎完全相同,只是将实平面上的曲线 C 改为复平面上的曲线 C,将两个二元实变函数 $P(x,y)$ 与 $Q(x,y)$(或向量值函数 $\boldsymbol{A}(x,y) = P(x,y)\boldsymbol{i} + Q(x,y)\boldsymbol{j}$) 改为复变函数 $f(z) = u(x,y) + iv(x,y)$. 而且复平面上的曲线方程实际上就是实平面上曲线方程的复数形式,一个复变函数 $f(z)$ 对应着两个二元实变函数 $u = u(x,y)$ 与 $v = v(x,y)$(或二元向量值函数 $\boldsymbol{A}(x,y) = u(x,y)\boldsymbol{i} + v(x,y)\boldsymbol{j}$). 因此,有人说,复变函数的积分 $\int_C f(z)\,\mathrm{d}z$ 就是第二类平面线积分 $\int_C P(x,y)\,\mathrm{d}x + Q(x,y)\,\mathrm{d}y = \int_C \boldsymbol{A}(x,y)\cdot \mathrm{d}\boldsymbol{s}$(其中 $\mathrm{d}\boldsymbol{s} = \mathrm{d}x\boldsymbol{i} + \mathrm{d}y\boldsymbol{j}$) 的复数形式,这种说法对吗?

答　不能这样说. 两种积分的定义和性质确实有许多相同之处,但又有许多不同点. 从定义来看,两种积分虽然都是"和式极限",但和式结构却不尽相同. 复变函数的积分和式为 $\sum\limits_{k=1}^{n} f(\zeta_k)\Delta z_k$,

和式中的每一项都是两个复数的乘积,根据复数的乘法,

$$\sum_{k=1}^{n} f(\zeta_k)\Delta z_k = \sum_{k=1}^{n}[u(\zeta_k,\eta_k)\Delta x_k - v(\zeta_k,\eta_k)\Delta y_k] + i\sum_{k=1}^{n}[v(\zeta_k,\eta_k)\Delta x_k + u(\zeta_k,\eta_k)\Delta y_k].$$

若 $f(z)$ 是连续函数,则上述和式的极限存在,从而复变函数的积分转化为两个二元实变函数的第二类线积分,即

$$\int_C f(z)\,\mathrm{d}z = \int_C u\mathrm{d}x - v\mathrm{d}y + i\int_C v\mathrm{d}x + u\mathrm{d}y.$$

第二类平面线积分的和式为 $\sum_{k=1}^{n}\boldsymbol{A}(\zeta_k,\eta_k)\cdot\Delta\boldsymbol{s}_k$,和式中每一项都是两个向量的数量积,根据数量积的定义,

$$\sum_{k=1}^{n}\boldsymbol{A}(\zeta_k,\eta_k)\cdot\Delta\boldsymbol{s}_k = \sum_{k=1}^{n}[P(\zeta_k,\eta_k)\cdot\Delta x_k + Q(\zeta_k,\eta_k)\cdot\Delta y_k].$$

若 $P(x,y)$ 和 $Q(x,y)$ 都是连续函数,则积分存在,且

$$\int_C \boldsymbol{A}(x,y)\cdot\mathrm{d}\boldsymbol{s} = \int_C P(x,y)\,\mathrm{d}x + Q(x,y)\,\mathrm{d}y.$$

在第二章中,我们曾指出,由于复数与平面向量是一一对应的,因而复变函数可以与二元向量值函数一一对应,而且复数的加、减法与相应的向量加减法是一致的,但是复数的乘法与向量的乘法是不同的,向量的乘法有数量积和向量积两种,它们都不同于复数的乘法.因此,两种积分的和式结构从形式上看都是乘积,但它们的含义却有重要的差异.

在科学技术中,两种积分也具有不同的应用背景.大家知道,第二类线积分可用于解决变力(向量)沿平面有向曲线作功等问题,而复变函数的积分表示平面流速场沿有向曲线的**环流量**:

$$\Gamma_C + iN_C = \int_C \overline{v(z)}\,\mathrm{d}z,$$

其中 Γ_C 与 N_C 分别表示流体沿有向曲线 C 的环量和流量,$\overline{v(z)}$ 是流

体的复速度(详见钟玉泉编《复变函数论》第102页).

问题3.2 使用柯西-古萨基本定理应当注意哪些问题?

答 柯西-古萨定理是复变函数中的一个基本定理,它是研究复变函数积分的基础.鉴于它的重要性,读者应当准确地理解并熟练掌握定理成立的条件.应用中应当注意以下几个问题:(1)定理中“B为单连域”与“$f(z)$在B内解析”这两个假设条件缺一不可.例如,考察积分$\oint_C \frac{1}{z}\mathrm{d}z$.若$C$为单位圆周$|z|=1$,是单连域,但由于$\frac{1}{z}$在$C$内不解析,所以$\oint_C \frac{1}{z}\mathrm{d}z \neq 0$;若$C$为圆环域$\frac{1}{2}<|z|<1$内任一封闭曲线,虽然$\frac{1}{z}$在此圆环域内解析,但不是单连域,所以也有$\oint_C \frac{1}{z}\mathrm{d}z \neq 0$.事实上,在上述两种情况下,积分$\oint_C \frac{1}{z}\mathrm{d}z = 2\pi i$.(2)定理中的$C$不必是简单闭曲线,可以是$B$内的任一闭曲线.这是因为,如果定理的结论对任何简单闭曲线成立,由于任一闭曲线C总可以看成区域B中有限条简单闭曲线衔接而成(如图3.1所示,C均由三条简单闭曲线衔接而成),利用复变函数积分对积分路径的可加性易知定理的结论对任何闭曲线C成立.

图 3.1

教材中给出了“如果曲线C是区域B的边界,函数$f(z)$在B内与

C 上解析，那么$\oint_C f(z)\,dz=0$”这个基本定理的推广，下面来粗略地说明它的正确性. 事实上，由于$f(z)$在C上的每点都解析，根据解析的定义，$f(z)$在C上的每一点z都存在一个邻域$U(z)$，使$f(z)$在此邻域内解析. 令$G=B\cup(\bigcup\limits_{z\in C}U(z))$，则$G$为包含$\overline{B}=B\cup C$的单连域，并且$f(z)$在$G$内解析，由柯西－古萨定理知$\oint_C f(z)\,dz=0$.

问题 3.3 柯西－古萨基本定理的逆定理成立吗？

答 按照教材中关于柯西－古萨基本定理的表述，它的逆命题应表述为：若函数$f(z)$沿单连域B内任何一条封闭曲线C的积分为零，即$\oint_C f(z)\,dz=0$，则$f(z)$为B内的解析函数. 一般情况下，这个结论是不成立的. 例如，$f(z)=\dfrac{1}{z^2}$沿复平面内任一闭曲线的积分都为零，即$\oint_C f(z)\,dz=0$，但该函数在复平面内并非处处解析，$z=0$就是它的一个奇点. 类似的例子可以举出很多. 这就是说，将该定理直接反过来使用是不对的，希望读者务必注意. 但是，我们有下面的命题：

若函数$f(z)$在单连域B内连续，并且沿B内任意一条封闭曲线C的积分为零，即

$$\oint_C f(z)\,dz=0,$$

则$f(z)$为B内的解析函数.

这就是著名的莫累拉(Morera)定理，通常把它说成是柯西－古萨定理的逆定理(证明从略).

联合柯西－古萨基本定理和莫累拉定理，我们得到刻画$f(z)$在单连域内解析的又一个本质特征，即函数$f(z)$在单连域B内解析的充要条件是$f(z)$在B内连续，且对B内任一闭曲线C都有

$\oint_C f(z)\,dz = 0.$

问题 3.4 一元实变函数定积分中的换元法与分部积分法在复变函数中成立吗?

答 在一定的条件下成立,现分别叙述并证明如下.

换元法 设 $w = f(z)$ 在 z 平面上区域 D 内解析,$f'(z) \neq 0$,并且它将 D 内的光滑曲线 C 映射成 w 平面上区域 D^* 内的光滑曲线 Γ. 若 $\Phi(w)$ 是连续函数,则有换元公式:

$$\int_\Gamma \Phi(w)\,dw = \int_C \Phi[f(z)]f'(z)\,dz; \qquad (3.9)$$

若 $\Phi(w)$ 是解析函数,并且 D 与 D^* 都是单连域,则

$$\int_{w_1}^{w_2} \Phi(w)\,dw = \int_{z_1}^{z_2} \Phi[f(z)]f'(z)\,dz, \qquad (3.10)$$

其中 $w_1 = f(z_1)$,$w_2 = f(z_2)$.

证 设曲线 C 的方程为 $z = z(t)$ $(\alpha \leqslant t \leqslant \beta)$,$z'(t) \neq 0$ 且在 $[\alpha,\beta]$ 上连续,则由已知条件,曲线 Γ 的方程为 $w = f[z(t)]$ $(\alpha \leqslant t \leqslant \beta)$,

$$\frac{dw}{dt} = f'(z)z'(t) \neq 0,$$

并且$\frac{dw}{dt}$在$[\alpha,\beta]$上也是连续的.

若 $\varphi(w)$ 连续,则换元公式中两积分均存在,并可将上述两个复变函数积分化为定积分:

$$\int_\Gamma \Phi(w)\,dw = \int_\alpha^\beta \Phi(w)\frac{dw}{dt}dt = \int_\alpha^\beta \Phi\{f[z(t)]\}f'(z)z'(t)\,dt,$$

$$\int_C \Phi[f(z)]f'(z)\,dz = \int_\alpha^\beta \Phi(w)\{f[z(t)]\}f'(z)z'(t)\,dt,$$

故知换元公式(3.9)成立.

若 $\Phi(w)$ 解析,则换元公式(3.9)两端的积分均与积分路径无

关,仅与端点有关,故有相应的换元等式(3.10)成立.

例1 求积分$\int_C \frac{1+\tan z}{\cos^2 z}dz$的值,其中$C$为联结$z_1=1$到$z_2=i$的直线段.

解 由于$\frac{1+\tan z}{\cos^2 z}$在圆周$|z|=\frac{3}{2}$内处处解析,令$w=\tan z$,则$dw=\frac{dz}{\cos^2 z}$,由换元公式(3.10)可知:

$$
\begin{aligned}
\int_C \frac{1+\tan z}{\cos^2 z}dz &= \int_1^i \frac{1+\tan z}{\cos^2 z}dz = \int_{\tan 1}^{\tan i}(1+w)dw \\
&= \left(w+\frac{1}{2}w^2\right)\Big|_{\tan 1}^{\tan i} \\
&= \tan i+\frac{1}{2}\tan^2 i-\tan 1-\frac{1}{2}\tan^2 1 \\
&= \frac{\sin i}{\cos i}+\frac{1}{2}\left(\frac{\sin i}{\cos i}\right)^2-\tan 1-\frac{1}{2}\tan^2 1 \\
&= i\operatorname{th}1-\frac{1}{2}\operatorname{th}^2 1-\tan 1-\frac{1}{2}\tan^2 1.
\end{aligned}
$$

分部积分法 设$f(z)$与$g(z)$在单连域B内解析,z_1,z_2为B内两点,则

$$\int_{z_1}^{z_2} f(z)g'(z)dz = f(z)g(z)\Big|_{z_1}^{z_2} - \int_{z_1}^{z_2} g(z)f'(z)dz. \quad (3.11)$$

证 由已知$f(z)$与$g(z)$在B内解析,故

$$[f(z)g(z)]' = f'(z)g(z)+f(z)g'(z),$$

从而知$f(z)g(z)$是$f'(z)g(z)+f(z)g'(z)$在B内的原函数.由于解析函数的导数仍然是解析函数,从而可对$f'(z)g(z)+f(z)g'(z)$应用公式(3.4),故有

$$\int_{z_1}^{z_2}[f'(z)g(z)dz+f(z)g'(z)]dz = f(z)g(z)\Big|_{z_1}^{z_2},$$

所以

$$\int_{z_1}^{z_2} f(z)g'(z)\,\mathrm{d}z = f(z)g(z)\Big|_{z_1}^{z_2} - \int_{z_1}^{z_2} g(z)f'(z)\,\mathrm{d}z.$$

例 2　求积分$\int_1^i \ln(z+1)\,\mathrm{d}z$的值,沿圆周$|z|=1$在第一象限的部分.

解　由于$\ln(z+1)$在区域$-\pi<\arg(z+1)<\pi$内解析,故可利用部积分公式(3.11)求该积分的值.

$$\begin{aligned}\int_1^i \ln(z+1)\,\mathrm{d}z &= z\ln(z+1)\Big|_1^i - \int_1^i \frac{z}{z+1}\mathrm{d}z \\ &= i\ln(1+i) - \ln 2 - \int_1^i \left(1-\frac{1}{z+1}\right)\mathrm{d}z \\ &= i\ln(1+i) - \ln 2 + 1 - i + \mathrm{Ln}(1+z)\Big|_1^i \\ &= 1 - i + (1+i)\ln(1+i) - 2\ln 2 \\ &= 1 - i + (1+i)\left(\ln\sqrt{2} + \frac{\pi}{4}i\right) - 2\ln 2 \\ &= 1 - \frac{3}{2}\ln 2 - \frac{\pi}{4} + i\left(\ln\sqrt{2} + 1 + \frac{\pi}{4}\right).\end{aligned}$$

问题 3.5　为什么说柯西积分公式与高阶导数公式反映了解析函数的两个重要特性?

答　柯西积分公式反映了解析函数在其解析区域边界上的值与区域内部各点处值的密切关系,由它在曲线 C 上的值可以确定它在 C 内部任意一点的值. 例如,如果函数$f(z)$在 C 上恒为常数 M,z_0为 C 内部任给的一点,那么根据该公式,我们有

$$f(z_0) = \frac{1}{2\pi i}\oint_C \frac{f(\zeta)}{\zeta - z_0}\mathrm{d}\xi = \frac{M}{2\pi i}\oint_C \frac{\mathrm{d}\xi}{\zeta - z_0} = \frac{M}{2\pi i}\cdot 2\pi i = M,$$

就是说,$f(z)$ 在 C 的内部恒等于该常数. 又如,若 C 为圆周 $\zeta = z_0 + Re^{i\theta}(0 \leqslant \theta \leqslant 2\pi)$,则 $d\zeta = iRe^{i\theta}d\theta$,从而有

$$f(z_0) = \frac{1}{2\pi i}\int_0^{2\pi}\frac{f(z_0 + Re^{i\theta})}{Re^{i\theta}} \cdot iRe^{i\theta}d\theta = \frac{1}{2\pi}\int_0^{2\pi} f(z_0 + Re^{i\theta})d\theta.$$

这就是说,一个解析函数在圆心处的值等于它在圆周上的平均值(称为解析函数平均值定理). 这些性质是二元实变函数所不具有的. 因为对二元实变函数来说,即使它是可导的,一般也不能由它在区域边界上的值确定它在区域内部的值. 解析函数的这种特性,是由它的本质属性(即柯西 - 古萨基本定理)所决定的,下面我们不妨对这个问题作一粗略的分析. 读者仔细阅读该公式的证明过程就会发现,它是建立在柯西 - 古萨基本定理的推论——闭路变形原理——基础上的. 事实上,根据闭路变形原理,在 C 内部任作圆周 $K: |\zeta - z_0| = r$,都有

$$\oint_C \frac{f(\zeta)}{\zeta - z_0}d\zeta = \oint_K \frac{f(\zeta)}{\zeta - z_0}d\zeta.$$

令 K 的半径 r 无限变小,因为在此过程中 K 不经过使 $\dfrac{f(\zeta)}{\zeta - z_0}$ 不解析的点 z_0,上面的等式总成立,并且由于左端积分是一个确定的常数,所以我们有

$$\oint_C \frac{f(\zeta)}{\zeta - z_0}d\zeta = \lim_{r\to 0}\oint_K \frac{f(\zeta)}{\zeta - z_0}d\zeta.$$

又由于 $r \to 0$ 时,$\zeta \to z_0$,从而 $f(\zeta) \to f(z_0)$,于是我们猜想,上式右端趋近于 $f(z_0)\oint_K \dfrac{d\zeta}{\zeta - z_0} = 2\pi i f(z_0)$,从而可得柯西积分公式. 虽然最后一步需要严格地证明(见教材),但是,从上述分析过程使我们不难看到,柯西积分公式确实是解析函数本质特征的反映.

高阶导数公式是建立在柯西积分公式的基础上,由此公式推出解析函数的导函数仍然是解析函数,从而具有无穷可微性,这个性质也是解析函数区别于实变函数的本质属性. 大家知道,一个实变函数

（不论它是一元的还是多元的）如果可导，它的导函数是否连续也不能断定，更无法断定它的高阶导数是否存在了. 借助于解析函数的这个性质，我们还可得到刻画解析函数特征的另一个充要条件如下. 第二章中已经知道，如果 $f(z) = u(x,y) + iv(x,y)$ 在区域 D 内满足：（1）u_x, u_y, v_x, v_y 在 D 内连续；（2）C-R 方程成立，那么 $f(z)$ 在 D 内处处解析. 这就是说，（1）与（2）是 $f(z)$ 在 D 内解析的充分条件. 现在我们说明（1）与（2）也是必要条件. 事实上，条件（2）的必要性已经证明. 根据解析函数的无穷可微性，$f'(z)$ 必在 D 内连续，由解析函数的导数公式（2.3）知条件（1）成立，所以（1）也是 $f(z)$ 解析的必要条件.

问题 3.6　在教材中介绍了计算复变函数积分的多种方法，如何正确地选择和使用这些方法？

答　在本章的内容提要中已经对复变函数积分的计算方法作了小结，在解题时，应当针对给定的积分，恰当地选用这些方法. 我们知道，一个积分的值取决于被积函数与积分路径，因此，分析被积函数的性质与积分路径的形式是正确地选择和使用这些方法的关键.

如果被积函数不是解析函数，不论积分路径是封闭的还是非封闭的，那么，只能采用两种基本计算法，即将它化成二元实变函数的线积分和利用积分路径的参数方程将它化成定积分. 若此时被积函数的实部与虚部不易求得或虽能求得但表达式比较复杂，而积分路径的参数方程又比较为简单，则多采用第二种方法. 至于究竟哪种方法更好，应视具体问题而定. 具体例子可参看例题分析中的例 3.1.

若被积函数是解析函数（包括有有限个奇点的情形），而且积分路径 C 是封闭曲线，则可采用柯西积分公式和高阶导数公式. 由于被积函数往往形式多样，结构较为复杂，因此常常不能直接套用这些公式，需要联合使用柯西 - 古萨基本定理、复合闭路定理、闭路变形原理，并将被积函数作适当变形（例如，将其中的有理分式分解为部分分式)，化成公式中的形式：$\dfrac{f(z)}{(z-z_0)^n}(n=1,2,\cdots)$，其中 $f(z)$ 为区域 D 内的解析函数，z_0 为 C 内的点. 如果积分路径是非封闭曲线，只要被积函数在某单连域内解析，并且积分路径的起点和终点也在此区域内，那么，可设法(例如，用问题3.4中介绍的换元法和分部积分法等)先求被积函数的原函数，利用公式(3.4)来计算. 参见本章例题分析中例3.3至例3.7.

如果积分路径是闭曲线 C 而被积函数为在 C 内是有有限个甚至无限个奇点的解析函数，它又不能表示成柯西积分公式和高阶导数公式的形式(例如，被积函数为 $\dfrac{e^z}{\sin^2 z}$，$\dfrac{1}{1-\cos z}$，$e^{\frac{1}{z}}$ 等)，那么，上面的方法都不便应用，只能利用第五章的留数方法.

问题 3.7 为什么要研究解析函数与调和函数的关系?

答 调和函数是流体力学、电磁学和传热学中经常遇到的一类重要的函数. 例如，不可压缩的平面定常的无源无旋流速场的流函数与势函数、平面静电场的力函数与势函数以及热流场的流函数与温度分布函数等都是调和函数. 因此，在场论中通常把无源无旋的向量场叫作调和场. 因为调和函数满足拉普拉斯方程 $\dfrac{\partial^2\varphi}{\partial x^2}+\dfrac{\partial^2\varphi}{\partial y^2}=0$，所以，拉普拉斯方程的边值问题实际上就是调和函数的边值问题(即求一个二元实变函数 $\varphi(x,y)$，使它在已知区域内调和，并且在区域的边界上满足已知条件). 例如，若已知某平面无源无旋流速场在区域边界的上的流速，求区域内部流速的分布情况就属于调和函数的边值问题.

由于解析函数的实部和虚部都是调和函数，因此，利用解析函数的理论和方法研究调和函数的性质，可以得到调和函数的许多重要而有趣的结果. 读者如果认真研究教材第三章习题中的第32至36题就会发现：利用解析函数的平均值公式可以得到调和函数的平均值公式；利用解析函数的柯西积分公式，就可以得到调和函数的泊松(Poisson)积分公式；利用解析函数的最大模原理(第36题)，也可以得到调和函数的极值原理(在区域 D 内不恒为常数的调和函数在 D 内不能取得它的最大或最小值). 调和函数的这些性质在研究拉普拉斯方程边值问题中起着关键的作用.

因此，研究解析函数与调和函数的关系，为解析函数在实际问题中的应用奠定了基础.

例题分析

例 3.1 计算下列积分的值：

(1) $\int_C e^{|z|^2}\operatorname{Re}(z)\,dz$，其中 C 为从 $z_1=0$ 到 $z_2=1+i$ 的直线段 $\overline{z_1z_2}$；

(2) $\oint_C \frac{z}{\bar{z}}dz$，其中 C 为如图 3.2 所示半圆环区域的正向边界.

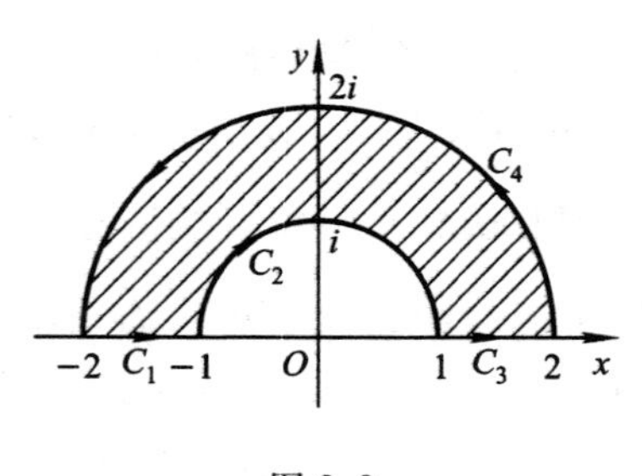

图 3.2

分析 本例中两个积分的被积函数都不是解析函数，因此，我们可利用复变函数积分的基本计算法来求它们的值，即或者求出被积函数的实部与虚部的表达式，通过先将积分化为第二类线积分，再将路径的直角坐标方程代入将线积分化成定积分；或者求出路径的参数方程将复变函数积分直接化成定积分. 本例中的(1)，由于被积函数的实部与虚部都不复杂难求，C 的方程也很简单，因此两种方法都可以用. 至于(2)，由于被积函数的实部与虚部较为复杂，而且积分路径用参数方程表示更为简便，因此用后一种方法可能简单些.

解 (1) **法一** 由于 $e^{|z|^2}\mathrm{Re}(z)=xe^{x^2+y^2}$，$C$ 的方程为 $y=x$，所以

$$\int_C e^{|z|^2}\mathrm{Re}(z)\,dz=\int_C xe^{x^2+y^2}dx+i\int_C xe^{x^2+y^2}dy$$
$$=\int_0^1 xe^{2x^2}dx+i\int_0^1 xe^{2x^2}dx$$
$$=(1+i)\cdot\frac{1}{4}e^{2x^2}\Big|_0^1=\frac{1}{4}(e^2-1)(1+i).$$

法二 由于 C 的参数方程为 $z=(1+i)t(0\leqslant t\leqslant 1)$，所以

$$\int_C e^{|z|^2}\mathrm{Re}(z)\,dz=\int_0^1 e^{2t^2}\cdot t(1+i)\,dt=\frac{1}{4}(1+i)e^{2t^2}\Big|_0^1$$
$$=\frac{1}{4}(e^2-1)(1+i).$$

(2) 积分路径可分为四段，它们的方程分别为：

$C_1: z=t\ (-2\leqslant t\leqslant -1)$，　$C_2: z=e^{i\theta}$，θ 从 π 变到 0，

$C_3: z=t\ (1\leqslant t\leqslant 2)$，　$C_4: z=2e^{i\theta}$，θ 从 0 变到 π.

从而有

$$\oint_C \frac{z}{\bar z}dz=\int_{C_1}\frac{z}{\bar z}dz+\int_{C_2}\frac{z}{\bar z}dz+\int_{C_3}\frac{z}{\bar z}dz+\int_{C_4}\frac{z}{\bar z}dz$$
$$=\int_{-2}^{-1}\frac{t}{t}dt+\int_{\pi}^{0}\frac{e^{i\theta}}{e^{-i\theta}}ie^{i\theta}d\theta+\int_1^2\frac{t}{t}d\theta+\int_0^{\pi}\frac{2e^{i\theta}}{2e^{-i\theta}}2ie^{i\theta}d\theta$$
$$=1+\frac{2}{3}+1-\frac{4}{3}=\frac{4}{3}.$$

读者试用第一种方法解之并与上面的方法加以比较，以便总结经验.

例 3.2 设 C 为正向圆周 $|z|=2$ 在第一象限中的部分，试证：

$$\left|\int_C \frac{dz}{1+z^2}\right| \leqslant \frac{\pi}{3}.$$

分析　同证明实变函数积分不等式类似，证明复变函数积分不等式主要利用积分的不等式性质. 证明过程中关键在于计算或估计被积函数 $f(z)$ 的模 $|f(z)|$. 本例中，我们采用了两种方法来估计 $|f(z)|$.

证　法一　令 $z=2e^{i\theta}\left(0 \leqslant \theta \leqslant \frac{\pi}{2}\right)$，则

$$\begin{aligned}\frac{1}{|1+z^2|} &= \frac{1}{|1+4(\cos 2\theta + i\sin 2\theta)|} \\ &= \frac{1}{\sqrt{(1+4\cos 2\theta)^2 + 16\sin^2 2\theta}} \\ &= \frac{1}{\sqrt{17+8\cos 2\theta}} \leqslant \frac{1}{\sqrt{17-8}} \\ &= \frac{1}{3}\quad (\text{因为 } \cos 2\theta \geqslant -1).\end{aligned}$$

根据积分的不等式性质得

$$\left|\int_C \frac{1}{1+z^2}dz\right| \leqslant \int_C \frac{1}{|1+z^2|}ds \leqslant \frac{1}{3}\int_C ds = \frac{\pi}{3}.$$

法二　直接利用积分的不等式性质和不等式 $|1+z^2| \geqslant ||z|^2-1|$ 即得

$$\begin{aligned}\left|\int_C \frac{1}{1+z^2}dz\right| &\leqslant \int_C \frac{1}{|1+z^2|}ds \leqslant \int_C \frac{1}{||z|^2-1|}ds \\ &= \frac{1}{3}\int_C ds = \frac{\pi}{3}.\end{aligned}$$

例 3.3　求下列积分之值：

(1) $\displaystyle\int_{-1}^{i} \frac{dz}{z^2+z-2}$，积分沿 -1 到 i 的直线段；

(2) $\displaystyle\int_0^{1+i} z^2 \sin z dz$，积分路径为从 $z=0$ 到 $z=1+i$ 的任何简

单曲线；

（3）$\int_{-\pi i}^{\pi i}\sin^2 z\mathrm{d}z$，积分路径为从 $-\pi i$ 到 πi 任意简单曲线.

分析　本题中（1）的被积函数

$$\frac{1}{z^2+z-2}=\frac{1}{(z-1)(z+2)}=\frac{1}{3}\left(\frac{1}{z-1}-\frac{1}{z+2}\right),$$

除 $z=1$ 与 $z=-2$ 外在复平面上处处解析，因此，总可以作一不含这两点的单连域，使连接 -1 与 i 的直线段在此单连域内，并且该函数在这个区域内解析；（2）与（3）的被积函数在整个复平面上都是解析的，而且它们的积分路径都是非封闭的. 因此，只要设法求出被积函数的原函数，就可直接利用公式（3.4）来计算这类函数的积分值. 在本章释疑解难的问题 2.4 中，我们已经证明对这类函数分部积分法与换元法都成立，因此可以像在高等数学中利用牛顿－莱布尼兹公式计算定积分那样来求本题三个积分的值.

解

（1）

$$\begin{aligned}\int_{-1}^{i}\frac{1}{z^2+z-2}\mathrm{d}z&=\frac{1}{3}\left(\int_{-1}^{i}\frac{\mathrm{d}z}{z-1}-\int_{-1}^{i}\frac{\mathrm{d}z}{z+2}\right)\\&=\frac{1}{3}[\ln(z-1)-\ln(z+2)]\Big|_{-1}^{i}\\&=-\frac{1}{3}\left(\frac{1}{2}\ln 10+i\arctan 3\right).\end{aligned}$$

（2）

$$\begin{aligned}\int_{0}^{1+i}z^2\sin z\mathrm{d}z&=-\int_{0}^{1+i}z^2\mathrm{d}\cos z\\&=-\left(z^2\cos z\Big|_{0}^{1+i}-2\int_{0}^{1+i}z\cos z\mathrm{d}z\right)\\&=[-(z^2-2)\cos z+2z\sin z]\Big|_{0}^{1+i}\end{aligned}$$

$$= -2(i-1)\cos(1+i)+2(1+i)\sin(1+i)-2$$
$$= 2(1-i)e^{-1+i}-2$$
$$= \frac{2\sqrt{2}}{e}\left[\cos\left(1-\frac{\pi}{4}\right)+i\sin\left(1-\frac{\pi}{4}\right)\right]-2.$$

(3)

$$\int_{-\pi i}^{\pi i}\sin^2 z\mathrm{d}z=\int_{-\pi i}^{\pi i}\frac{1-\cos 2z}{2}\mathrm{d}z$$
$$=\frac{1}{2}(z-\sin z\cos z)\Big|_{-\pi i}^{\pi i}=\pi i-\sin\pi i\cos\pi i$$
$$=(\pi-\mathrm{ch}\,\pi\mathrm{sh}\,\pi)i=\left(\pi-\frac{1}{2}\mathrm{sh}\,2\pi\right)i.$$

例 3.4　下面的推演是否正确？如果不正确，请给出正确的解答.

$$\oint_{|z|=\frac{3}{2}}\frac{1}{z(z-1)}\mathrm{d}z=\oint_{|z|=\frac{3}{2}}\frac{\frac{1}{z}}{z-1}\mathrm{d}z=2\pi i\frac{1}{z}\Big|_{z=1}=2\pi i.$$

解　不正确. 此题的推演意在应用柯西积分公式，但应用该公式时必须满足使公式成立的条件，要求公式中的 $f(z)$ 在 C 内处处解析. 由于上述推演过程中，$f(z)=\frac{1}{z}$ 在圆周 $|z|=\frac{3}{2}$ 中心 $z=0$ 处不解析，因此产生了错误. 同样，若改用如下的解法也是错误的：

$$\oint_{|z|=\frac{3}{2}}\frac{1}{z(z-1)}\mathrm{d}z=\oint_{|z|=\frac{3}{2}}\frac{\frac{1}{z-1}}{z}\mathrm{d}z=2\pi i\frac{1}{z-1}\Big|_{z=0}=-2\pi i.$$

正确的解法是：

$$\oint_{|z|=\frac{3}{2}}\frac{1}{z(z-1)}\mathrm{d}z=\oint_{|z|=\frac{3}{2}}\frac{1}{z-1}\mathrm{d}z-\oint_{|z|=\frac{3}{2}}\frac{1}{z}\mathrm{d}z$$
$$=2\pi i-2\pi i=0.$$

例 3.5　求积分 $I=\oint_C\frac{z^2+1}{z^2-1}e^z\mathrm{d}z$，其中 C 为正向圆周 $|z-z_0|=$

1,它的圆心分别为:(1) $z_0=1$;(2) $z_0=\frac{1}{2}$;(3) $z_0=-1$;(4) $z_0=-i$.

分析　本例中,被积函数为有理函数$\frac{z^2+1}{z^2-1}$与解析函数 e^z 的乘积,其中有理函数的分母有两个零点 ±1,所以该函数在 $z=\pm1$ 处不解析. 因此,我们可采用下面两种方法处理:一种是根据积分路径的不同,取 $f(z)=\frac{z^2+1}{z-1}e^z$ 或$\frac{z^2+1}{z+1}e^z$,直接利用柯西积分公式;另一种是将被积函数分解为

$$\frac{z^2+1}{z^2-1}e^z=\left(1+\frac{1}{z-1}-\frac{1}{z+1}\right)e^z,$$

然后再逐项积分. 本题积分沿四条不同路径(如图 3.3 所示),故应根据具体情况分别选择不同的方法. 例如,其中 C_4 内不含被积函数的奇点,故可直接利用柯西 - 古萨基本定理.

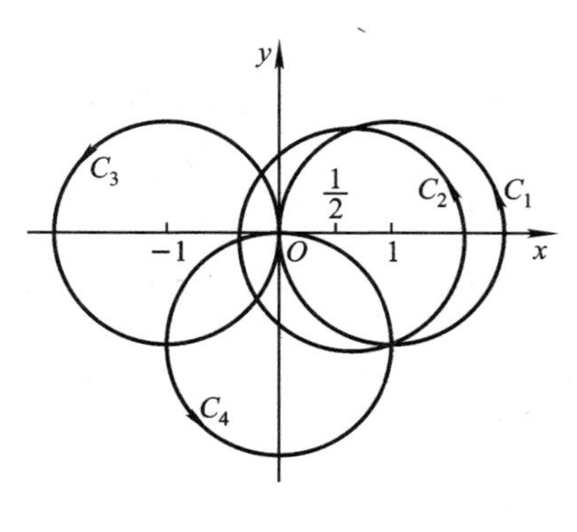

图 3.3

解　(1) **法一**　由于函数$\frac{z^2+1}{z^2-1}e^z$ 在 C_1: $|z-1|=1$ 内的 $z=$

1 处不解析,故取 $f(z)=\frac{z^2+1}{z+1}e^z$,应用柯西积分公式,得

$$\oint_{C_1}\frac{z^2+1}{z^2-1}e^z dz=\oint_{C_1}\frac{\frac{z^2+1}{z+1}}{z-1}e^z dz$$

$$=2\pi i\left(\frac{z^2+1}{z+1}e^z\right)\Bigg|_{z=1}=2\pi e i.$$

法二

$$\oint_{C_1}\frac{z^2+1}{z^2-1}e^z dz=\oint_{C_1}\left(1+\frac{1}{z-1}-\frac{1}{z+1}\right)e^z dz$$

$$=\oint_{C_1}e^z dz+\oint_{C_1}\frac{e^z}{z-1}dz-\oint_{C_1}\frac{e^z}{z+1}dz$$

$$=0+2\pi e i+0=2\pi e i.$$

其中求第 1 与第 3 个积分时利用了柯西 - 古萨积分基本定理.

(2) 可用与(1) 中类似的方法去完成. 但由于圆周 $C_2:\left|z-\frac{1}{2}\right|=1$ 可以看成由 C_1 连续变形(平移) 而得,并且在变形过程中 C_2 不经过被积函数的不解析的点,因此,可利用闭路变形原理得

$$\oint_{C_2}\frac{z^2+1}{z^2-1}e^z dz=\oint_{C_1}\frac{z^2+1}{z^2-1}e^z dz=2\pi e i.$$

(3) 由于被积函数 $\frac{z^2+1}{z^2-1}e^z$ 在 $C_3:|z+1|=1$ 内的 $z=-1$ 处不解析,故取 $f(z)=\frac{z^2+1}{z-1}e^z$,应用柯西积分公式即得

$$\oint_{C_3}\frac{z^2+1}{z^2-1}e^z dz=\oint_{C_3}\frac{\frac{z^2+1}{z-1}}{z+1}e^z dz=2\pi i\left(\frac{z^2+1}{z-1}e^z\right)\Bigg|_{z=-1}$$

$$=-2\pi e^{-1}i.$$

本题亦可采用(1) 中的法二求得. 试问:能否像(2) 中那样,将 C_3 看成由 C_2(或 C_1) 平移而得,再利用闭路变形原理来计算呢?

(4) 因被积函数在 $C_4: |z+i|=1$ 内处处解析,故由积分基本定理知该积分的值为零.

例 3.6 求积分 $I=\oint_{|z|=r}\frac{\sin z}{z^2(z^2-z-2)}dz$ 的值,其中 $r\neq 1,2$.

分析 由于被积函数在 $z_1=0, z_2=-1, z_3=2$ 处不解析,积分路径为 $|z|=r, r\neq 1,2$,故应分别就 $0<r<1, 1<r<2$ 与 $r>2$ 三种情况求该积分的值. 当 $0<r<1$ 时, $|z|=r$ 内只有一个奇点 $z_1=0$,可用高阶导数公式求得积分的值;当 $1<r<2$ 时, $|z|=r$ 内有 $z_1=0$ 与 $z_2=-1$ 两个奇点,故可联合应用复合闭路定理及柯西积分公式解之;当 $r>2$ 时,虽然 $|z|=r$ 内又增加了一个奇点 $z_3=2$,但解法同第 2 种情况类似.

解 (1) 当 $0<r<1$ 时,取 $f(z)=\frac{\sin z}{z^2-z-2}$,应用高阶导数公式,得

$$I=\oint_{|z|=1}\frac{f(z)}{z^2}dz=2\pi i f'(0).$$

又因为

$$f'(z)=\frac{(z^2-z-2)\cos z-(2z-1)\sin z}{(z^2-z-2)^2},\qquad f'(0)=-\frac{1}{2},$$

所以, $I=-\pi i$.

(2) 当 $1<r<2$ 时,在圆周 $C: |z|=r$ 内作两个小圆周 C_1 与 C_2,使它们互不相交且互不包含(图 3.4(a)). 根据复合闭路定理,

$$I=\oint_{C_1}\frac{\sin z}{z^2(z^2-z-2)}dz+\oint_{C_2}\frac{\sin z}{z^2(z^2-z-2)}dz=I_1+I_2.$$

易见,第一个积分的值与(1)中积分值相等. 在第二个积分中,由于 $z^2-2z-2=(z+1)(z-2)$,取 $f(z)=\frac{\sin z}{z^2(z-2)}$,应用柯西积分公式得

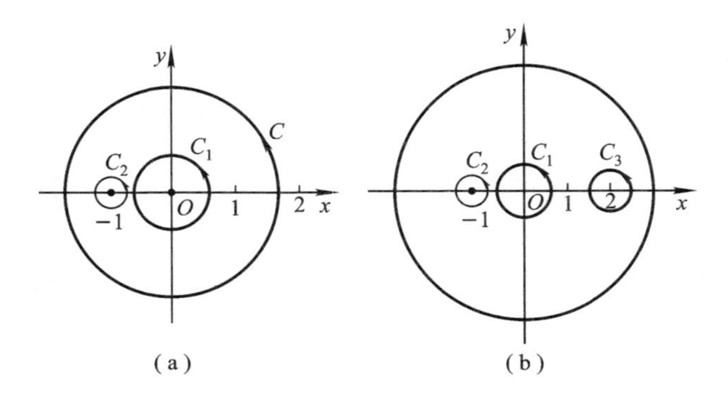

图 3.4

$$I_2 = \oint_{C_2} \frac{f(z)}{z+1} dz = 2\pi i f(-1) = \frac{2}{3}\pi i \sin 1,$$

所以，$I = (\frac{2}{3}\sin 1 - 1)\pi i.$

（3）当 $r > 2$ 时，在圆周 $C: |z| = r$ 内作三个圆周 C_1, C_2, C_3，使它们互不相交且互不包含（图 3.4(b)），类似可得

$$I = \oint_{C_1} \frac{\sin z}{z^2(z^2 - z - 2)} dz + \oint_{C_2} \frac{\sin z}{z^2(z^2 - z - 2)} dz$$

$$+ \oint_{C_3} \frac{\sin z}{z^2(z^2 - z - 2)} dz = I_1 + I_2 + I_3,$$

其中 $I_1 + I_2 = (\frac{2}{3}\sin 1 - 1)\pi i$. 在 I_3 中取 $f(z) = \frac{\sin z}{z^2(z+1)}$，得

$$I_3 = \oint_{C_3} \frac{f(z)}{z-2} dz = 2\pi i f(2) = \frac{i}{6}\pi \sin 2,$$

所以，$I = (\frac{2}{3}\sin 1 - 1 + \frac{1}{6}\sin 2)\pi i.$

例 3.7　设

$$f(z)=\frac{1}{2\pi i}\oint_C \frac{e^{\zeta^2}\cos\zeta}{\zeta^3-z\zeta^2}d\zeta,\qquad C:|\zeta-z|=3,\text{正向}.$$

试求:(1) 函数$f(z)$在复平面上的表达式;(2) $f'(i)$及$f(\pi i)$.

分析 题中$f(z)$的是用沿一闭曲线的积分表示的,根据被积函数的结构形式,为了求出它的函数表达式,可以利用柯西积分公式和高阶导数公式. 例如,当$z=0$时,得知

$$f(0)=\frac{1}{2\pi i}\oint_{|\zeta|=3}\frac{e^{\zeta^2}\cos\zeta}{\zeta^3}d\zeta,$$

利用高阶导数公式就能求出$f(0)$的值;当$0<|z|<3$时,则$\zeta=0$在圆周$C:|\zeta-z|=3$内,因而被积函数在$\zeta_1=0$与$\zeta_2=z$处不解析;当$|z|>3$时,$\zeta=0$不在C内,因而被积函数仅在$\zeta_2=z$处不解析. 对后面两种情况,可以联合使用复合闭路定理、高阶导数公式与柯西积分公式,求出$f(z)$的表达式,从而就不难计算$f'(i)$与$f(\pi i)$的值了.

解 (1) 由高阶导数公式得

$$\begin{aligned}f(0)&=\frac{1}{2\pi i}\oint_{|\zeta|=3}\frac{e^{\zeta^2}\cos\zeta}{\zeta^3}d\zeta=2\left(e^{\zeta^2}\cos\zeta\right)''\Big|_{\zeta=0}\\&=2\left[e^{\zeta^2}(2\zeta\cos\zeta-\sin\zeta)\right]'\Big|_{\zeta=0}\\&=2e^{\zeta^2}(4\zeta^2\cos\zeta-4\zeta\sin\zeta-\cos\zeta)\Big|_{\zeta=0}=-2.\end{aligned}$$

当$0<|z|<3$时,在C内作两个圆周$C_1:|\zeta|=r_1$与$C_2:|\zeta-z|=r_2$使它们互不相交也互不包含,则由复合闭路定理得

$$\begin{aligned}f(z)&=\frac{1}{2\pi i}\left[\oint_{C_1}\frac{e^{\zeta^2}\cos\zeta}{\zeta^2(\zeta-z)}d\zeta+\oint_{C_2}\frac{e^{\zeta^2}\cos\zeta}{\zeta^2(\zeta-z)}d\zeta\right]\\&=I_1(z)+I_2(z).\end{aligned}$$

又由高阶导数公式知,

$$I_1(z)=\frac{1}{2\pi i}\oint_{C_1}\frac{\frac{e^{\zeta^2}\cos\zeta}{\zeta-z}}{\zeta^2}d\zeta=\left(\frac{e^{\zeta^2}\cos\zeta}{\zeta-z}\right)'\Bigg|_{\zeta=0}=-\frac{1}{z^2},$$

由柯西积分公式知,

$$I_2(z)=\frac{1}{2\pi i}\oint_{C_2}\frac{\frac{e^{\zeta^2}\cos\zeta}{\zeta^2}}{\zeta-z}d\zeta=\frac{e^{z^2}\cos z}{z^2},$$

所以,$f(z)=\dfrac{e^{z^2}\cos z-1}{z^2}$.

当 $|z|>3$ 时,因为 C 内仅有奇点 $\zeta=z$,故可利用柯西积分公式求得

$$f(z)=\frac{1}{2\pi i}\oint_{C}\frac{\frac{e^{\zeta^2}\cos\zeta}{\zeta^2}}{\zeta-z}d\zeta=\frac{e^{z^2}\cos z}{z^2}.$$

综上所述,得 $f(z)$ 的表达式为

$$f(z)=\begin{cases}2, & z=0,\\ \dfrac{e^{z^2}\cos z-1}{z^2}, & 0<|z|<3,\\ \dfrac{e^{z^2}\cos z}{z^2}, & |z|>3.\end{cases}$$

(2) 因 $|i|=1<3$, $|\pi i|=\pi>3$,故

$$f'(i)=\left(\frac{e^{z^2}\cos z-1}{z^2}\right)'\Bigg|_{z=i}=(2-4e^{-1}\text{ch }1+e^{-1}\text{sh }1)i,$$

$$f(\pi i)=\frac{e^{-\pi^2}\cos\pi i}{-\pi^2}=-\frac{1}{\pi^2}e^{-\pi^2}\text{ch }\pi.$$

例 3.8　证明下列命题:

(1) **柯西不等式**　设 $f(z)$ 在区域 D 内解析, $z_0\in D$, 圆周 C_r:

$|\zeta - z_0| = r$ 及其内部全含于 D,则 $|f^{(n)}(z_0)| \leqslant \dfrac{n!M(r)}{r^n}$,其中 $M(r) = \max\limits_{|z-z_0|=r} |f(z)|$;

(2) **刘维尔(Liouville)定理** 若 $f(z)$ 在复平面上解析且有界,则 $f(z)$ 必恒为常数.

分析 (1) 柯西不等式是关于在 D 内的解析函数的 n 阶导数的不等式,因此,它的证明需要利用解析函数的高阶导数公式. 由于该公式是关于 $f^{(n)}(z_0)$ 的积分表达式,所以在估计 $|f^{(n)}(z_0)|$ 的过程中还要利用积分的不等式性质.

(2) 为了证明 $f(z)$ 在复平面上恒为常数,只要证明 $f'(z) \equiv 0$. 为此,利用(1)中的柯西不等式可得 $|f'(z_0)| \leqslant \dfrac{M(r)}{r} \leqslant \dfrac{M}{r}$,其中 M 为 $|f(z)|$ 在复平面上的上界. 再令 $r \to +\infty$,即可证明该结论.

证 (1) 应用高阶导数公式与积分的不等式性质可得,

$$|f^{(n)}(z_0)| = \left| \frac{n!}{2\pi i} \oint_{C_r} \frac{f(z)}{(z-z_0)^{n+1}} dz \right| \leqslant \frac{n!}{2\pi} \oint_{C_r} \frac{|f(z)|}{|z-z_0|^{n+1}} ds$$

$$\leqslant \frac{n!}{2\pi} \frac{M(r)}{r^{n+1}} \oint_{C_r} ds = \frac{n!}{2\pi} \frac{M(r)}{r^{n+1}} \cdot 2\pi r = \frac{n!M(r)}{r^n}.$$

(2) 设 $|f(z)| \leqslant M$,z_0 为复平面上的任意一点. 由于对任何 r,$M(r) \leqslant M$,故由柯西不等式知,对任何 r 都有,

$$|f'(z_0)| \leqslant \frac{M}{r},$$

令 $r \to +\infty$,即得 $f'(z_0) = 0$. 根据 z_0 在复平面上的任意性,所以在复平面上恒有 $f'(z) = 0$,从而得知 $f(z)$ 恒为常数.

注 柯西不等式和刘维尔定理在复变函数中有许多重要的应用,因而是两个重要的结论.

例 3.9 验证 $v(x,y) = \arctan \dfrac{y}{x} + y \ (x > 0)$ 在右半平面内是调和函数,求一满足条件 $f(1) = 1$ 的解析函数 $f(z) = u(x,y) +$

$iv(x,y)$.

分析　在本章内容提要中已指出,由已知实部或虚部求对应解析函数的方法有三种. 下面分别用这些方法求 $f(z)$,希望读者能熟悉这些方法的步骤,并注意避免求解过程中可能出现的错误!

解　先证 $v(x,y)$ 在右半平面内是调和函数. 由于

$$\frac{\partial v}{\partial x}=\frac{-\frac{y}{x^2}}{1+\left(\frac{y}{x}\right)^2}=-\frac{y}{x^2+y^2},$$

$$\frac{\partial v}{\partial y}=\frac{\frac{1}{x}}{1+\left(\frac{y}{x}\right)^2}+1=\frac{x}{x^2+y^2}+1,$$

$$\frac{\partial^2 v}{\partial x^2}=\frac{2xy}{(x^2+y^2)^2},$$

$$\frac{\partial^2 v}{\partial y^2}=-\frac{2xy}{(x^2+y^2)^2},$$

故在右半平面($x>0$),$\frac{\partial^2 v}{\partial x^2}+\frac{\partial^2 v}{\partial y^2}=0$,并且 v 的所有的二阶偏导数连续,所以 $v(x,y)$ 是调和函数. 下面求 $u(x,y)$,使 $f(z)=u+iv$ 是右半平面内的解析函数.

法一　偏积分法

由 C-R 方程,$\frac{\partial u}{\partial x}=\frac{\partial v}{\partial y}=\frac{x}{x^2+y^2}+1$,故

$$u(x,y)=\int\left(\frac{x}{x^2+y^2}+1\right)\mathrm{d}x+\psi(y)$$

$$=\frac{1}{2}\ln(x^2+y^2)+x+\psi(y).$$

两边对 y 求导并利用$\frac{\partial u}{\partial y}=-\frac{\partial v}{\partial x}$,得

$$\frac{y}{x^2+y^2}+\psi'(y)=\frac{y}{x^2+y^2},$$

所以,$\psi'(y)=0$,从而$\psi(y)=C$(任意常数),

$$u(x,y)=\frac{1}{2}\ln(x^2+y^2)+x+C.$$

故

$$\begin{aligned}f(z)&=\frac{1}{2}\ln(x^2+y^2)+x+C+i\left(\arctan\frac{y}{x}+y\right)\\&=\frac{1}{2}\ln|z|^2+i\arg z+z+C=\ln z+z+C.\end{aligned}$$

再由$f(1)=1$得$C=0$,因此所求的解析函数为$f(z)=\ln z+z$.

法二 线积分法

由于

$$\begin{aligned}\mathrm{d}u&=\frac{\partial u}{\partial x}\mathrm{d}x+\frac{\partial u}{\partial y}\mathrm{d}y=\frac{\partial v}{\partial y}\mathrm{d}x-\frac{\partial v}{\partial x}\mathrm{d}y\\&=\left(\frac{x}{x^2+y^2}+1\right)\mathrm{d}x+\frac{y}{x^2+y^2}\mathrm{d}y,\end{aligned}$$

在右半平面选取积分路径为从(1,0)到(x,y)的折线如图3.5所示,得

$$\begin{aligned}u&=\int_{(1,0)}^{(x,y)}\left(\frac{x}{x^2+y^2}+1\right)\mathrm{d}x+\frac{y}{x^2+y^2}\mathrm{d}y+C\\&=\int_1^x\left(\frac{1}{x}+1\right)\mathrm{d}x+\int_0^y\frac{y}{x^2+y^2}\mathrm{d}y+C\\&=\ln|x|+x-1+\frac{1}{2}\ln(x^2+y^2)-\ln|x|+C\\&=\frac{1}{2}\ln(x^2+y^2)+x+C'\quad(C'=C-1),\end{aligned}$$

从而有

$$f(z)=\frac{1}{2}\ln(x^2+y^2)+x+C'+i\left(\arctan\frac{y}{x}+y\right)=\ln z+z+C'.$$

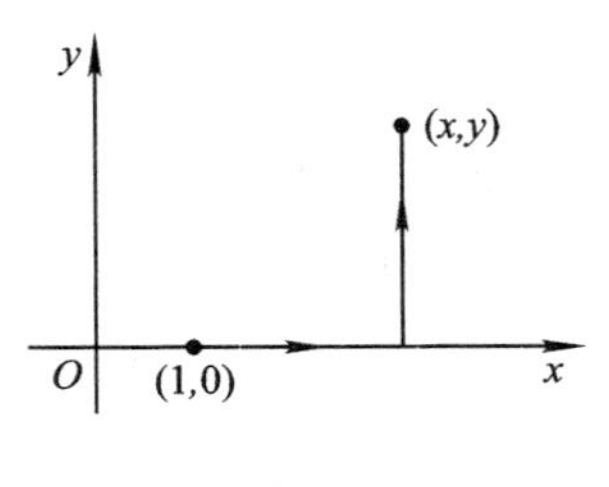

图 3.5

代入条件 $f(1)=1$ 得 $C'=0$,故 $f(z)=\ln z+z$.

法三 不定积分法

因为

$$f'(z)=\frac{\partial u}{\partial x}+i\frac{\partial v}{\partial x}=\frac{\partial v}{\partial y}+i\frac{\partial v}{\partial x}$$

$$=\frac{x}{x^2+y^2}+1-i\frac{y}{x^2+y^2}=\frac{x-iy}{x^2+y^2}+1=\frac{1}{z}+1,$$

所以

$$f(z)=\int\left(\frac{1}{z}+1\right)dz+C=\ln z+z+C.$$

由 $f(1)=1$ 得 $C=0$,故 $f(z)=\ln z+z$.

部分习题解法提要

3. 设 $f(z)$ 在单连通域 B 内处处解析,C 为 B 内任何一条正向简单闭曲线. 问

$$\oint_C \mathrm{Re}[f(z)]dz=0,\oint_C \mathrm{Im}[f(z)]dz=0$$

是否成立?如果成立,给出证明;如果不成立,举例说明.

答 不成立. 例如,设 $f(z)=z$ 在复平面内处处解析,则 $\mathrm{Re}[f(z)]=x$,$\mathrm{Im}[f(z)]=y$. 取 C 为单位圆周 $|z|=1$,于是

$$\oint_C \mathrm{Re}[f(z)]\mathrm{d}z = \oint_C x\mathrm{d}z = \int_0^{2\pi}(\cos\theta)i\mathrm{e}^{i\theta}\mathrm{d}\theta$$

$$= \int_0^{2\pi}(-\sin\theta\cos\theta + i\cos^2\theta)\mathrm{d}\theta = \pi i \neq 0,$$

类似可得$\oint_C \mathrm{Im}[f(z)]\mathrm{d}z = -\pi \neq 0.$

7. 沿指定曲线的正向计算下列各积分：

3) $\oint_C \frac{\mathrm{e}^{iz}\mathrm{d}z}{z^2+1}, C: |z-2i| = \frac{3}{2}.$

解 $$\oint_C \frac{\mathrm{e}^{iz}}{z^2+1}\mathrm{d}z = \oint_C \frac{\frac{\mathrm{e}^{iz}}{z+i}}{z-i}\mathrm{d}z = 2\pi i \left.\frac{\mathrm{e}^{iz}}{z+i}\right|_{z=i} = \frac{\pi}{\mathrm{e}}.$$

7) $\oint_C \frac{\mathrm{d}z}{(z^2+1)(z^2+4)}, C: |z| = \frac{3}{2}.$

解 由于$\frac{1}{(z^2+1)(z^2+4)}$在圆周$C: |z| = \frac{3}{2}$内有两个奇点$z = \pm i$,在C内分别以$\pm i$为中心作两个小圆周C_1与C_2,使它们互不相交且互不包含.根据复合闭路定理,

$$\oint_C \frac{\mathrm{d}z}{(z^2+1)(z^2+4)}$$

$$= \oint_{C_1} \frac{\mathrm{d}z}{(z^2+1)(z^2+4)} + \oint_{C_2} \frac{\mathrm{d}z}{(z^2+1)(z^2+4)}.$$

再利用柯西积分公式分别计算右端两个积分可得积分值为0.

9) $\oint_C \frac{\sin z\mathrm{d}z}{\left(z-\frac{\pi}{2}\right)^2}, C: |z| = 2.$

解 $$\oint_C \frac{\sin z}{\left(z-\frac{\pi}{2}\right)^2}\mathrm{d}z = 2\pi i(\sin z)'\Big|_{z=\frac{\pi}{2}} = 0.$$

8. 计算下列各题：

4) $\int_0^1 z\sin z\mathrm{d}z$.

解 $\int_0^1 z\sin z\mathrm{d}z = -\int_0^1 z\mathrm{d}\cos z = -z\cos z\Big|_0^1 + \int_0^1 \cos z\mathrm{d}z = \sin 1 - \cos 1$.

5) $\int_0^i (z-1)\mathrm{e}^{-z}\mathrm{d}z$.

解 $\int_0^i (z-1)\mathrm{e}^{-z}\mathrm{d}z = -\int_0^i z\mathrm{d}\mathrm{e}^{-z} - \int_0^i \mathrm{e}^{-z}\mathrm{d}z = -z\mathrm{e}^{-z}\Big|_0^i + \int_0^i \mathrm{e}^{-z}\mathrm{d}z - \int_0^i \mathrm{e}^{-z}\mathrm{d}z = -i\mathrm{e}^{-i} = -\sin 1 - i\cos 1$.(原教材中答案有误)

11. 下列两个积分的值是否相等?积分2)的值能否利用闭路变形原理从1)的值得到?为什么?

1) $\oint_{|z|=2} \frac{\bar{z}}{z}\mathrm{d}z$; 2) $\oint_{|z|=4} \frac{\bar{z}}{z}\mathrm{d}z$.

答 $\oint_{|z|=2} \frac{\bar{z}}{z}\mathrm{d}z = \int_0^{2\pi} \frac{2\mathrm{e}^{-i\theta}}{2\mathrm{e}^{i\theta}} 2i\mathrm{e}^{i\theta}\mathrm{d}\theta = 2i\int_0^{2\pi} \mathrm{e}^{-i\theta}\mathrm{d}\theta = -2\mathrm{e}^{-i\theta}\Big|_0^{2\pi} = 0$.

类似可得$\oint_{|z|=4} \frac{\bar{z}}{z}\mathrm{d}z = -4\mathrm{e}^{-i\theta}\Big|_0^{2\pi} = 0$,故二积分的值相等.但不能由闭路变形原理得到,因为被积函数在复平面上处处不解析.

12. 设区域D为右半平面,z为D内圆周$|z|=1$上的任意一点,用在D内的任意一条曲线C连结原点与z,证明$\mathrm{Re}\left[\int_0^z \frac{1}{1+\zeta^2}\mathrm{d}\zeta\right] = \frac{\pi}{4}$.[提示:可取从原点沿实轴到1,再从1沿圆周$|z|=1$到$z$的曲线作为$C$.]

证 取C如图所示,则

$$\int_0^z \frac{1}{1+\zeta^2}\mathrm{d}\zeta = \int_0^1 \frac{\mathrm{d}x}{1+x^2} + \int_0^\varphi \frac{i\mathrm{e}^{i\theta}}{1+\mathrm{e}^{2i\theta}}\mathrm{d}\theta$$

$$= \arctan 1 + i\int_0^\varphi \frac{\mathrm{d}\theta}{2\cos\theta}$$

$$=\frac{\pi}{4}+i\int_0^{\varphi}\frac{d\theta}{2\cos\theta}(\varphi \text{ 为 } z \text{ 的主辐角}),$$

故 $\text{Re}\left[\int_0^z \frac{1}{1+\zeta^2}d\zeta\right]=\frac{\pi}{4}$.

13. 设 C_1 与 C_2 为相交于 M,N 两点的简单闭曲线,它们所围的区域分别为 B_1 与 B_2. B_1 与 B_2 的公共部分为 B. 如果 $f(z)$ 在 B_1-B 与 B_2-B 内解析,在 C_1,C_2 上也解析,证明:

$$\oint_{C_1}f(z)\,dz=\oint_{C_2}f(z)\,dz.$$

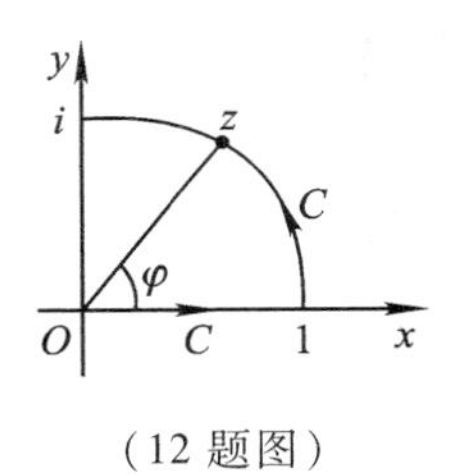

(12 题图)

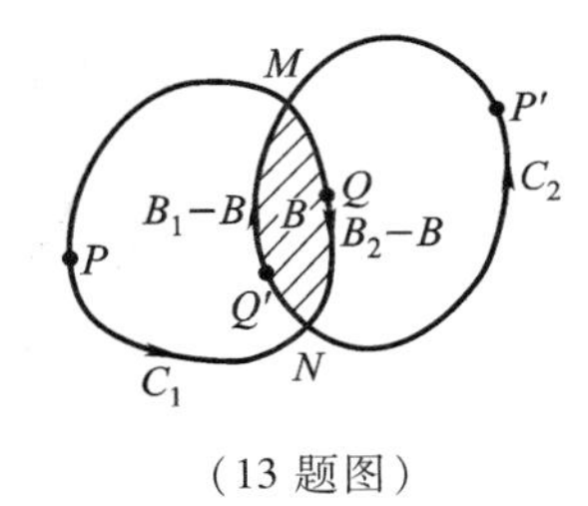

(13 题图)

证 由柯西积分定理知:

$$\oint_{\widehat{MPNQ'M}}f(z)\,dz=0=\oint_{\widehat{MQNP'M}}f(z)\,dz,$$

从而有

$$\int_{\widehat{MPN}}f(z)\,dz+\int_{\widehat{NQ'M}}f(z)\,dz=\int_{\widehat{MQN}}f(z)\,dz+\int_{\widehat{NP'M}}f(z)\,dz,$$

移项即得

$$\oint_{C_1}f(z)\,dz=\oint_{C_2}f(z)\,dz.$$

17. 设 $f(z)$ 与 $g(z)$ 在区域 D 内处处解析,C 为 D 内的任何一条简单闭曲线,它的内部全含于 D. 如果 $f(z)=g(z)$ 在 C 上所有的点处成立,试证在 C 内所有的点处 $f(z)=g(z)$ 也成立.

证 设 z 为 C 内任意一点,由柯西积分公式及已知 $f(\zeta)=$

$g(\zeta)$ $(\zeta \in C)$ 得

$$f(z) = \frac{1}{2\pi i}\oint_C \frac{f(\zeta)}{\zeta - z}\mathrm{d}\zeta = \frac{1}{2\pi i}\oint_C \frac{g(\zeta)}{\zeta - z}\mathrm{d}\zeta = g(z).$$

18. 设区域 D 是圆环域，$f(z)$ 在 D 内解析，以圆环的中心为中心作正向圆周 K_1 与 K_2，K_2 包含 K_1，z_0 为 K_1，K_2 之间任一点，试证(3.5.1)仍成立，但 C 要换成 $K_1^- + K_2$(见图).

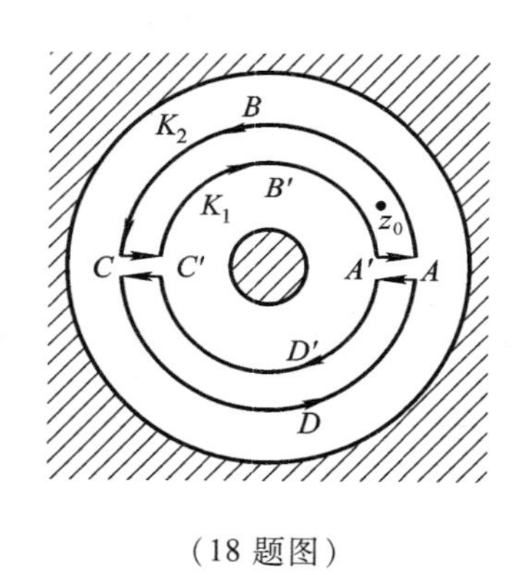

(18 题图)

证　沿圆环的边界剪开作两条简单闭曲线 $\widehat{ABCC'B'A'A}$ 与 $\widehat{AA'D'C'CDA}$，则

$$f(z_0) = \frac{1}{2\pi i}\oint_{\widehat{ABCC'B'A'A}} \frac{f(z)}{z - z_0}\mathrm{d}z,$$

$$0 = \frac{1}{2\pi i}\oint_{\widehat{AA'D'C'CDA}} \frac{f(z)}{z - z_0}\mathrm{d}z.$$

由于沿 AA' 和 CC' 来回两次积分互相抵消，利用积分的可加性并将两式相加即得

$$f(z_0) = \frac{1}{2\pi i}\int_{\widehat{ABC}} \frac{f(z)}{z - z_0}\mathrm{d}z + \frac{1}{2\pi i}\int_{\widehat{C'B'A'}} \frac{f(z)}{z - z_0}\mathrm{d}z$$

$$+ \frac{1}{2\pi i}\int_{\widehat{A'D'C'}} \frac{f(z)}{z - z_0}\mathrm{d}z + \frac{1}{2\pi i}\int_{\widehat{CDA}} \frac{f(z)}{z - z_0}\mathrm{d}z$$

$$= \frac{1}{2\pi i}\oint_{\widehat{ABCDA}} \frac{f(z)}{z-z_0}dz + \frac{1}{2\pi i}\int_{\widehat{A'D'C'B'A'}} \frac{f(z)}{z-z_0}dz$$

$$= \frac{1}{2\pi i}\oint_{K_1^- + K_2} \frac{f(z)}{z-z_0}dz.$$

21. 设$f(z)$在区域D内解析,C为D内的任意一条正向简单闭曲线,证明:对在D内但不在C上的任意一点z_0,等式

$$\oint_C \frac{f'(z)}{z-z_0}dz = \oint_C \frac{f(z)}{(z-z_0)^2}dz$$

成立.

证 若z_0在C的外部,由柯西-古萨定理知

$$\oint_C \frac{f'(z)}{z-z_0}dz = 0 = \oint_C \frac{f(z)}{(z-z_0)^2}dz;$$

若z_0在C的内部,则左、右两积分分别应用柯西积分公式与高阶导数公式可知(原题中应补充条件"C的内部全含于D")

$$\oint_C \frac{f'(z)}{z-z_0}dz = 2\pi i f'(z_0) = \oint_C \frac{f(z)}{(z-z_0)^2}dz.$$

25. 设u和v都是调和函数,如果v是u的共轭调和函数,那么u也是v的共轭调和函数. 这句话对吗?为什么?

答 不对. 例如,设$f(z) = z^2 = x^2 - y^2 + 2xyi$,则$v = 2xy$是$u = x^2 - y^2$的共轭调和函数(因$f(z) = z^2$解析). 但由于$v_x = 2y$, $u_y = -2y$,所以$v_x \neq u_y$,不满足C-R方程,$g(z) = v + iu$不构成解析函数,故u不是v的共轭调和函数.

27. 如果$f(z) = u + iv$是一解析函数,试证:

1) $\overline{i f(z)}$也是解析函数;

2) $-u$是v的共轭调和函数;

3) $\dfrac{\partial^2 |f(z)|^2}{\partial x^2} + \dfrac{\partial^2 |f(z)|^2}{\partial y^2} = 4(u_x^2 + v_x^2) = 4|f'(z)|^2.$

证 由已知$f(z) = u + iv$解析,故u与v可微且满足C-R方程:

$u_x = v_y, u_y = -v_x$. 而$\overline{\overline{if(z)}} = v - iu$,从而知其实部$v$与虚部$-u$可微,也满足 C-R 方程,故$\overline{\overline{if(z)}}$解析,从而 $-u$ 是 v 的共轭调和函数.

又

$$\frac{\partial^2 |f(z)|^2}{\partial x^2} = \frac{\partial^2}{\partial x^2}(u^2 + v^2) = 2u_x^2 + 2v_x^2 + 2uu_{xx} + 2vu_{xx},$$

$$\frac{\partial^2 |f(z)|^2}{\partial y^2} = 2u_y^2 + 2v_y^2 + 2uu_{yy} + 2vu_{yy},$$

利用 C-R 方程及导数公式得

$$\frac{\partial^2 |f(z)|^2}{\partial x^2} + \frac{\partial^2 |f(z)|^2}{\partial y^2}$$

$$= 2(u_x^2 + u_y^2) + 2(v_x^2 + v_y^2) + 2u(u_{xx} + u_{yy}) + 2v(v_{xx} + v_{yy})$$

$$= 2(u_x^2 + v_x^2) + 2(u_y^2 + v_y^2) = 4|f'(z)|^2.$$

*32. 如果 $u(x,y)$ 是区域 D 内的调和函数,C 为 D 内以 z_0 为中心的任何一个正向圆周:$|z - z_0| = r$,它的内部全含于 D. 试证:

1) $u(x,y)$ 在(x_0,y_0)的值等于$u(x,y)$在圆周C上的平均值,即

$$u(x_0,y_0) = \frac{1}{2\pi}\int_0^{2\pi} u(x_0 + r\cos\varphi, y_0 + r\sin\varphi)\,\mathrm{d}\varphi;$$

2) $u(x,y)$ 在(x_0,y_0)的值等于$u(x,y)$在圆域$|z - z_0| \leqslant r_0$上的平均值,即

$$u(x_0,y_0) = \frac{1}{\pi r_0^2}\int_0^{r_0}\int_0^{2\pi} u(x_0 + r\cos\varphi, y_0 + r\sin\varphi)\,r\mathrm{d}\varphi\mathrm{d}r.$$

提示:利用平均值公式(3.5.3).

证 1) 因为$u(x,y)$是D内的调和函数,故存在$u(x,y)$的共轭调和函数$v(x,y)$,使$f(z) = u(x,y) + iv(x,y)$在$|z - z_0| = r$内解析. 由解析函数的平均值公式(3.5.3)得

$$f(z_0) = \frac{1}{2\pi}\int_0^{2\pi} f(z_0 + re^{i\varphi})\,\mathrm{d}\varphi$$

$$= \frac{1}{2\pi}\int_0^{2\pi} u(x_0 + r\cos\varphi, y_0 + r\sin\varphi)\,d\varphi$$

$$+ \frac{i}{2\pi}\int_0^{2\pi} v(x_0 + r\cos\varphi, y_0 + r\sin\varphi)\,d\varphi,$$

所以

$$u(x_0, y_0) = \frac{1}{2\pi}\int_0^{2\pi} u(x_0 + r\cos\varphi, y_0 + r\sin\varphi)\,d\varphi.$$

2）将 1）中的等式两边对 r 积分得

$$u(x_0, y_0) = \frac{2}{r_0^2}\int_0^{r_0} u(x_0, y_0)\,r\,dr$$

$$= \frac{2}{r_0^2}\frac{1}{2\pi}\int_0^{r_0}\left(\int_0^{2\pi} u(x_0 + r\cos\varphi, y_0 + r\sin\varphi)\,d\varphi\right) r\,dr$$

$$= \frac{1}{\pi r_0^2}\int_0^{r_0}\int_0^{2\pi} u(x_0 + r\cos\varphi, y_0 + r\sin\varphi)\,r\,d\varphi\,dr.$$

*33. 如果 $f(z) = u + iv$ 在区域 D 内处处解析，C 为 D 内的正向圆周：$|z| = R$，它的内部全含于 D. 设 z 为 C 内一点，并令 $\tilde{z} = R^2/\bar{z}$，试证

$$\oint_C \frac{f(\zeta)}{\zeta - \tilde{z}}\,d\zeta = \oint_C \frac{\bar{z}f(\zeta)}{\zeta\bar{z} - R^2}\,d\zeta = 0.$$

证 由于 z 为 C 内一点，而 $|\tilde{z}||\bar{z}| = R^2$，故 $\tilde{z} = \frac{R^2}{\bar{z}}$ 是 z 关于圆周 C 的对称点，它在 C 的外部. 所以 $\frac{f(\zeta)}{\zeta - \tilde{z}}$ 在 C 内及 C 上解析. 由柯西积分定理得知

$$0 = \oint_C \frac{f(\zeta)}{\zeta - \tilde{z}}\,dz = \oint_C \frac{\bar{z}f(\zeta)}{\zeta\bar{z} - R^2}\,dz.$$

*34. 根据柯西积分公式与习题 33 的结果，证明

$$f(z) = \frac{1}{2\pi i}\oint_C \left[\frac{1}{\zeta - z} + \frac{\bar{z}}{R^2 - \zeta\bar{z}}\right] f(\zeta)\,d\zeta$$

$$= \frac{1}{2\pi i}\oint_C \frac{(R^2 - z\bar{z})f(\zeta)}{(\zeta - z)(R^2 - \zeta\bar{z})}\mathrm{d}\zeta,$$

其中 C 为 $|z| = R$.

证 根据柯西积分公式,$f(z) = \frac{1}{2\pi i}\oint_C \frac{f(\zeta)}{\zeta - z}\mathrm{d}\zeta$. 将它与第33题中的等式两边同乘$\frac{1}{2\pi i}$后相减得

$$f(z) = \frac{1}{2\pi i}\oint_C \left[\frac{1}{\zeta - z} - \frac{\bar{z}}{\zeta\bar{z} - R^2}\right]f(\zeta)\,\mathrm{d}\zeta$$

$$= \frac{1}{2\pi i}\oint_C \frac{(R^2 - z\bar{z})f(\zeta)}{(\zeta - z)(R^2 - \zeta\bar{z})}\mathrm{d}\zeta.$$

*35. 如果令 $\zeta = Re^{i\theta}, z = re^{i\varphi}$,验证

$$\frac{\mathrm{d}\zeta}{(\zeta - z)(R^2 - \zeta\bar{z})} = \frac{\mathrm{d}\zeta/\zeta}{(\zeta - z)(\bar{\zeta} - \bar{z})} = \frac{i\mathrm{d}\theta}{R^2 - 2Rr\cos(\theta - \varphi) + r^2}.$$

并由34题的结果,证明

$$f(z) = \frac{1}{2\pi}\int_0^{2\pi} \frac{(R^2 - r^2)f(Re^{i\theta})}{R^2 - 2Rr\cos(\theta - \varphi) + r^2}\mathrm{d}\theta.$$

取其实部,得

$$u(x,y) = u(r\cos\varphi, r\sin\varphi)$$

$$= \frac{1}{2\pi}\int_0^{2\pi} \frac{(R^2 - r^2)u(R\cos\theta, R\sin\theta)}{R^2 - 2Rr\cos(\theta - \varphi) + r^2}\mathrm{d}\theta.$$

这个积分称为泊松(Poisson)积分. 通过这个公式,一个调和函数在一个圆内的值可用它在圆周上的值来表示.

证 令 $\zeta = Re^{i\theta}, z = re^{i\varphi}$,则

$$\frac{\mathrm{d}\zeta}{(\zeta - z)(R^2 - \zeta\bar{z})} = \frac{\mathrm{d}\zeta}{(\zeta - z)(\zeta\bar{\zeta} - \zeta\bar{z})} = \frac{\frac{\mathrm{d}\zeta}{\zeta}}{(\zeta - z)(\bar{\zeta} - \bar{z})}$$

$$= \frac{i\mathrm{d}\theta}{\zeta\bar{\zeta} - 2\mathrm{Re}(\bar{\zeta}z) + z\bar{z}}$$

$$= \frac{i\mathrm{d}\theta}{R^2 - 2Rr\cos(\theta - \varphi) + r^2}.$$

从而,第 34 题中的等式变为

$$f(z) = \frac{1}{2\pi}\int_0^{2\pi} \frac{(R^2 - r^2)f(Re^{i\theta})}{R^2 - 2Rr\cos(\theta - \varphi) + r^2}\mathrm{d}\theta,$$

取其实部即得泊松积分公式. 它给出了一个调和函数在圆内的值用它在圆周上值表示的积分表达式. 实际上,就是平面拉普拉斯方程在单位圆内第一边值问题(或称狄利克莱问题)的解.

*36. 设$f(z)$在简单闭曲线C内及C上解析,且不恒为常数,n为正整数.

1) 试用柯西积分公式证明:

$$[f(z)]^n = \frac{1}{2\pi i}\oint_C \frac{[f(\zeta)]^n}{\zeta - z}\mathrm{d}\zeta;$$

2) 设M为$f(\zeta)$在C上的最大值,L为C的长,d为z到C的最短距离,试用积分估值公式(3.1.10)与1)中的等式,证明不等式:

$$|f(z)| \leqslant M\left(\frac{L}{2\pi d}\right)^{\frac{1}{n}};$$

3) 令$n \to +\infty$,对2)中的不等式取极限,证明:$|f(z)| \leqslant M$. 这个结果表明:在闭区域内不恒为常数的解析函数的模的最大值只能在区域的边界上取得(最大模原理).

根据这一结果可知:在无源无旋的平面稳定非等速的流速场中的流速最大值,即它的复势$f(z)$的模$|f'(z)|$,不能在场的内部取得,只能在场的边界上取得.

证 1) 已知$f(z)$在C内及C上解析且不恒为常数,故$[f(z)]^n$亦然. 从而由柯西积分公式即得

$$[f(z)]^n = \frac{1}{2\pi i}\oint_C \frac{[f(\zeta)]^n}{\zeta - z}\mathrm{d}\zeta.$$

2) 由积分的不等式性质,

$$|f(z)|^n \leqslant \frac{1}{2\pi}\oint_C \frac{|f(\zeta)|^n}{|\zeta - z|}|\mathrm{d}z| \leqslant \frac{M^n}{2\pi \mathrm{d}}\oint_C \mathrm{d}s = \frac{M^n L}{2\pi \mathrm{d}},$$

故

$$|f(z)| \leqslant \left(\frac{L}{2\pi \mathrm{d}}\right)^{\frac{1}{n}} M.$$

3）对上式两边取极限，得

$$|f(z)| \leqslant \lim_{n\to\infty}\left(\frac{L}{2\pi \mathrm{d}}\right)^{\frac{1}{n}} M = M.$$

第四章　级　　数

内容提要

同高等数学中的实变函数项级数一样,复变函数项级数也是表示函数与研究函数的有力工具. 本章主要包括复数项级数,幂级数的概念、性质及其敛散性的判定,解析函数展开为泰勒级数和解析函数展开为洛朗级数四个问题. 前三个问题与实变函数相应问题基本相似,第四个问题则是高等数学中没有讲过、在复变函数中非常重要的内容,它是研究解析函数在其孤立奇点邻域内的性质与计算留数的有效方法.

一、复数项级数

1. 复数列的极限

复数列极限与实数列极限的定义形式上相同,复数列 $\{a_n\} = \{a_n + i\beta_n\}$ $(n = 1,2,\cdots)$ 收敛于复数 $\alpha = a + ib$ 的充要条件为

$$\lim_{n\to\infty}\alpha_n = a, \qquad \lim_{n\to\infty}\beta_n = b.$$

因此,复数列极限的性质也与实数列极限的性质相似,并且可将复数列极限的计算问题转化为实数列极限的计算问题.

2. 复数项级数

(1) 复数项级数敛散性与和的定义形式上也与实数项级数的相应概念相同.

(2) 复数项级数 $\sum_{n=1}^{\infty}\alpha_n(\alpha_n = a_n + ib_n)$ 收敛的充要条件是级数 $\sum_{n=1}^{\infty}a_n$ 与 $\sum_{n=1}^{\infty}b_n$ 同时收敛;级数 $\sum_{n=1}^{\infty}\alpha_n$ 收敛的必要条件是 $\lim_{n\to\infty}\alpha_n = 0$.

(3) 若级数 $\sum_{n=1}^{\infty}|\alpha_n|$ 收敛,则称 $\sum_{n=1}^{\infty}\alpha_n$ 绝对收敛. 若级数 $\sum_{n=1}^{\infty}\alpha_n$ 绝对收敛,则级数 $\sum_{n=1}^{\infty}\alpha_n$ 收敛(称之为绝对收敛准则); $\sum_{n=1}^{\infty}\alpha_n$ 绝对收敛的充要条件是 $\sum_{n=1}^{\infty}a_n$ 与 $\sum_{n=1}^{\infty}b_n$ 同时绝对收敛.

结论(2)与(3)将判定复数项级数敛散性问题转化为判定实数项级数的敛散性问题. 因此可以用实数项级数的各种审敛准则(例如,比值法与根值法等)来判定复数项级数的敛散性.

二、幂级数的敛散性与性质

通项是幂函数 $c_n(z-z_0)^n$ 或 c_nz^n 的函数项级数:

$$\sum_{n=0}^{\infty}c_n(z-z_0)^n = c_0 + c_1(z-z_0) + c_2(z-z_0)^2 + \cdots + c_n(z-z_0)^n + \cdots,$$

或

$$\sum_{n=0}^{\infty}c_nz^n = c_0 + c_1z + c_2z^2 + \cdots + c_nz^n + \cdots,$$

称为幂级数.

1. 幂级数的敛散性

(1) 幂级数的收敛定理 —— 阿贝尔(Abel)定理

如果级数 $\sum_{n=0}^{\infty}c_nz^n$ 在 $z_0\neq 0$ 处收敛,那么对满足 $|z|<|z_0|$ 的 z,该级数绝对收敛;如果在 z_0 处发散,那么对满足 $|z|>|z_0|$ 的 z,级数

必发散.

(2) **幂级数的收敛圆与收敛半径**

由阿贝尔定理可以得知,幂级数的收敛域是这样一个圆域,在此圆域内,级数绝对收敛,在圆域外,级数发散. 称此圆域的圆周为幂级数的**收敛圆**,收敛圆的半径称为**收敛半径**.

幂级数在其收敛圆上的敛散性不能作一般的结论. 对于给定的幂级数,根据需要,将收敛圆上的点代入到该级数中,利用判别复数项级数敛散性的方法作具体的判定.

若收敛半径 $R = 0$,则收敛域退缩为一点;若 $R = \infty$,则幂级数的收敛域为整个复平面.

(3) **收敛半径的求法**

利用实数项级数的比值法与根值法可以得到两个求幂级数收敛半径的公式,即

$$R = \lim_{n\to\infty}\left|\frac{c_n}{c_{n-1}}\right|, \qquad R = \lim_{n\to\infty}\frac{1}{\sqrt[n]{|c_n|}},$$

包括极限为 $+\infty$ 的情形. 在遇到诸如 $\sum\limits_{n=0}^{\infty} c_n z^{2n}$ 等这样的缺项级数时,不能直接套用这两个公式. 因此建议读者不要只死记这两个公式,在解题中可根据收敛半径的概念,直接用实数项级数的比值法与根值法求幂级数的收敛半径.

2. 幂级数的性质

(1) 代数运算性质

设幂级数 $\sum\limits_{n=0}^{\infty} a_n z^n$ 与 $\sum\limits_{n=0}^{\infty} b_n z^n$ 的收敛半径分别为 R_1 与 R_2,令 $R = \min(R_1, R_2)$,则当 $|z| < R$ 时,

$$\sum_{n=0}^{\infty}(\alpha a_n + \beta b_n)z^n = \alpha\sum_{n=0}^{\infty} a_n z^n + \beta\sum_{n=0}^{\infty} b_n z^n \text{(线性运算)},$$

$$\left(\sum_{n=0}^{\infty} a_n z^n\right)\left(\sum_{n=0}^{\infty} b_n z^n\right)$$
$$= \sum_{n=0}^{\infty} (a_n b_0 + a_{n-1} b_1 + \cdots + a_0 b_n) z^n \text{（乘积运算）}.$$

（2）复合运算性质

设当 $|\zeta| < r$ 时，$f(\zeta) = \sum_{n=0}^{\infty} a_n \zeta^n$，当 $|z| < R$ 时，$\zeta = g(z)$ 解析且 $|g(z)| < r$，则当 $|z| < R$ 时，$f[g(z)] = \sum_{n=0}^{\infty} a_n [g(z)]^n$.

（3）分析运算性质

设幂级数 $\sum_{n=0}^{\infty} a_n z^n$ 的收敛半径为 $R \neq 0$，则

1）它的和函数 $f(z) = \sum_{n=0}^{\infty} a_n z^n$ 是收敛圆 $|z| = R$ 内的解析函数；

2）在收敛圆内可逐项求导，即

$$f'(z) = \sum_{n=0}^{\infty} n a_n z^{n-1}$$
$$= a_1 + 2a_2 z + 3a_3 z^2 + \cdots + n a_n z^{n-1} + \cdots, \quad |z| < R;$$

3）在收敛圆内可逐项积分，即

$$\int_0^z f(z)\,\mathrm{d}z = \sum_{n=0}^{\infty} \int_0^z a_n z^n \,\mathrm{d}z = \sum_{n=0}^{\infty} \frac{a_n}{n+1} z^{n+1}, \qquad |z| < R,$$

其中 z 为收敛圆内任意一点.

三、解析函数展开为泰勒(Taylor)级数

1. 泰勒展开定理

设 $f(z)$ 是区域 D 内的解析函数，$z_0 \in D$，若 d 为 z_0 到 D 的边界上各点的最短距离，则在圆域 K：$|z - z_0| < d$ 内，必有

$$f(z) = \sum_{n=0}^{\infty} c_n (z - z_0)^n, \tag{4.1}$$

其中

$$c_n = \frac{1}{n!} f^{(n)}(z_0) \qquad (n = 0,1,2,\cdots). \tag{4.2}$$

注 (1) 解析函数泰勒展开式的唯一性:任何解析函数展开成幂级数必定是它的泰勒级数.

(2) 解析函数的泰勒级数的收敛半径 R 至少等于 d,即 $R \geqslant d$;

(3) 设 $f(z)$ 在 z_0 解析,则 $f(z)$ 在 z_0 的泰勒级数的收敛半径等于 z_0 到 $f(z)$ 的距 z_0 最近一个奇点 α 的距离,即 $R = |z - \alpha|$.

2. **几个常用初等函数在 $z_0 = 0$ 处的泰勒级数**

$$\mathrm{e}^z = \sum_{n=0}^{\infty} \frac{z^n}{n!} = 1 + z + \frac{z^2}{2!} + \frac{z^3}{3!} + \cdots + \frac{z^n}{n!} + \cdots,$$

$$|z| < +\infty;$$

$$\sin z = \sum_{n=0}^{\infty} (-1)^n \frac{z^{2n+1}}{(2n+1)!}$$

$$= z - \frac{z^3}{3!} + \frac{z^5}{5!} - \cdots + (-1)^n \frac{z^{n+1}}{(2n+1)!} + \cdots,$$

$$|z| < +\infty;$$

$$\cos z = \sum_{n=0}^{\infty} (-1)^n \frac{z^{2n}}{(2n)!}$$

$$= 1 - \frac{z^2}{2!} + \frac{z^4}{4!} - \cdots + (-1)^n \frac{z^{2n}}{(2n)!} + \cdots,$$

$$|z| < +\infty;$$

$$\ln(1+z) = \sum_{n=0}^{\infty} (-1)^n \frac{z^{n+1}}{n+1}$$

$$= z - \frac{z^2}{2!} + \frac{z^3}{3} - \cdots + (-1)^n \frac{z^{n+1}}{n+1} + \cdots, \quad |z| < 1;$$

$$(1+z)^{\alpha}=\sum_{n=0}^{\infty}\frac{\alpha(\alpha-1)\cdots(\alpha-n+1)}{n!}z^{n}$$

$$=1+\alpha z+\frac{\alpha(\alpha-1)}{2!}z^{2}+\cdots$$

$$+\frac{\alpha(\alpha-1)\cdots(\alpha-n+1)}{n!}z^{n}+\cdots,\ |z|<1;$$

$$\frac{1}{1\mp z}=1\pm z+z^{2}\pm z^{3}+z^{4}\pm\cdots,\quad |z|<1.$$

3. 求解析函数泰勒展开式的方法

(1) 直接法　直接求出函数的各阶导数并将它们代入(4.2)式算出泰勒系数. 这种方法一般比较复杂.

(2) 间接展开法　根据解析函数泰勒展开式的唯一性,利用一些已知函数的泰勒展开式通过幂级数的代数运算、复合运算和分析运算的性质求出所给函数的泰勒展开式.

四、解析函数展开为洛朗(Laurent)级数

1. 双边幂级数及其性质

双边幂级数　含有正幂项与负幂项的级数

$$\sum_{n=-\infty}^{\infty}c_n(z-z_0)^n=\cdots+c_{-n}(z-z_0)^{-n}+\cdots+c_{-1}(z-z_0)^{-1}$$

$$+c_0+c_1(z-z_0)+\cdots+c_n(z-z_n)^n+\cdots$$

称为双边幂级数,其中 z_0 与 $c_n(n=0,\pm,\pm 2,\cdots)$ 都是常数.

双边幂级数的收敛域是圆环域 $R_1<|z-z_0|<R_2$,其中 $R_1\geqslant 0$, R_2 可以是 $+\infty$. 此类级数在收敛圆环域内具有幂级数在收敛圆内许多类似的性质,包括它在收敛圆环内的和函数是解析的,并且可以逐项求导和逐项积分.

2. 洛朗展开定理

设 $f(z)$ 在圆环域 $R_1<|z-z_0|<R_2$ 内处处解析,则在此圆环域

内必有

$$f(z) = \sum_{n=-\infty}^{\infty} c_n (z - z_0)^n, \tag{4.3}$$

其中

$$c_n = \frac{1}{2\pi i}\oint_C \frac{f(\zeta)}{(\zeta - z_0)^{n+1}}\mathrm{d}\zeta \qquad (n = 0, \pm 1, \pm 2, \cdots), \tag{4.4}$$

C 为圆环域内绕 z_0 的任意一条正向简单闭曲线.

注 (1) 解析函数洛朗展开式的唯一性:在圆环域内的解析函数展开为双边幂级数必定是它的洛朗级数.

(2) 在圆环域 $R_1 < |z - z_0| < R_2$ 内的解析函数的洛朗级数(4.3) 由两部分组成:由正幂项组成的级数 $\sum\limits_{n=0}^{\infty} c_n (z - z_n)^n$ 称为洛朗级数的解析部分或正则部分,它在 $|z - z_0| < R_2$ 内收敛;由负幂项组成的级数 $\sum\limits_{n=1}^{\infty} c_{-n}(z - z_n)^{-n}$ 称为洛朗级数(4.3) 的主要部分,它在无界区域 $|z - z_0| > R_1$ 内收敛.

(3) 洛朗系数公式(4.4) 一般不能利用高阶导数公式写成微分形式,即$c_n \neq \frac{1}{n!}f^{(n)}(z_0)$. 因为 z_0 可能是$f(z)$ 的奇点,甚至 C 内可能还有$f(z)$ 的其它奇点,所以不满足高阶导数公式成立的条件.

3. 求解析函数洛朗展开式的方法

由于计算洛朗系数的公式(4.4) 是积分形式,在一般情况下,计算非常复杂. 所以,求一个给定函数的洛朗展开式时,往往不采用这种直接求系数的方法. 与求泰勒展开式类似,通常采用间接方法,即根据解析函数洛朗展开式的唯一性,利用一些已知简单函数的泰勒展开式,通过代数运算、复合运算和分析运算的性质来求得.

教学基本要求

1. **理解复数项级数收敛、发散及绝对收敛等概念.**

2. 了解幂级数收敛的概念,会求幂级数的收敛半径,了解幂级数在收敛圆内的一些基本性质.

3. **理解泰勒定理.**

4. 了解 $e^z, \sin z, \ln(1+z), (1+z)^\mu$ 的麦克劳林展开式,并会利用它们将一些简单的解析函数展开为幂级数.

5. **理解洛朗(Laurent)定理.**

6. 会用间接方法将简单的函数在其孤立奇点附近展开为洛朗级数.

释 疑 解 难

问题 4.1 如何判定复数项级数的敛散性?

答 关于这个问题,教材的第四章中已经作了比较清晰的论述. 为了帮助读者理解并掌握这个问题,我们再简单地作一小结. 与实数项级数类似,判定复数项级数 $\sum\limits_{n=0}^{\infty}\alpha_n$ 的敛散性,往往首先考察它是否满足收敛的必要条件 $\alpha_n \to 0\ (n\to\infty)$. 如果不满足,就可断定该级数发散;如果满足,则需进一步利用收敛的充要条件(即由它的实部与虚部组成的实数项级数 $\sum\limits_{n=0}^{\infty}a_n$ 与 $\sum\limits_{n=0}^{\infty}b_n$ 同时收敛)或绝对收敛准则(即教材中的定理三)再作判定;对某些容易分离出它的实部与虚部的级数,可利用判定实数项级数的审敛性准则分别考察这两个实数项级数是否收敛. 若它们同时收敛,则复数项级数收敛;否则级

数 $\sum\limits_{n=1}^{\infty}\alpha_n$ 发散. 若通项 α_n 的实部与虚部不易分离级数,则可利用绝对收敛准则判定. 因为绝对值级数是正项级数,所以可用高等数学中讲过的正项级数的各种审敛准则.

例 考察下列级数是否收敛?是否绝对收敛?

(1) $\sum\limits_{n=1}^{\infty}\left(1-\dfrac{1}{n^2}\right)e^{i\frac{\pi}{n}}$; (2) $\sum\limits_{n=1}^{\infty}\dfrac{1+(-i)^{2n+1}}{n}$;

(3) $\sum\limits_{n=1}^{\infty}\dfrac{n^2}{5^2}(1+2i)^n$; (4) $\sum\limits_{n=1}^{\infty}\dfrac{(1+i)^n}{2^{\frac{n}{2}}\cos in}$.

解 (1) 由于 $\alpha_n=(1-\dfrac{1}{n^2})e^{i\frac{\pi}{n}}=\left(1-\dfrac{1}{n^2}\right)\left(\cos\dfrac{\pi}{n}+i\sin\dfrac{\pi}{n}\right)$,所以

$$a_n=\left(1-\frac{1}{n^2}\right)\cos\frac{\pi}{n},\qquad b_n=\left(1-\frac{1}{n^2}\right)\sin\frac{\pi}{n},$$

从而有 $\lim\limits_{n\to\infty}a_n=1$, $\lim\limits_{n\to\infty}b_n=0$,故 $\lim\limits_{n\to\infty}\alpha_n=1\neq0$,该级数发散.

(2) 显然 $\lim\limits_{n\to\infty}\alpha_n=0$. 但是,由于

$$\alpha_n=\frac{1+(-i)^{2n+1}}{n}=\frac{1-(-1)^n i}{n},$$

级数 $\sum\limits_{n=1}^{\infty}a_n=\sum\limits_{n=1}^{\infty}\dfrac{1}{n}$ 发散,级数 $\sum\limits_{n=1}^{\infty}b_n=\sum\limits_{n=1}^{\infty}(-1)^n\dfrac{1}{n}$ 收敛,故原级数必发散.

(3) 由于很难分离出 $\alpha_n=\dfrac{n^2}{5^n}(1+2i)^n$ 的实部与虚部,故采用绝对收敛准则. 易见 $|\alpha_n|=n^2\left(\dfrac{1}{\sqrt{5}}\right)^n$,且

$$\lim_{n\to\infty}\sqrt[n]{|\alpha_n|}=\lim_{n\to\infty}\sqrt[n]{n^2}\cdot\frac{1}{\sqrt{5}}=\frac{1}{\sqrt{5}}<1,$$

根据正项级数的根值法,故知原级数收敛,而且绝对收敛.

(4) 由于 $|\alpha_n| = \left|\dfrac{(1+i)^n}{2^{\frac{n}{2}}\cos in}\right| = \dfrac{2^{n/2}}{2^{n/2}\operatorname{ch} n} = \dfrac{2}{\mathrm{e}^n+\mathrm{e}^{-n}} < \dfrac{2}{\mathrm{e}^n}$，而级数 $\sum\limits_{n=1}^{\infty}\dfrac{2}{\mathrm{e}^n}$ 是一收敛的等比级数，根据正项级数的比较准则，故知原级数绝对收敛.

问题 4.2　如果幂级数 $\sum\limits_{n=1}^{\infty}c_nz^n$ 在 $z=-3+4i$ 处条件收敛，那么你能求出该级数的收敛半径吗？

答　能. 根据阿贝尔定理，如果在 $z_0\neq 0$ 处幂级数收敛，那么对一切满足 $|z|<|z_0|$ 的点 z，该幂级绝对收敛. 因此，既然已知该幂级数在 $z_0=-3+4i$ 处条件收敛，那么，对满足

$$|z|<|-3+4i|=5$$

的一切点 z，它是绝对收敛的.

另一方面，由于该幂级数在 $z=-3+4i$ 处是条件收敛的，所以，任何满足 $|z|>5$ 的点都不可能使该幂级数收敛. 否则，根据阿贝尔定理，该幂级数在 $z=-3+4i$ 处绝对收敛，这与已知条件相矛盾.

综上所述，幂级数 $\sum\limits_{n=1}^{\infty}c_nz^n$ 的收敛半径为 5.

按照类似的推理，可以解答教材中第四章习题第 5 与第 9 题. 例如，第 9 题的证明如下：

由于级数 $\sum\limits_{n=0}^{\infty}c_n$ 收敛，所以幂级数 $\sum\limits_{n=0}^{\infty}c_nz^n$ 在 $z=1$ 处收敛；又因为级数 $\sum\limits_{n=1}^{\infty}|c_n|$ 发散，所以级数 $\sum\limits_{n=0}^{\infty}|c_nz^n|$ 在 $z=1$ 处发散，从而可知幂级数 $\sum\limits_{n=1}^{\infty}c_nz^n$ 在 $z=1$ 处条件收敛. 用上面同样的方法易知幂级数 $\sum\limits_{n=0}^{\infty}c_nz^n$ 的收敛半径为 1.

由此我们已经看到，阿贝尔定理不仅是研究幂级数收敛性的理

论基础,而且可以用它直接判定某些幂级数的敛散性,求出收敛半径.所以,人们常称它为幂级数的收敛定理,读者应当会用这个定理.

问题 4.3 已知幂级数 $\sum_{n=0}^{\infty} c_n z^n$ 的收敛半径为 R,为了求出级数 $\sum_{n=0}^{\infty} \frac{c_n}{b^n} z^n$ 的收敛半径,有人用下面的方法:

由已知 $\sum_{n=0}^{\infty} c_n z^n$ 的收敛半径为 R,所以,

$$\lim_{n\to\infty}\left|\frac{c_n}{c_{n+1}}\right| = R\left(\text{或}\lim_{n\to\infty}\sqrt[n]{\frac{1}{|c_n|}} = R\right), \tag{4.5}$$

从而有

$$\lim_{n\to\infty}\left|\frac{c_n}{b^n}\Big/\frac{c_{n+1}}{b^{n+1}}\right| = |b|\lim_{n\to\infty}\left|\frac{c_m}{c_{n+1}}\right| = |b|R,$$

$$\left(\text{或}\lim_{n\to\infty}\sqrt[n]{\frac{1}{\left|\frac{c_n}{b^n}\right|}} = |b|\lim_{n\to\infty}\sqrt[n]{\frac{1}{|c_n|}} = |b|R\right),$$

因此,级数 $\sum_{n=0}^{\infty} \frac{c_n}{b^n} z^n$ 的收敛半径为 $|b|R$. 这种做法对吗?为什么?若有错误,请给出正确的做法.

答 答案对,但解法是错误的. 因为求收敛半径的两个公式都是在极限 $\lim_{n\to\infty}\left|\frac{c_n}{c_{n+1}}\right|\left(\text{或}\lim_{n\to\infty}\sqrt[n]{\frac{1}{|c_n|}}\right)$ 存在(包为等于 ∞)的条件下才能使用. 本题虽已知收敛半径为 R,但并不知道这两个极限是否存在,所以不能断定(4.5)式是否成立,也不能直接应用这些公式求级数 $\sum_{n=0}^{\infty} \frac{c^n}{b^n} z^n$ 的收敛半径. 不注意公式成立的条件,乱代公式是不少初学者常犯的错误. 下面给出正确解法.

令 $\zeta = \frac{z}{b}$,则 $\sum_{n=0}^{\infty} \frac{c_n}{b^n} z^n = \sum_{n=0}^{\infty} c_n \zeta^n$. 由已知 $\sum_{n=0}^{\infty} c_n z^n$ 的收敛半径为

R,从而 $\sum\limits_{n=0}^{\infty} c_n\zeta^n$ 的收敛半径也是 R,故当 $|\zeta| < R$,即 $|z| < |b|R$ 时,级数 $\sum\limits_{n=0}^{\infty} \frac{c_n}{b^n}z^n$ 绝对收敛;当 $|\zeta| > R$,即 $|z| > |b|R$ 时,$\sum\limits_{n=0}^{\infty} \frac{c_n}{b^n}z^n$ 发散.根据收敛半径的定义,知 $\sum\limits_{n=0}^{\infty} \frac{c_n}{b^n}z^n$ 的收敛半径为 $|b|R$.

问题 4.4　解析函数的泰勒展开式与高等数学中任意阶可导函数的泰勒展开式形式上完全一样,而且一些常见初等函数的泰勒展开式的形式也相同,因此就有人认为泰勒级数这一节没有值得学习的新内容,这种看法对吗?

答　这种看法是非常片面的!虽然解析函数展开为泰勒级数的理论和方法确有许多地方与高等数学中泰勒级数的理论和方法相同,但是,只要读者认真地钻研教材,就会发现它们之间仍存在着显著的差异,而且一些在实变函数中不易理解的问题,只有在复变函数中才能得到解决. 下面仅对其中的几个问题略加说明,希望读者注意.

(1) 泰勒展开定理成立的条件不同. 在实变函数中,一个函数展开为泰勒级数,不仅要求该函数任意阶可导,而且还要求泰勒公式中余项的极限为零. 这两个条件都是很难满足的,验证它们是否成立也不是一件容易的事. 例如,用归纳法可以证明,函数

$$f(x) = \begin{cases} e^{-\frac{1}{x^2}}, & x \neq 0, \\ 0, & x = 0 \end{cases}$$

在 $x = 0$ 处的各阶导数都存在,而且 $f^{(n)}(0) = 0\ (n = 0,1,2,\cdots)$. 因此,它在 $x = 0$ 处的泰勒级数为

$$\sum_{n=0}^{\infty} \frac{0}{n!}x^n = 0 + 0 + \cdots + 0 + \cdots,$$

显然该级数的和函数 $S(x) = 0$. 也就是说,该级数是函数 $S(x) = 0$ 的麦克劳林展开式,而不是 $f(x)$ 的麦克劳林展开式,$f(x)$ 不能展开

为 x 的幂级数[①]. 究其原因,就是因为在 $x=0$ 的邻域内该函数的泰勒公式中的余项不趋于零. 但在复变函数中就大为不同了,只要函数 $f(z)$ 在区域 D 内解析,对于 D 内任一点 z_0,就一定存在 z_0 的一个邻域,使 $f(z)$ 在此邻域内展开为泰勒级数. 这是因为解析函数具有任意阶导数,而且余项一定趋于零(参见教材的第 118 至 119 页).

(2) 根据幂级数的分析性质(即教材 §2 中的定理四 1)),设 z_0 为区域 D 内一点,在 z_0 的某个邻域 $|z-z_0|<R$ 内收敛的幂级数 $\sum\limits_{n=0}^{\infty} c_n(z-z_0)^n$,其和函数 $f(z)$ 必为该邻域内的解析函数. 反之,由泰勒展开定理,若 $f(z)$ 在区域 D 内解析,则它在 D 内任一点 z_0 的邻域内都能展开成泰勒级数 $\sum\limits_{n=0}^{\infty} c_n(z-z_0)^n$. 从而得到刻画解析函数特征的又一个重要结论,即函数 $f(z)$ 在区域 D 内解析的充要条件是:$f(z)$ 在 D 内任一点 z_0 的邻域内可以展开为 $z-z_0$ 的幂级数,即泰勒级数.

所以,能展开为幂级数 $f(z)$ 是解析函数的本质属性. 这也是实变函数所没有的(即使该函数具有任意阶可导性)! (1) 中所举的 $f(x)$ 就是一例.

(3) 幂级数的和函数在收敛圆 $|z-z_0|=R$ 上至少有一个奇点. 事实上,如果 $f(z)$ 在此收敛圆上没有奇点,即处处解析,那么根据解析的定义,$f(z)$ 在以收敛圆上各点为中心的邻域内解析. 这样,该幂级数的收敛区域就要扩大,除圆域 $|z-z_0|<R$ 外,还应加上圆周 C:$|z-z_0|=R$ 上各点的邻域 $U(z)$ 之并,即

$$\{z \mid |z-z_0|<R\} \cup \bigcup_{z\in C} U(z),$$

这与收敛圆的概念矛盾.

即使对于在收敛圆上处处收敛的幂级数,其和函数仍可能在收

① 参见高等学校工科数学课程教学指导委员会本科组编高等数学释疑解难,高等教育出版社,1992 年 8 月.

敛点处不解析. 例如,设 $f(z)=\frac{z}{1^2}+\frac{z^2}{2^2}+\frac{z^3}{3^2}+\cdots+\frac{z^n}{n^2}+\cdots$,则右端幂级数的收敛半径为

$$R=\lim_{n\to\infty}\left|\frac{c_n}{c_{n+1}}\right|=\lim_{n\to\infty}\left(\frac{n+1}{n}\right)^2=1.$$

而且因为级数 $\sum_{n=1}^{\infty}\frac{1}{n^2}$ 收敛,所以,级数 $\sum_{n=1}^{\infty}\frac{z^n}{n^2}$ 在 $|z|=1$ 上处处绝对收敛. 但由于

$$f'(z)=1+\frac{z}{2}+\frac{z^2}{3}+\cdots+\frac{z^{n-1}}{n}+\cdots,$$

当 z 沿实轴从圆 $|z|=1$ 内趋于 1 时,$f'(z)\to\infty$,说明 $f(z)$ 在 $z=1$ 处既不可导也不解析,所以 $z=1$ 是 $f(z)$ 的一个奇点.

利用这个结论,我们可以解释在实变函数的幂级数理论中一些不易理解的问题. 例如,在实数范围内,展开式

$$\frac{1}{1+x^2}=1-x^2+x^4-\cdots+(-1)^n x^{2n}+\cdots$$

仅当 $|x|<1$ 时才能成立,但等式左端的函数 $\frac{1}{1+x^2}$ 对于所有实数都是确定的,而且也是任意阶可导的,为什么会受到这个限制呢?实际上,如果将 $\frac{1}{1+x^2}$ 中的 x 换成 z,在复平面内来考察函数 $\frac{1}{1+z^2}$,那么它有两个奇点 $z=\pm i$,而且这两个奇点都在泰勒展开式

$$\frac{1}{1+z^2}=1-z^2+z^4-\cdots+(-1)^n z^{2n}+\cdots$$

的收敛圆 $|z|=1$ 上,右端级数的收敛半径只能等于1. 因此,这两个奇点使级数 $1-x^2+x^4-\cdots+(-1)^n x^{2n}+\cdots$ 在 x 轴上的收敛区间不可能超越区间 $(-1,1)$.

问题 4.5 解析函数展开为泰勒级数有哪些常用的方法?

答 前面已经指出,将解析函数展开为泰勒级数主要有两类方

法. 一类是直接法,就是根据泰勒展开定理,求出给定函数的各阶导数,算出泰勒系数并代入展开式(4.1)中. 这种方法计算复杂,费时费工. 常用的是第二类方法 —— 间接展开法,就是根据幂级数展开的唯一性,利用一些已知的初等函数的泰勒展开式,通过幂级数的代数运算、复合运算(变量代换)以及分析运算性质等来展开. 下面对第二类方法通过举例再作一些说明.

1. 利用复合运算的性质 —— 变量代换法

例 1 将函数 $f(z)=\dfrac{1}{(z+3)^2}$ 在 $z=1$ 处展开为幂级数,并指出它的收敛半径.

解 因为所给函数属于二项式函数($\alpha=-2$),所以,只要将 $f(z)$ 作如下变形:

$$f(z)=\frac{1}{(z+3)^2}=\frac{1}{[4+(z-1)]^2}==\frac{1}{16}\cdot\frac{1}{\left(1+\frac{z-1}{4}\right)^2},$$

就可以利用二项展开式. 令 $\zeta=g(z)=\dfrac{z-1}{4}$,则当 $|\zeta|=|g(z)|<1$ 时,即 $|z-1|<4$ 时,就有

$$\begin{aligned}f(z)&=\frac{1}{16}\left[1-2\left(\frac{z-1}{4}\right)+\frac{2\cdot 3}{2!}\left(\frac{z-1}{4}\right)^2-\frac{2\cdot 3\cdot 4}{3!}\left(\frac{z-1}{4}\right)^3+\cdots\right]\\&=\frac{1}{16}\left[1-\frac{1}{2}(z-1)+\frac{3}{16}(z-1)^2-\frac{1}{16}(z-1)^3+\cdots\right],\end{aligned}$$

右端幂级数的收敛半径 $R=4$.

2. 利用代数运算性质

例 2 将函数 $f(z)=\dfrac{z^2+7z+18}{(z+4)^2(z-2)}$ 展开成 z 的幂级数,并求出它的收敛半径.

解 所给函数 $f(z)$ 是一个有理分式,对于这类函数应将它分解为部分分式,利用二项展开式和等比级数将各项分别展开后,再利用

幂级数的加、减法运算就可求得它的幂级数展开式.

由于

$$f(z) = \frac{z^2 + 8z + 16 - z + 2}{(z+4)^2(z-2)} = \frac{1}{z-2} - \frac{1}{(z+4)^2},$$

而

$$\frac{1}{z-2} = -\frac{1}{2\left(1 - \frac{z}{2}\right)} = -\frac{1}{2}\left(1 + \frac{z}{2} + \frac{z^2}{4} + \cdots + \frac{z^n}{2^n} + \cdots\right)$$

$$= -\frac{1}{2}\sum_{n=0}^{\infty}\frac{z^n}{2^n}, \quad |z| < 2,$$

$$-\frac{1}{(z+4)^2} = -\frac{1}{16}\frac{1}{\left(1+\frac{z}{4}\right)^2}$$

$$= -\frac{1}{16}\left[1 - 2\left(\frac{z}{4}\right) + \frac{2\cdot 3}{2!}\left(\frac{z}{4}\right)^2 - \frac{2\cdot 3\cdot 4}{3!}\left(\frac{z}{4}\right)^3 \right.$$

$$\left. + \cdots + (-1)^n\frac{2\cdot 3\cdots(n+1)}{n!}\left(\frac{z}{4}\right)^n + \cdots\right]$$

$$= -\frac{1}{16}\left[1 - 2\left(\frac{z}{4}\right) + 3\left(\frac{z}{4}\right)^2 - 4\left(\frac{z}{4}\right)^3\right.$$

$$\left. + \cdots + (-1)^n(n+1)\left(\frac{z}{4}\right)^n + \cdots\right]$$

$$= \frac{1}{16}\sum_{n=0}^{\infty}(-1)^{n+1}(n+1)\left(\frac{z}{4}\right)^n, \qquad |z| < 4,$$

所以

$$f(z) = \sum_{n=0}^{\infty}\left(-\frac{1}{2^{n+1}}\right)z^n + \sum_{n=0}^{\infty}(-1)^{n+1}(n+1)\frac{z^n}{2^{2(n+2)}}$$

$$= \sum_{n=0}^{\infty}\left[(-1)^{n+1}\frac{(n+1)}{2^{2n+4}} - \frac{1}{2^{2n+1}}\right]z^n, \qquad |z| < 2.$$

根据幂级数的加法运算性质,右端幂级数的收敛半径 $R \geqslant 2$. 又由泰勒展开定理,R 应等于展开中心 $z_0 = 0$ 到 $f(z)$ 的最近奇点 $z = 2$

的距离，故 $R = 2$. 当然，也可用比值法直接求得 $R = 2$.

例 3　求函数 $e^z \sin z$ 在 $z = 0$ 处的泰勒展开式.

解　由于给定函数是 e^z 与 $\sin z$ 的乘积，所以，将这两个函数展开式直接相乘即可得到所求函数的展开式. 事实上，

$$e^z = 1 + z + \frac{z^2}{2!} + \frac{z^3}{3!} + \cdots + \frac{z^n}{n!} + \cdots, \quad |z| < +\infty,$$

$$\sin z = z - \frac{z^3}{3!} + \frac{z^5}{5!} - \frac{z^7}{5!} + \cdots + (-1)^n \frac{z^{2n+1}}{(2n+1)!} + \cdots,$$

$$|z| < +\infty,$$

所以，

$$e^z \sin z = z + z^2 + \frac{z^3}{3} - \frac{z^5}{30} + \cdots, \quad |z| < +\infty.$$

注　(1) 求两个幂级数的乘积，关键在于正确求得乘积级数的系数. 为保证不至于发生错误，乘积系数可采用对角线方法. 这种方法在高等数学中已经讲过，这里不再赘述. (2) 两个幂级数相乘(或相除)后得到的级数通项一般很难求得，解题时求出前几项或题目要求的前几项即可.

例 4　求 $\tan z$ 在 $z = 0$ 处的泰勒展开式到含 z^7 的项.

解　**法一**　用幂级数的除法. 设 $g(z)$ 在 $|z - z_0| < r_1$ 内解析，$h(z)$ 在 $|z - z_0| < r_2$ 内解析，且 $h(z_0) \neq 0$，则 $g(z)$ 与 $h(z)$ 都能在 z_0 处展开为泰勒级数，而且 $h(z)$ 的泰勒级数必有非零常数项(为什么?). 所以，$f(z) = g(z)/h(z)$ 在以 z_0 为中心的某圆域内能展开为泰勒级数. 为了求得 $f(z)$ 的泰勒展开式，只要采用像两个多项式相除那样将 $g(z)$ 与 $h(z)$ 的泰勒展开式相除就可以了. 下面结合此例对除法作些具体说明.

由于 $\tan z = \sin z / \cos z$ 的分子与分母在复平面内解析，分母距 $z = 0$ 最近的零点 $z = \pm \frac{\pi}{2}$ 就是 $\tan z$ 距 $z = 0$ 最近的奇点，所以 $\tan z$ 可以在 $z = 0$ 处展开成幂级数，收敛半径 $R = \frac{\pi}{2}$.

因为

$$\sin z = z - \frac{z^3}{3!} + \frac{z^5}{5!} - \frac{z^7}{7!} + \cdots + (-1)^n \frac{z^{2n+1}}{(2n+1)!} + \cdots,$$

$$\cos z = 1 - \frac{z^2}{2!} + \frac{z^4}{4!} - \frac{z^6}{6!} + \cdots + (-1)^n \frac{z^{2n}}{(2n)!} + \cdots,$$

用长除法如下(为简单计,被除式与除式均从 z 的零次幂开始以升幂排列,且算式中仅写出各次幂的系数. 若不含某次幂,则其系数用“0”表示):

$$\begin{array}{r|l}
 & 1+0+\frac{1}{3}+0+\frac{2}{12}+0+\frac{17}{315} \\ \hline
1+0-\frac{1}{2}+0+\frac{1}{24}+0-\frac{1}{720}+0+\cdots & 1+0-\frac{1}{6}+0+\frac{1}{120}+0-\frac{1}{5040}+\cdots \\
 & 1+0-\frac{1}{2}+0+\frac{1}{24}+0-\frac{1}{720}+\cdots \\ \cline{2-2}
 & \qquad \frac{1}{3}+0-\frac{1}{30}+0-\frac{1}{840}+\cdots \\
 & \qquad \frac{1}{3}+0-\frac{1}{6}+0+\frac{1}{72}+\cdots \\ \cline{2-2}
 & \qquad\qquad \frac{2}{15}+0-\frac{4}{315}+\cdots \\
 & \qquad\qquad \frac{2}{15}+0-\frac{1}{15}+\cdots \\ \cline{2-2}
 & \qquad\qquad\qquad \frac{17}{315}+\cdots \\
 & \qquad\qquad\qquad \frac{17}{315}+\cdots \\ \cline{2-2}
\end{array}$$

从而得

$$\tan z = z + \frac{1}{3!}z^3 + \frac{2}{12}z^5 + \frac{17}{315}z^7 + \cdots, \qquad |z| < \frac{\pi}{2}.$$

法二　用待定系数法.

读者已经看到,用幂级数的除法求函数的幂级数展开式常常比较麻烦,下面改用待定系数法. 所谓待定系数法,就是先将给定的函数 $f(z)$ 表示成系数 c_n 待定的幂级数:$f(z) = \sum\limits_{n=0}^{\infty} c_n z^n$. 由于

$$g(z) = f(z)h(z),$$

而且 $g(z)$ 与 $h(z)$ 的展开式是已知(或容易求得)的,将它们代入上式并将右端两级数相乘后再比较等式两端同次幂的系数,就可确定各待定系数 c_n,从而得到 $f(z)$ 的幂级数展开式. 这个方法用处较广,教材中第四章 §3 例 3 就是采用这种方法. 下面仍以求 tan z 展开式为例对此法再作具体说明.

如法一所说,$z = \dfrac{\pi}{2}$ 是 tan z 离展开中心 $z = 0$ 最近的一个奇点,所以它可以在区域 $|z| < \dfrac{\pi}{2}$ 内展开为幂级数. 设①

$$\tan z = c_1 z + c_3 z^3 + c_5 z^5 + c_7 z^7 + \cdots,$$

而 $\sin z = \tan z \cos z$,故有

$$\begin{aligned} z - \frac{z^3}{3!} + \frac{z^5}{5!} - \frac{z^7}{7!} + \cdots &= (c_1 z + c_3 z^3 + c_5 z^5 + c_7 z^7 + \cdots) \\ &\quad \cdot \left(1 - \frac{z^2}{2!} + \frac{z^4}{4!} - \frac{z^6}{6!} + \cdots\right) \\ &= c_1 z + \left(c_3 - \frac{c_1}{2!}\right) z^3 + \left(c_5 - \frac{c_3}{2!} + \frac{c_1}{4!}\right) z^5 \\ &\quad + \left(c_7 - \frac{c_5}{2!} + \frac{c_3}{4!} - \frac{c_1}{6!}\right) z^7 + \cdots, \end{aligned}$$

比较等式两边同次幂的系数得

$$c_1 = 1, \quad c_3 = \frac{c_1}{2} - \frac{1}{6} = \frac{1}{3}, \quad c_5 = \frac{c_3}{2!} - \frac{c_1}{4!} + \frac{1}{5!} = \frac{2}{15},$$

$$c_7 = \frac{c_5}{2!} - \frac{c_3}{4!} + \frac{c_1}{6!} - \frac{1}{7!} = \frac{17}{315}, \quad \cdots,$$

所以

① 读者不难证明:奇函数的幂级数只含 z 的奇次幂项,偶函数的幂级数只含 z 的偶次幂项(包括常数项).

$$\tan z = z + \frac{1}{3}z^3 + \frac{2}{15}z^5 + \frac{17}{315}z^7 + \cdots, \qquad |z| < \frac{\pi}{2}.$$

3. 利用分析运算性质——逐项求导法与逐项积分法

教材中第四章 §3 例 1 与例 2 就是用这种方法,这里不再举例.

上述诸法都是将解析函数展开为幂级数的常用方法,它们对于将解析函数展开为洛朗级数也是适用的,希望读者能熟练掌握,灵活运用.有时候,为了把一个函数展开为泰勒级数,需要综合应用几种方法.当然,还有一些展开的特殊技巧和方法,这里不再多讲了.

问题 4.6 函数的洛朗级数与泰勒级数有什么区别?在应用洛朗展开定理的时候应该注意哪些问题?

答 洛朗级数是实变函数级数理论中没有讲过的一类重要的复变函数项级数.我们知道,如果 $f(z)$ 在 z_0 的一个邻域内解析,那么,它就可以在此邻域内展开为 $z-z_0$ 的幂级数,即泰勒级数.但是,在很多理论和应用问题的研究中,常常要求将一个解析函数在它的孤立奇点 z_0 的邻域内或者在一个圆环域内表示为级数,这就是洛朗级数.这两类级数的主要区别是:

(1) 洛朗级数是由正幂项部分 $\sum\limits_{n=0}^{\infty} c_n(z-z_0)^n$ 与负幂项部分 $\sum\limits_{n=1}^{\infty} c_{-n}(z-z_0)^{-n}$ 组成的双边幂级数,而泰勒级数是仅含正幂项的幂级数.

(2) 虽然两类级数的系数公式在形式上完全一样,但是,洛朗级数的系数公式

$$c_n = \frac{1}{2\pi i}\oint_C \frac{f(\zeta)}{(\zeta - z_0)^{n+1}}\mathrm{d}\zeta \qquad (n = 0, \pm 1, \pm 2, \cdots)$$

一般不能利用高阶导数公式把它表示成泰勒系数公式那样的微分形式 $\dfrac{f^{(n)}(z_0)}{n!}$.这是因为 z_0 可能是 $f(z)$ 的奇点,即使 z_0 不是奇点,但在

$|z-z_0|<R_1$ 内(从而在 C 内)还可能有其他的奇点. 除非 $f(z)$ 在 $|z-z_0|<R_1$ 内处处解析,在这种情况下,根据柯西-古萨基本定理,

$$c_{-n}=\frac{1}{2\pi i}\oint_C(\zeta-z_0)^{n-1}f(\zeta)\mathrm{d}\zeta=0\quad(n=1,2,\cdots),$$

从而洛朗级数只含有正幂项,就变成了泰勒级数. 因此,洛朗级数是泰勒级数的推广,泰勒级数是洛朗级数的特殊情形.

应用洛朗展开定理时应当注意以下几点:

(1) 根据上述两类级数的区别(2),将函数展开为洛朗级数时,不能像展开成泰勒级数那样利用公式 $c_n=\dfrac{f^{(n)}(z_0)}{n!}$ 计算它的系数.

(2) 圆环区域 $R_1<|z-z_0|<R_2$ 的内半径 R_1 可以为0,而 R_2 可以为 $+\infty$. 当 $R_1=0$ 时,圆环域变成 z_0 的去心邻域 $0<|z-z_0|<R_2$. 例如,当被展开函数 $f(z)$ 在 $|z-z_0|<R_0$ 内只有一个孤立奇点 z_0 时就属于这种情况. 此时,式中的负幂项部分正反映了 $f(z)$ 在 z_0 处的性态,下一章中就是利用它来对孤立奇点进行分类的.

(3) 函数 $f(z)$ 在以 z_0 为中心的圆环域内的洛朗级数中尽管含有 $z-z_0$ 的负幂项,而且 z_0 是这些负幂项的奇点,但 z_0 可能是 $f(z)$ 的奇点,也可能不是 $f(z)$ 的奇点. 例如,教材第四章 §4 中例1的 ii) 与 iii) 就是这种情况.

反之,如果 z_0 是 $f(z)$ 的孤立奇点,那么 $f(z)$ 在 z_0 的去心邻域 $0<|z-z_0|<R$ 内的洛朗级数中可能含 $z-z_0$ 的负幂项,也可能不含有 $z-z_0$ 的负幂项. 例如,$z=0$ 是 $\dfrac{\sin z}{z}$ 的孤立奇点但它的洛朗展开式

$$\frac{\sin z}{z}=1-\frac{z^2}{3!}+\frac{z^4}{5!}-\frac{z^6}{7!}+\cdots+(-1)^n\frac{z^{2n}}{(2n+1)!}+\cdots,$$

$$0<|z|<+\infty$$

中不含 z 的负幂项.

(4) 与幂级数在收敛圆上至少存在着它的和函数的一个奇点类

似，不难证明，双边幂级数最大收敛圆环域的内、外边界圆周上也都至少有其和函数的一个奇点.

顺便指出，根据双边幂级数在其收敛圆环内是解析函数与洛朗展开定理得知：函数$f(z)$是圆环域$R_1 < |z - z_0| < R_2$内解析函数的充要条件是它能在此圆环域内展开成$z - z_0$的双边幂级数. 它刻画了圆环域内解析函数的一个特征.

（5）根据上述结论，函数$f(z)$在圆环域内能否展开为洛朗级数关键在于验证$f(z)$在此圆环域内是否解析. 若不解析，那么它就不能展开为洛朗级数. 例如，设$f(z) = \tan\frac{1}{z}$，易见$z = 0$是它的一个奇点，那么是否能找到$z = 0$的一个去心邻域$0 < |z| < R$，将它在此邻域内展开为洛朗级数呢？不能. 因为该函数除有奇点$z = 0$外，$z_n = \frac{1}{\left(n + \frac{1}{2}\right)\pi}$ $(n = 0, \pm 1, \pm 2, \cdots)$也都是它的奇点，而且$\lim\limits_{n\to\infty} z_n = 0$. 因此，对任何$R > 0$，去心邻域$0 < |z| < R$内都含有该函数的奇点$z_n$，也就是说，在$z = 0$的任何去心邻域内$f(z) = \tan\frac{1}{z}$都不解析. 正如第五章所指出的，只有当$z_0$是$f(z)$的孤立奇点时才行.

例题分析

例 4.1　求下列幂级数的收敛半径：

（1）$\sum\limits_{n=0}^{\infty}(\cos in)z^n$；　　（2）$\sum\limits_{n=0}^{\infty}(n + a^n)z^n$（$a$为常数）；

（3）$\sum\limits_{n=0}^{\infty}n^{\ln n}z^n$；　　（4）$\sum\limits_{n=0}^{\infty}z^{2n}$.

分析　我们知道，求幂级数的收敛半径有两个基本公式：$R =$

$\lim\limits_{n\to\infty}\left|\dfrac{c_n}{c_{n+1}}\right|$与$R=\lim\limits_{n\to\infty}\dfrac{1}{\sqrt[n]{|c_n|}}$. 如果级数的系数$c_n$比较复杂,求这两个极限有困难,那么就要借助于相关知识将它简化或化为其它形式. 例如,(1) 中$c_n=\cos in$, 可利用公式$\cos iy=\operatorname{ch}y=\dfrac{1}{2}(e^y+e^{-y})$,将$\left|\dfrac{c_n}{c_{n+1}}\right|$化成较容易求极限的形式;(3) 中$c_n=n^{\ln n}$, $\sqrt[n]{|c_n|}=n^{\frac{1}{n}\ln n}=e^{\frac{\ln^2 n}{n}}$,需要用洛必达法则才能求得$R=\lim\limits_{n\to\infty}\dfrac{1}{\sqrt[n]{|c_n|}}$. 由于这两个公式不适用于缺项级数,遇到这种情况,应直接用导出这两个公式的比值法或根值法,(4) 中的级数就是这样.

解 (1) 由于$c_n=\cos in=\operatorname{ch}n=\dfrac{1}{2}(e^n+e^{-n})$,所以

$$R=\lim_{n\to\infty}\left|\frac{c_n}{c_{n+1}}\right|=\lim_{n\to\infty}\frac{\frac{1}{2}(e^n+e^{-n})}{\frac{1}{2}(e^{n+1}+e^{-(n+1)})}=\frac{1}{e}.$$

(2) 此题可直接应用公式

$$R=\lim_{n\to\infty}\left|\frac{c_n}{c_{n+1}}\right|=\lim_{n\to\infty}\left|\frac{n+a^n}{n+1+a^{n+1}}\right|.$$

若$|a|<1$,则易见$R=1$;若$|a|=1$,则

$$R=\lim_{n\to\infty}\left|\frac{n+e^{in\theta}}{n+1+e^{i(n+1)\theta}}\right|=\lim_{n\to\infty}\left|\frac{\frac{n}{n+1}+\frac{e^{in\theta}}{n+1}}{1+\frac{e^{i(n+1)\theta}}{n+1}}\right|=1;$$

若$|a|>1$,则$\lim\limits_{n\to\infty}\dfrac{n}{a^{n+1}}=\lim\limits_{n\to\infty}\dfrac{n+1}{a^{n+1}}=0$,所以

$$R=\lim_{n\to\infty}\left|\frac{\frac{n}{a^{n+1}}+\frac{1}{a}}{\frac{n+1}{a^{n+1}}+1}\right|=\frac{1}{|a|}.$$

综上所述可知，当 $|a| \leqslant 1$ 时，$R = 1$；当 $|a| > 1$ 时，$R = \dfrac{1}{|a|}$.

(3) 由于 $\sqrt[n]{|c_n|} = e^{\frac{\ln^2 n}{n}}$，根据洛必达法则，

$$\lim_{x \to +\infty} \frac{\ln^2 x}{x} = \lim_{x \to +\infty} \frac{2\ln x}{x} = \lim_{x \to +\infty} \frac{2}{x} = 0,$$

所以

$$R = \lim_{n \to \infty} \frac{1}{\sqrt[n]{|c_n|}} = \lim_{n \to \infty} e^{-\frac{\ln^2 n}{n}} = 1.$$

(4) 本题是缺项级数，不能利用求收敛半径的公式，而要直接应用实数项级数的根值法. 由于

$$\lim_{n \to \infty} \sqrt[n]{|z^{2n}|} = |z|^2,$$

故当 $|z| < 1$ 时，该级数绝对收敛；当 $|z| > 1$ 时发散. 根据收敛半径的概念得知收敛半径 $R = 1$.

例 4.2 求下列函数 $f(z)$ 在指定点 z_0 处的泰勒展开式，并指出它们的收敛半径：

(1) $f(z) = \dfrac{z}{z^2 - 2z - 3}$，$z_0 = 0$；

(2) $f(z) = \ln(2 + z - z^2)$，$z_0 = 0$；

(3) $f(z) = \operatorname{ch} z$，$z_0 = \pi i$；

(4) $f(z) = \sin(2z - z^2)$，$z_0 = 1$.

分析 本题中所给初等函数 $f(z)$ 的泰勒展开式都可通过将 $f(z)$ 适当变形利用几个常见初等函数的泰勒展开式求得. 在求解过程中还要利用幂级数的代数运算和变量代换等间接方法. (1) 中的 $f(z)$ 是有理分式，可将它化为部分分式；(2) 中应将 $2 + z - z^2$ 分解为 $(2 - z)(1 + z)$ 后再利用对数的性质；(3) 与 (4) 中 $z_0 \neq 0$，因此，应通过变量代换 $u = z - z_0$ 后再分别利用双曲函数的定义与正弦函数的加法定理.

解 (1) 因为

$$f(z)=\frac{z}{z^2-2z-3}=\frac{z}{(z+1)(z-3)}$$

$$=\frac{1}{4}\cdot\frac{1}{z+1}+\frac{3}{4}\cdot\frac{1}{z-3},$$

为了将它在 $z_0=0$ 处展开,再作如下变形:

$$f(z)=\frac{1}{4}\left(\frac{1}{1+z}-\frac{1}{1-\frac{z}{3}}\right),$$

从而可得

$$f(z)=\frac{1}{4}[(1-z+z^2-z^3+\cdots+(-1)^nz^n+\cdots)$$

$$-(1+\frac{z}{3}+\frac{z^2}{3^2}+\frac{z^3}{3^3}+\cdots+\frac{z^n}{3^n}+\cdots)]$$

$$=-\frac{z}{3}+\frac{2}{3^2}z^2-\frac{7}{3^3}z^3+\cdots$$

$$-\frac{1}{4}\left((-1)^{n-1}+\frac{1}{3^n}\right)z^n+\cdots,\ |z|<1.$$

因为从 $z_0=0$ 到 $f(z)$ 最近的奇点 $z=-1$ 的距离为 1,所以收敛半径 $R=1$.

(2) 因为 $f(z)=\ln(2+z-z^2)=\ln(2-z)(1+z)=\ln(2-z)+\ln(1+z)$,而

$$\ln(2-z)=\ln 2(1-\frac{z}{2})=\ln 2+\ln(1-\frac{z}{2})$$

$$=\ln 2-\left[\frac{z}{2}+\frac{1}{2}\left(\frac{z}{2}\right)^2+\frac{1}{3}\left(\frac{z}{2}\right)^3+\frac{1}{4}\left(\frac{z}{2}\right)^4\right.$$

$$\left.+\cdots+\frac{1}{n+1}\left(\frac{z}{2}\right)^{n+1}+\cdots\right]$$

$$=\ln 2-\left(\frac{z}{2}+\frac{z^2}{2^3}+\frac{z^3}{3\cdot 2^3}+\frac{z^4}{4\cdot 2^4}\right.$$

$$+\cdots+\frac{z^{n+1}}{(n+1)\cdot 2^{n+1}}+\cdots\Big),\ |z|<2,$$

$$\ln(1+z)=z-\frac{z^2}{2}+\frac{z^3}{3}-\frac{z^4}{4}+\cdots$$

$$+(-1)^n\frac{z^{n+1}}{n+1}+\cdots,\ |z|<1,$$

所以

$$f(z)=\ln 2+\frac{z}{2}-\frac{5}{8}z^2+\frac{7}{24}z^3-\frac{17}{64}z^4$$

$$+\cdots+\left[(-1)^n-\frac{1}{2^{n+1}}\right]\frac{z^{n+1}}{n+1}+\cdots,\quad |z|<1.$$

收敛半径 $R=1$.

(3) 令 $u=z-\pi i$,则

$$\operatorname{ch} z=\operatorname{ch}(u+\pi i)=\frac{1}{2}(e^{u+\pi i}+e^{-u-\pi i}).$$

又因为

$$e^{u+\pi i}=e^u(\cos\pi+i\sin\pi)=-e^u$$

$$=-\left(1+u+\frac{u^2}{2!}+\frac{u^3}{3!}+\cdots+\frac{u^n}{n!}+\cdots\right),\ |u|<+\infty,$$

$$e^{-u-\pi i}=e^{-u}(\cos(-\pi)-i\sin\pi)=-e^{-u}$$

$$=-\left(1-u+\frac{u^2}{2!}-\frac{u^3}{3!}+\cdots+(-1)^{n+1}\frac{u^n}{n!}+\cdots\right),$$

$$|u|<+\infty,$$

所以

$$f(z)=\operatorname{ch} z=-1-\frac{1}{2!}(z-\pi i)^2-\frac{1}{4!}(z-\pi i)^4$$

$$-\cdots-\frac{1}{(2n)!}(z-\pi i)^{2n}+\cdots,\ |z-\pi i|<+\infty,$$

收敛半径 $R=+\infty$.

(4) 令 $u=z-1$,则

$$\sin(2z-z^2)=\sin(1-u^2)=\sin 1\cos u^2-\cos 1\sin u^2.$$

又因为

$$\cos u^2=1-\frac{u^4}{2!}+\frac{u^8}{4!}-\frac{u^{12}}{6!}+\cdots+(-1)^n\frac{u^{4n}}{(2n)!}+\cdots,\ |u|<+\infty,$$

$$\sin u^2=u^2-\frac{u^6}{3!}+\frac{u^{10}}{5!}-\frac{u^{14}}{7!}+\cdots+(-1)^n\frac{u^{2(2n+1)}}{(2n+1)!}+\cdots,\ |u|<+\infty,$$

所以

$$\begin{aligned}f(z)=\sin(2z-z^2)&=\sin 1\left[1-\frac{(z-1)^4}{2!}+\frac{(z-1)^8}{4!}-\frac{(z-1)^{12}}{6!}+\cdots+(-1)^n\frac{(z-1)^{4n}}{(2n)!}+\cdots\right]\\&\quad-\cos 1\left[(z-1)^2-\frac{(z-1)^6}{3!}+\frac{(z-1)^{10}}{5!}-\frac{(z-1)^{14}}{7!}+\cdots+(-1)^n\frac{(z-1)^{4n+2}}{(2n+1)!}+\cdots\right]\\&=\sin 1-(\cos 1)(z-1)^2-(\sin 1)\frac{(z-1)^4}{2!}+(\cos 1)\frac{(z-1)^6}{3!}\\&\quad+(\sin 1)\frac{(z-1)^8}{4!}-\cdots,\ |z-1|<+\infty.\end{aligned}$$

收敛半径 $R=+\infty$.

注 上面的展开式可以归纳为如下的形式:

$$\sin(2z-z^2)=\sum_{n=0}^{\infty}\sin\left(1-\frac{n\pi}{2}\right)\frac{(z-1)^{2n}}{n!},\ |z-1|<+\infty.$$

例 4.3 试将 $e^z\cos z$ 与 $e^z\sin z$ 展开为 z 的幂级数.

分析　由于 e^z, $\cos z$ 与 $\sin z$ 的在 $z=0$ 处的泰勒展开式是已知的，因此，读者很容易采用幂级数的乘法求得 $e^z\cos z$ 与 $e^z\sin z$ 的关于 z 的幂级数. 但是，我们知道，幂级数乘法计算较复杂，特别是难以求得通项系数 c_n 的一般表达式，因此，根据题中的两个函数的形式，将第二个函数乘以 i 与第一个函数相加减，通过欧拉公式 $e^{iz}=\cos z+i\sin z$ 得到 $e^z\cos z\pm ie^z\sin z=e^ze^{\pm iz}=e^{(1\pm i)z}$. 因而直接用指数函数的幂级数展开式先求得上式右端的幂级数展开式，从而易得所给函数的幂级数.

解　由于

$$e^z\cos z+ie^z\sin z=e^{(1+i)z},$$

令 $u=(1+i)z$，则

$$\begin{aligned}&e^z(\cos z+i\sin z)\\&=e^u=\sum_{n=0}^{\infty}\frac{u^n}{n!}\\&=1+(1+i)z+\frac{(1+i)^2z^2}{2!}+\cdots+\frac{(1+i)^nz^n}{n!}+\cdots\\&=1+\sqrt{2}e^{\frac{\pi}{4}i}z+\sum_{n=2}^{\infty}\frac{(\sqrt{2})^ne^{\frac{n\pi}{4}i}}{n!}z^n,\end{aligned}$$

同理

$$\begin{aligned}e^z(\cos z-i\sin z)=e^{(1-i)z}&=\sum_{n=0}^{\infty}\frac{(1-i)^2}{n!}z^n\\&=1+\sqrt{2}e^{-\frac{\pi}{4}i}z+\sum_{n=2}^{\infty}\frac{(\sqrt{2})^ne^{-\frac{n\pi}{4}i}}{n!}z^n.\end{aligned}$$

两式相加并除以 2，得

$$e^z\cos z=1+\sqrt{2}\cos\frac{\pi}{4}z+\sum_{n=2}^{\infty}\frac{(\sqrt{2})^n\cos\frac{n\pi}{4}}{n!}z^n,\ |z|<+\infty.$$

两式相减并除以 $2i$，得

$$e^z \sin z = \sqrt{2}\sin\frac{\pi}{4}z + \sum_{n=2}^{\infty}\frac{(\sqrt{2})^n \sin\frac{n\pi}{4}}{n!}z^n, \quad |z| < +\infty.$$

例 4.4 求 $e^{\frac{1}{1-z}}$ 在 $z=0$ 处的泰勒展开式到含 z^3 的项,并指出它的收敛半径.

分析 若令 $u=\frac{z}{1-z}$,则 $e^{\frac{1}{1-z}}=e\cdot e^{\frac{z}{1-z}}=ee^u$. 由于 $u=\frac{z}{1-z}$ 可以展开为 z 的幂级,e^u 又可展开为 u 的幂级数,因此,只要将前者代入后者并合并 z 的同次幂系数就可以得到原函数的泰勒展开式. 所以本题可以用变量代换法来求. 另一方面,若令 $f(z)=e^{\frac{1}{1-z}}$,将它两边求导并注意到该函数导数仍含指数函数的特点,可望得到 $f(z)$ 各阶导数之间的递推关系,从而得到它的各阶导数并算出泰勒系数 c_n. 因此,本题也可以利用直接方法来求.

解 **法一** 令 $u=\frac{z}{1-z}$,则

$$\begin{aligned}
e^{\frac{1}{1-z}} &= ee^u = e\left(1+u+\frac{u^2}{2!}+\frac{u^3}{3!}+\cdots\right)\\
&= e\left[1+\frac{z}{1-z}+\frac{1}{2!}\left(\frac{z}{1-z}\right)^2+\frac{1}{3!}\left(\frac{z}{1-z}\right)^3+\cdots\right]\\
&= e\Big[1+(z+z^2+z^3+\cdots)+\frac{1}{2!}(z+z^2+z^3+\cdots)^2\\
&\quad +\frac{1}{3!}(z+z^2+z^3+\cdots)^3+\cdots\Big]\\
&= e\left(1+z+\frac{3}{2!}z^2+\frac{13}{3!}z^3+\cdots\right), \quad |z|<1,
\end{aligned}$$

收敛半径显然为 1. 从计算过程中读者不难发现,若要求展开式中的项数越多,则系数的计算越困难!

法二 设 $f(z)=e^{\frac{1}{1-z}}$,求导得 $f'(z)=\frac{1}{(1-z)^2}e^{\frac{1}{1-z}}$,从而有

$$(1-z)^2 f'(z) = f(z).$$

对上式逐次求导,可得

$$(1-z)^2 f''(z) + (2z-3) f'(z) = 0,$$

$$(1-z)^2 f'''(z) + (4z-5) f''(z) + 2f'(z) = 0,$$

$$\cdots\cdots$$

由于 $f(0) = \mathrm{e}$,代入上列各式可得

$$f'(0) = \mathrm{e}, \quad f''(0) = 3\mathrm{e}, \quad f'''(0) = 13\mathrm{e}, \quad \cdots.$$

从而得所求函数的泰勒展开式:

$$\mathrm{e}^{\frac{1}{1-z}} = \mathrm{e}\left(1 + z + \frac{3}{2!}z^2 + \frac{13}{3!}z^3 + \cdots\right), \quad |z| < 1.$$

用这种方法不难求出它含 z 的更高次幂的泰勒展开式.

例 4.5　将函数 $f(z) = \ln(1+\mathrm{e}^z)$ 展开为 z 的幂级数(写出前四项),并指出它的收敛半径.

分析　由于 $f'(z) = \dfrac{\mathrm{e}^z}{1+\mathrm{e}^z} = 1 - \dfrac{1}{1+\mathrm{e}^z}$,$f''(z) = \dfrac{\mathrm{e}^z}{(1+\mathrm{e}^z)^2} = \dfrac{1}{1+\mathrm{e}^z} f'(z)$,从而 $(1+\mathrm{e}^z)f''(z) = f'(z)$. 继续逐次求导不难得到该函数导数之间的递推关系式. 象例 4.4 的解法二那样,可用直接方法求得 $f(z)$ 的展开式,请读者自己完成. 下面我们采用另一种方法,即综合利用待定系数法和逐项积分法来求解.

解　由于 $f'(z) = \dfrac{\mathrm{e}^z}{1+\mathrm{e}^z}$,所以 $(1+\mathrm{e}^z)f'(z) = \mathrm{e}^z$. 设 $f'(z) = \sum\limits_{n=0}^{\infty} c_n z^n$,则

$$\left(2 + z + \frac{z^2}{2!} + \frac{z^3}{3!} + \cdots\right)(c_0 + c_1 z + c_2 z^2 + c_3 z^3 + \cdots)$$

$$= 1 + z + \frac{z^2}{2!} + \frac{z^3}{3!} + \cdots.$$

将等式左端两级数相乘并令等式两端的同次幂系数相等得:

$$2c_0 = 1,\quad 2c_1 + c_0 = 1,\quad 2c_2 + c_1 + \frac{c_0}{2} = \frac{1}{2!},$$

$$2c_3 + c_2 + \frac{1}{2!}c_1 + \frac{c_0}{3!} = \frac{1}{3!},\cdots.$$

所以

$$c_0 = \frac{1}{2},\quad 2c_1 + c_0 = 1,\quad 2\cdot(2!)c_2 + 2c_1 + c_0 = 1,$$

$$2(3!)c_3 + 3!c_2 + 3c_1 + c_0 = 1,\cdots,$$

从而得

$$c_0 = \frac{1}{2}, c_1 = \frac{1}{4}, c_2 = 0, c_3 = -\frac{1}{3!2^3},\cdots,$$

$$f'(z) = \frac{1}{2} + \frac{1}{4}z - \frac{1}{3!2^3}z^3 + \cdots.$$

对上式两边从 0 到 z 逐项积分可得

$$f(z) = \ln(1 + e^z) = \ln 2 + \frac{1}{2}z + \frac{1}{2!2^2}z^2 - \frac{1}{4!2^3}z^4 + \cdots.$$

由于对数函数 $\ln \zeta$ 在原点与负实轴上不解析，所以函数 $\ln(1 + e^z)$ 的距展开中心 $z = 0$ 最近的奇点是方程 $1 + e^z = 0$ 距 $z = 0$ 最近的根. 解之可得该方程的根为 $z_k = (2k + 1)\pi i\ (k = 0, \pm 1, \pm 2,\cdots)$，故函数 $\ln(1 + e^z)$ 的展开式的收敛半径 $R = \pi$.

例 4.6 证明不等式：$|e^z - 1| \leqslant e^{|z|} - 1 \leqslant |z| e^{|z|}$，$z$ 为复数.

分析 这个不等式很难用指数函数的定义来证明. 但利用 e^z 在 $z = 0$ 的泰勒展开式却能较容易地给予证明. 同实变函数类似，证明不等式也是复变函数幂级数理论的一个重要应用.

证 因为在幂级数 $\sum\limits_{n=0}^{\infty} c_n z^n$ 的收敛圆内，不等式

$$\left|\sum_{n=0}^{\infty} c_n z^n\right| \leqslant \sum_{n=0}^{\infty} |c_n||z|^n$$

总成立① 从而有

$$
\begin{aligned}
|e^z - 1| &= \left| z + \frac{z^2}{2!} + \frac{z^3}{3!} + \cdots + \frac{z^n}{n!} + \cdots \right| \\
&\leqslant |z| + \frac{|z|^2}{2!} + \frac{|z|^3}{3!} + \cdots + \frac{|z|^2}{n!} + \cdots = e^{|z|} - 1.
\end{aligned}
$$

又因为

$$
\begin{aligned}
e^{|z|} - 1 &= |z| + \frac{|z|^2}{2!} + \cdots + \frac{|z|^n}{n!} + \cdots \\
&= |z| \left(1 + \frac{|z|}{2!} + \cdots + \frac{|z|^{n-1}}{n!} + \cdots \right) \\
&\leqslant |z| \left(1 + |z| + \frac{|z|^2}{2!} + \cdots + \frac{|z|^{n-1}}{(n-1)!} + \frac{|z|^n}{n!} + \cdots \right) \\
&= |z| e^{|z|},
\end{aligned}
$$

于是不等式得证.

例 4.7　求函数 $f(z) = \dfrac{2(z+1)}{z^2 + 2z - 3}$ 在以 $z = 0$ 为中心、由它的奇点互相隔开的不同圆环域内的洛朗展开式.

分析　由于 $f(z)$ 有两个奇点：$z_1 = 1, z_2 = -3$，所以以 $z = 0$ 为中心的圆环形区域有三个：(1) $|z| < 1$；(2) $1 < |z| < 3$；(3) $3 < |z| < +\infty$. 为了把它在这些区域内展开成洛朗级数，应先将它分解为部分分式 $f(z) = \dfrac{1}{z-1} + \dfrac{1}{z+3}$，然后再在各不同区域内展开.

解　(1) 在 $|z| < 1$ 内展开，得

$$
\begin{aligned}
f(z) &= \frac{1}{z-1} + \frac{1}{z+3} = \frac{1}{3\left(1 + \frac{z}{3}\right)} - \frac{1}{1-z} \\
&= \frac{1}{3}\left(1 - \frac{z}{3} + \frac{z^2}{3^2} - \frac{z^3}{3^3} + \cdots\right) - (1 + z + z^2 + z^3 + \cdots)
\end{aligned}
$$

---

①　事实上，由于 $\left| \sum\limits_{k=0}^{n} c_k z^k \right| \leqslant \sum\limits_{k=0}^{n} |c_k| |z|^k$，两边取极限立即可得此不等式.

$$= -\frac{2}{3} - \frac{10}{9}z - \frac{26}{27}z^2 - \frac{82}{81}z^3 + \cdots$$

$$= \sum_{n=0}^{\infty}\left[\frac{(-1)^n}{3^{n+1}} - 1\right]z^n, \quad |z| < 1.$$

(2) 在 $1 < |z| < 3$ 内展开,得

$$f(z) = \frac{1}{z+3} - \frac{1}{1-z} = \frac{1}{3\left(1+\frac{z}{3}\right)} + \frac{1}{z\left(1-\frac{1}{z}\right)}$$

$$= \frac{1}{3}\sum_{n=0}^{\infty}\frac{(-1)^n}{3^n}z^n + \sum_{n=0}^{\infty}\frac{1}{z^{n+1}}, \quad 1 < |z| < 3.$$

(3) 在 $3 < |z| < +\infty$ 内展开,得

$$f(z) = \frac{1}{z+3} - \frac{1}{1-z} = \frac{1}{z}\cdot\frac{1}{1+\frac{3}{z}} + \frac{1}{z}\cdot\frac{1}{1-\frac{1}{z}}$$

$$= \frac{1}{z}\sum_{n=0}^{\infty}(-1)^n\frac{3^n}{z^n} + \frac{1}{z}\sum_{n=0}^{\infty}\frac{1}{z^n}$$

$$= \sum_{n=0}^{\infty}\left[(-1)^n 3^n + 1\right]\frac{1}{z^{n+1}}, \quad 3 < |z| < +\infty.$$

此例表明,同一个函数在不同的圆环内的洛朗展开式也不相同,读者不要把它与洛朗展开式的唯一性混为一谈!如果把该函数在以 $z=1$ 为中心、由 $f(z)$ 的奇点互相隔开的不同圆环域内展开,又可以得到它的不同形式的洛朗级数,读者不妨作为练习去做一下.

例 4.8 求函数 $f(z) = \dfrac{z\sin z}{(1-e^z)^3}$ 在圆环域 $0 < |z| < 2\pi$ 内洛朗级数的主要部分.

分析 由于 $f(z)$ 的奇点是方程 $1 - e^z = 0$ 的根,解之易得它们是 $z_k = 2k\pi i(k = 0, \pm 2, \pm 3, \cdots)$. 其中距展开中心 $z=0$ 最近的是 $\pm 2\pi i$,它们都位于圆环域 $0 < |z| < 2\pi$ 的外边界 $|z| = 2\pi$ 上,故可将 $f(z)$ 在此圆环域内展开为洛朗级数. 利用 $\sin z$ 与 e^z 在 $z=0$ 的泰勒展开式以及幂级数的除法(或待定系数法)就可以求出 $f(z)$ 的洛

朗展开式. 由于题目只要求出它的主要部分,因此,我们只要关心含负幂项的部分,而不必求出正幂项部分的具体表达式.

解　将 $\sin z$ 与 e^z 在 $z=0$ 处的泰勒展开式代入 $f(z)$ 的表达式中,得

$$f(z)=\frac{z\left(z-\frac{z^3}{3!}+\frac{z^5}{5!}-\frac{z^7}{7!}+\cdots\right)}{-\left(z+\frac{z^2}{2!}+\frac{z^3}{3!}+\frac{z^4}{4!}+\cdots\right)^3}$$

$$=-\frac{1}{z}\left[\frac{1-\frac{z^2}{3!}+\frac{z^4}{5!}-\frac{z^6}{7!}+\cdots}{\left(1+\frac{z}{2!}+\frac{z^2}{3!}+\frac{z^3}{4!}+\cdots\right)^3}\right].$$

容易知道,右端方括号内的分子与分母都是在复平面内收敛的幂级数,因而它们的和函数在复平面内解析. 又分母在 $z=0$ 处不为零,因此,方括号内部分收敛于一个在 $z=0$ 解析的函数,故必可展开为幂级数 $1+c_1z+c_2z^2+\cdots+c_nz^n+\cdots$. 从而可知

$$f(z)=-\frac{1}{z}-c_1-c_2z-c_3z^2-\cdots,$$

它的主要部分是 $-\frac{1}{z}$.

下一章我们将看到,求函数 $f(z)$ 在孤立奇点 $z=0$ 处的留数只要求它的洛朗级数中 z^{-1} 的系数 c_{-1},因此,例 4.8 是在求留数时常用的一种方法.

部分习题解法提要

1. 下列数列 $\{\alpha_n\}$ 是否收敛?如果收敛,求出它们的极限:

2) $\alpha_n=\left(1+\frac{i}{2}\right)^{-n}$.

解　由于 $\alpha_n=\left(1+\frac{i}{2}\right)^{-n}=\left(\frac{\sqrt{5}}{2}\right)^{-n}(\cos n\theta-i\sin n\theta)$,其中 $\theta=$

$\arctan \frac{1}{2}$，$\lim\limits_{n\to\infty}\left(\frac{\sqrt{5}}{2}\right)^{-n}\cos n\theta = \lim\limits_{n\to\infty}\left(\frac{\sqrt{5}}{2}\right)^{-n}\sin n\theta = 0$，所以$\{\alpha_n\}$收敛，且$\lim\limits_{n\to\infty}\alpha_n = 0$；

4）$\alpha_n = e^{-n\pi i/2}$.

解 因为$\alpha_n = \left(\cos\frac{\pi}{2} - i\sin\frac{\pi}{2}\right)^n = (-1)^n i^n$，所以$\{\alpha_n\}$发散.

2. 证明：

$$\lim_{n\to\infty}\alpha^n = \begin{cases} 0, & |\alpha| < 1, \\ \infty, & |\alpha| > 1, \\ 1, & \alpha = 1, \\ \text{不存在}, & |\alpha| = 1, \alpha \neq 1. \end{cases}$$

证 当$|\alpha| < 1$时，由于$|\alpha^n - 0| \leqslant |\alpha|^n$，故$\forall \varepsilon > 0$，为使

$$|\alpha^n - 0| \leqslant |\alpha|^n < \varepsilon,$$

不妨设$\varepsilon < 1$，只要当$n > \left[\frac{\ln\varepsilon}{\ln|\alpha|}\right]$即可，故$\lim\limits_{n\to\infty}\alpha^n = 0$；当$|\alpha| > 1$时，由于$\alpha^n = |\alpha|^n e^{in\theta}$，并且$|\alpha|^n \to +\infty$，故$\lim\limits_{n\to\infty}\alpha^n = \infty$；当$\alpha = 1$时结论显然；当$|\alpha| = 1, \alpha \neq 1$时，$\alpha^n = e^{in\theta}$有收敛于不同复数的子列，故当$n \to \infty$时，它的极限不存在.

3. 判别下列级数的绝对收敛性与收敛性：

2）$\sum\limits_{n=2}^{\infty}\frac{i^n}{\ln n}$.

解 2）由于

$$\sum_{n=2}^{\infty}\frac{i^n}{\ln n} = -\left(\frac{1}{\ln 2} + \frac{i}{\ln 3}\right) + \frac{1}{\ln 4} + \frac{i}{\ln 5} - \left(\frac{1}{\ln 6} + \frac{i}{\ln 7}\right) + \cdots$$

$$= \sum_{n=1}^{\infty}(-1)^n\left[\frac{1}{\ln 2n} + \frac{i}{\ln(2n+1)}\right],$$

由莱布尼兹准则知其实部与虚部均组成收敛级数，故该级数条件收

敛,非绝对收敛.

3) $\sum_{n=0}^{\infty} \frac{(6+5i)^n}{8^n}$.

解　因 $\left|\frac{(6+5i)^n}{8^n}\right| \leqslant \left(\frac{|6+5i|}{8}\right)^n = \left(\frac{\sqrt{61}}{8}\right)^n$,且 $\frac{\sqrt{61}}{8} < 1$,故级数 $\sum_{n=0}^{\infty}\left(\frac{\sqrt{61}}{8}\right)^n$ 收敛,从而知原级数收敛且绝对收敛.

4) $\sum_{n=0}^{\infty} \frac{\cos in}{2^n}$.

解　因 $\frac{\cos in}{2^n} = \frac{\operatorname{ch} n}{2^n} = \frac{e^n + e^{-n}}{2^{n+1}} \to +\infty$,故级数发散.

5. 幂级数 $\sum_{n=0}^{\infty} c_n(z-2)^n$ 能否在 $z=0$ 收敛而在 $z=3$ 发散?

答　不能. 因 $\sum_{n=0}^{\infty} c_n(z-2)^n$ 在 $z=0$ 处收敛,根据阿贝尔定理,该级数在 $|z-2|<2$ 即 $0<z<4$ 内绝对收敛,故在 $z=3$ 处不可能发散.

6. 求下列幂级数的收敛半径:

2) $\sum_{n=1}^{\infty} \frac{(n!)^2}{n^n} z^n$.

解
$$R = \lim_{n\to\infty}\left|\frac{c_n}{c_{n+1}}\right| = \lim_{n\to\infty} \frac{(n!)^2}{n^n} \Big/ \frac{[(n+1)!]^2}{(n+1)^{n+1}}$$
$$= \lim_{n\to\infty} \frac{1}{n+1}\left(1+\frac{1}{n}\right)^n = 0.$$

4) $\sum_{n=1}^{\infty} e^{i\frac{\pi}{n}} z^n$.

解
$$R = \lim_{n\to\infty} \frac{1}{\sqrt[n]{|c_n|}} = \lim_{n\to\infty} \frac{1}{\left|e^{\frac{\pi}{n}i}\right|^{\frac{1}{n}}} = 1.$$

5) $\sum_{n=1}^{\infty}\operatorname{ch}\left(\frac{i}{n}\right)(z-1)^{n}$.

解 $R=\lim_{n\to\infty}\left|\frac{c_n}{c_{n+1}}\right|=\lim_{n\to\infty}\left|\frac{\operatorname{ch}\frac{i}{n}}{\operatorname{ch}\frac{i}{n+1}}\right|=\lim_{n\to\infty}\left|\frac{\cos\frac{1}{n}}{\cos\frac{1}{n+1}}\right|=1.$

6) $\sum_{n=1}^{\infty}\left(\frac{z}{\ln in}\right)^{n}$.

解 $R=\lim_{n\to\infty}\frac{1}{\sqrt[n]{|c_n|}}=\lim_{n\to\infty}|\ln in|=\lim_{n\to\infty}\left|\ln n+\frac{\pi}{2}i\right|=$ $\lim_{n\to\infty}\sqrt{(\ln n)^2+\frac{\pi^2}{4}}=+\infty$.

7. 如果 $\sum_{n=0}^{\infty}c_nz^n$ 的收敛半径为 R,证明 $\sum_{n=0}^{\infty}(\operatorname{Re}c_n)z^n$ 的收敛半径 $\geqslant R$.[提示:$|(\operatorname{Re}c_n)z^n|<|c_n||z|^n$.]

解 在级数 $\sum_{n=0}^{\infty}c_nz^n$ 的收敛圆 $|z|=R$ 内任取一点 z_0,由于 $|(\operatorname{Re}c_n)z_0^n|\leqslant|c_n||z_0|^n=|c_nz_0^n|$,级数 $\sum_{n=0}^{\infty}c_nz_0^n$ 绝对收敛,所以级数 $\sum_{n=0}^{\infty}(\operatorname{Re}c_n)z_0^n$ 也绝对收敛.由 z_0 的任意性知,级数 $\sum_{n=0}^{\infty}(\operatorname{Re}c_n)z^n$ 的收敛半径 $\widetilde{R}\geqslant R$.

10. 如果级数 $\sum_{n=0}^{\infty}c_nz^n$ 在它的收敛圆的圆周上一点 z_0 处绝对收敛,证明它在收敛圆所围的闭区域上绝对收敛.

证 只要证明级数 $\sum_{n=0}^{\infty}c_nz^n$ 在收敛圆周 K 上任一点都绝对收敛即可.设该级数收敛半径为 R,任取 $z\in K$,则

$$\lim_{n\to\infty}\frac{|c_nz^n|}{|c_nz_0^n|}=\lim_{n\to\infty}\frac{|c_n|R^n}{|c_n|R^n}=1.$$

根据正项级数的比较准则得知，对于 K 上的任意一点 z，正项级数 $\sum_{n=0}^{\infty} |c_n z^n|$ 均收敛，故原级数绝对收敛.

11. 把下列各函数展开成 z 的幂级数，并指出它们的收敛半径：

6）$e^{z^2}\sin z^2$.

解

$$
\begin{aligned}
e^{z^2}\sin z^2 &= \left(1+z^2+\frac{z^4}{2!}+\frac{z^6}{3!}+\cdots\right)\left(z^2-\frac{z^6}{3!}+\frac{z^{10}}{5!}+\cdots\right) \\
&= z^2+z^4+\left(\frac{1}{2!}-\frac{1}{3!}\right)z^6+\left(\frac{1}{3!}-\frac{1}{3!}\right)z^8 \\
&\quad +\left(\frac{1}{5!}+\frac{1}{4!}-\frac{1}{2!3!}\right)z^{10}+\cdots \\
&= z^2+z^4+\frac{1}{3}z^6-\frac{1}{30}z^{10}+\cdots,\quad R=+\infty.
\end{aligned}
$$

7）$e^{\frac{z}{z-1}}$.

解　参见本章例题分析例 4.4.

8）$\sin\dfrac{1}{1-z}$.

提示：

$$
\begin{aligned}
\sin\frac{1}{1-z} &= \sin\left(1+\frac{z}{1-z}\right) \\
&= \sin 1\cos\frac{z}{1-z}+\cos 1\sin\frac{z}{1-z}.
\end{aligned}
$$

解

$$
\begin{aligned}
\sin\frac{1}{1-z} &= \sin\left(1+\frac{z}{1-z}\right) \\
&= \sin 1\cos\frac{z}{1-z}+\cos 1\sin\frac{z}{1-z},
\end{aligned}
$$

而

$$
\begin{aligned}
\cos\frac{z}{1-z} &= 1-\frac{1}{2!}\left(\frac{z}{1-z}\right)^2+\frac{1}{4!}\left(\frac{z}{1-z}\right)^4-\cdots \\
&= 1-\frac{1}{2!}(z+z^2+z^3+\cdots)^2+\frac{1}{4!}(z+z^2+z^3+\cdots)^4-\cdots \\
&= 1-\frac{1}{2}z^2-z^3+\cdots,\quad |z|<1,
\end{aligned}
$$

$$\sin\frac{z}{1-z}=\frac{z}{1-z}-\frac{1}{3!}\left(\frac{z}{1-z}\right)^3+\cdots$$
$$=(z+z^2+z^3+\cdots)-\frac{1}{3!}(z+z^2+z^3+\cdots)^3+\cdots$$
$$=z+z^2+\frac{5}{6}z^3+\cdots,\quad |z|<1,$$

所以，

$$\sin\frac{1}{1-z}=\sin 1+(\cos 1)z+\left(\cos 1-\frac{1}{2}\sin 1\right)z^2$$
$$+\left(\frac{5}{6}\cos 1-\sin 1\right)z^3+\cdots,\quad R=1.$$

注 有人说，上述做法太麻烦了. 为什么不直接用下面的方法呢？

$$\sin\frac{1}{1-z}=\frac{1}{1-z}-\frac{1}{3!}\left(\frac{1}{1-z}\right)^3+\frac{1}{5!}\left(\frac{1}{1-z}\right)^5-\cdots$$
$$=(1+z+z^2+z^3+\cdots)-\frac{1}{3!}(1+z+z^2+z^3+\cdots)^3$$
$$+\frac{1}{5!}(1+z+z^2+z^3+\cdots)^5-\cdots.$$

由上式读者不难发现，这种做法更加困难！因为右端（无穷多项）每一项都含有 z 的各次幂项，很难通过合并 z 的同次幂项求得 z 的各次幂的系数.

12. 求下列各函数在指定点 z_0 处的泰勒展开式，并指出它们的收敛半径：

3）$\frac{1}{z^2}$, $z_0=-1$.

解 由于 $\frac{1}{z}=\frac{1}{(z+1)-1}=-\sum_{n=0}^{\infty}(z+1)^n$, $|z+1|<1$，逐项求导即可求得 $\frac{1}{z^2}$ 在 $z_0=-1$ 处的泰勒展开式.

6）$\arctan z$, $z_0=0$.

解　由于$\frac{1}{1+z^2}=\sum_{n=0}^{\infty}(-1)^{n-1}z^{2n}$, $|z|<1$,逐项积分即可求得 $\arctan z$ 在 $z_0=0$ 处的泰勒展开式.

13. 为什么在区域 $|z|<R$ 内解析且在区间 $(-R,R)$ 取实数值的函数 $f(z)$ 展开成 z 的幂级数时,展开式的系数都是实数?

答　因为解析函数 $f(z)$ 在区间 $(-R,R)$ 内就是实变函数,所以泰勒系数 $c_n=\frac{f^{(n)}(0)}{n!}$ 中的 $f^{(n)}(0)$ 就是实变函数 $f(x)$ 在 $x=0$ 处 n 阶导数的值,自然应当是实数. 再根据解析函数展开为幂级数的唯一性,$f(z)$ 在 $|z|<R$ 内展开为幂级数的系数也应当是同样的实数.

14. 证明在 $f(z)=\cos\left(z+\frac{1}{z}\right)$ 以 z 的各幂表出的洛朗展开式中的各系数为

$$c_n=\frac{1}{2\pi}\int_0^{2\pi}\cos(2\cos\theta)\cos n\theta\mathrm{d}\theta,(n=0,\pm1,\pm2,\cdots).$$

[提示:在公式(4.4.8)中,取 C 为 $|z|=1$,在此圆周上设积分变量 $\zeta=\mathrm{e}^{i\theta}$. 然后证明 c_n 的积分的虚部等于零.]

证　在洛朗系数公式中取 C 为单位圆周 $|z|=1$,则

$$c_n=\frac{1}{2\pi i}\oint_{|\zeta|=1}\frac{\cos(\zeta+\frac{1}{\zeta})}{\zeta^{n+1}}\mathrm{d}\zeta\quad(n=0,\pm1,\pm2,\cdots).$$

令 $\zeta=\mathrm{e}^{i\theta}$,代入上式得

$$c_n=\frac{1}{2\pi i}\int_0^{2\pi}\frac{\cos(\mathrm{e}^{i\theta}+\mathrm{e}^{-i\theta})}{\mathrm{e}^{i(n+1)\theta}}i\mathrm{e}^{i\theta}\mathrm{d}\theta=\frac{1}{2\pi}\int_0^{2\pi}\frac{\cos(2\cos\theta)}{\mathrm{e}^{in\theta}}\mathrm{d}\theta$$

$$=\frac{1}{2\pi}\int_0^{2\pi}\cos(2\cos\theta)(\cos n\theta+i\sin n\theta)\mathrm{d}\theta.$$

利用被积函数是周期函数和奇函数的性质得:

$$\mathrm{Im}(c_n)=\frac{1}{2\pi}\int_0^{2\pi}\cos(2\cos\theta)\sin n\theta\mathrm{d}\theta$$

$$= \frac{1}{2\pi}\int_{-\pi}^{\pi}\cos(2\cos\theta)\sin n\theta\mathrm{d}\theta = 0,$$

从而有 $c_n = \dfrac{1}{2\pi}\displaystyle\int_0^{2\pi}\cos(2\cos\theta)\cos n\theta\mathrm{d}\theta.$

15. 下列结论是否正确?

用长除法得

$$\frac{z}{1-z} = z + z^2 + z^3 + z^4 + \cdots,$$

$$\frac{z}{z-1} = 1 + \frac{1}{z} + \frac{1}{z^2} + \frac{1}{z^3} + \cdots.$$

因为
$$\frac{z}{1-z} + \frac{z}{z-1} = 0,$$

所以
$$\cdots + \frac{1}{z^3} + \frac{1}{z^2} + \frac{1}{z} + 1 + z + z^2 + z^3 + z^4 + \cdots = 0.$$

答 不正确. 因为前一展开式的收敛域为 $|z| < 1$,而后一展开式的收敛域为 $|z| > 1$,没有共同的收敛域,不能相加.

16. 把下列各函数在指定的圆环域内展开成洛朗级数:

4) $\mathrm{e}^{\frac{1}{1-z}}$, $1 < |z| < +\infty$.

解 $\mathrm{e}^{\frac{1}{1-z}} = 1 + \dfrac{1}{1-z} + \dfrac{1}{2!}\left(\dfrac{1}{1-z}\right)^2 + \dfrac{1}{3!}\left(\dfrac{1}{1-z}\right)^3 + \cdots$,又

$$\frac{1}{1-z} = -\frac{1}{z}\cdot\frac{1}{1-\frac{1}{z}} = -\frac{1}{z}\left(1 + \frac{1}{z} + \frac{1}{z^2} + \frac{1}{z^3} + \cdots\right)$$

$$= -\left(\frac{1}{z} + \frac{1}{z^2} + \frac{1}{z^3} + \frac{1}{z^4} + \cdots\right), \quad 1 < |z| < +\infty,$$

代入得

$$\mathrm{e}^{\frac{1}{1-z}} = 1 - \left(\frac{1}{z} + \frac{1}{z^2} + \frac{1}{z^3} + \frac{1}{z^4} + \cdots\right) + \frac{1}{2!}\left(\frac{1}{z} + \frac{1}{z^2} + \frac{1}{z^3} + \cdots\right)^2$$

$$- \frac{1}{3!}\left(\frac{1}{z} + \frac{1}{z^2} + \frac{1}{z^3} + \cdots\right)^3 + \frac{1}{4!}\left(\frac{1}{z} + \frac{1}{z^2} + \frac{1}{z^3} + \cdots\right)^4$$

$$= 1 - \frac{1}{z} - \frac{1}{2!z^2} - \frac{1}{3!z^3} + \frac{1}{4!z^4} + \cdots, \quad 1 < |z| < +\infty.$$

5) $\dfrac{1}{z^2(z-i)}$，在以 i 为中心的圆环域内.

解 由于$\dfrac{1}{z^2(z-i)}$有两个奇点 $z_1 = 0, z_2 = i$,故以 $z = i$ 为中心的圆环域有两个:$0 < |z-i| < 1$ 与 $1 < |z-i| < +\infty$.

在 $0 < |z-i| < 1$ 内展开,得

$$\frac{1}{z^2(z-i)} = \frac{1}{(z-i)} \cdot \frac{1}{i^2} \cdot \frac{1}{\left(1 + \dfrac{z-i}{i}\right)^2}$$

$$= \sum_{n=1}^{\infty} (-1)^{n-1} \frac{n(z-i)^{n-2}}{i^{n+1}};$$

在 $1 < |z-i| < +\infty$ 内展开,得

$$\frac{1}{z^2(z-i)} = \frac{1}{(z-i)^3} \cdot \frac{1}{\left(1 + \dfrac{i}{z-i}\right)^2} = \sum_{n=0}^{\infty} (-1)^n \frac{(n+1)i^n}{(z-i)^{n+3}}.$$

17. 函数 $\tan\left(\dfrac{1}{z}\right)$能否在圆环域 $0 < |z| < R(0 < R < +\infty)$ 内展开成洛朗级数?为什么?

答 参见本章释疑解难问题 4.6 的最后一段.

18. 如果 k 为满足关系 $k^2 < 1$ 的实数,证明

$$\sum_{n=0}^{\infty} k^n \sin(n+1)\theta = \frac{\sin\theta}{1 - 2k\cos\theta + k^2};$$

$$\sum_{n=0}^{\infty} k^n \cos(n+1)\theta = \frac{\cos\theta - k}{1 - 2k\cos\theta + k^2}.$$

[提示:对 $|z| > k$ 展开 $(z-k)^{-1}$ 成洛朗级数,并在展开式的结果中置 $z = e^{i\theta}$,再令两边的实部与实部相等,虚部与虚部相等.]

证 由于在圆环域 $k < |z| < +\infty$ $(k^2 < 1)$ 内,

$$\frac{1}{z-k}=\frac{1}{z}\cdot\frac{1}{1-\frac{k}{z}}=\sum_{n=0}^{\infty}\frac{k^n}{z^{n+1}},$$

单位圆 $|z|=1$ 上的点 z 在此圆环域内,令 $z=e^{i\theta}$ 并分别代入上式两端可得:

$$\frac{1}{z-k}=\frac{\cos\theta-k-i\sin\theta}{1-2k\cos\theta+k^2},$$

$$\sum_{n=0}^{\infty}\frac{k^n}{z^{n+1}}=\sum_{n=0}^{\infty}\frac{k^n}{\cos(n+1)\theta+i\sin(n+1)\theta}$$

$$=\sum_{n=0}^{\infty}k^n[\cos(n+1)\theta-i\sin(n+1)\theta].$$

令它们的实部和虚部分别相等即得所要证明的等式.

第五章 留　　数

内容提要

留数理论是复变函数中的重要内容,它是积分理论的继续和发展,在理论研究和实际应用中都具有重要的意义.本章主要内容包括:孤立奇点的分类与解析函数在孤立奇点邻域内的性态;留数与留数定理;留数的应用(计算实积分、解析函数零点的个数及其分布等).

一、孤立奇点的分类与解析函数在孤立奇点邻域内的性态

1. 有限孤立奇点的概念及其分类

定义　若函数 $f(z)$ 在 $z_0\neq\infty$ 处不解析,但在 z_0 的某一去心邻域 $0<|z-z_0|<\delta$ 内处处解析,则称 z_0 为 $f(z)$ 的有限孤立奇点.

有限孤立奇点的分类:　按 $f(z)$ 在以其孤立奇点 z_0 为中心的洛朗展开式中不含、只含有限个、含无限多个 $z-z_0$ 的负幂项分为可去奇点、极点、本性奇点三类.

2. 解析函数在有限孤立奇点邻域内的性态

z_0 为 $f(z)$ 可去奇点的充要条件为 $\lim\limits_{z\to z_0}f(z)$ 存在且有限;

z_0 为 $f(z)$ 极点的充要条件是 $\lim\limits_{z\to z_0}f(z)=\infty$;

z_0 为 $f(z)$ 本性奇点的充要条件是 $\lim\limits_{z\to z_0}f(z)$ 不存在且不为 ∞.

3. 判定有限孤立奇点类型的方法

先判定奇点 z_0 是否孤立，然后再利用下表（见 101 页）所列举的方法判定其类型.

注 判定解析函数 $f(z)$ 零点的方法（不恒为零的解析函数的零点是孤立的）.

(1) 利用零点的定义. 若 $f(z)$ 不恒为 0，且 $f(z)=(z-z_0)^m\cdot\varphi(z)$，$\varphi(z)$ 在 z_0 解析，且 $\varphi(z_0)\neq 0$，则 z_0 为 $f(z)$ 的 m 级零点.

(2) 利用零点的充要条件. z_0 为 $f(z)$ 的 m 级零点的充要条件是：$f^{(n)}(z_0)=0\ (n=0,1,2,\cdots,m-1)$，$f^{(m)}(z_0)\neq 0$.

<table>
<tr><th>奇点的类型</th><th>法（Ⅰ）
将 $f(z)$ 展成洛朗级数</th><th>法（Ⅱ）
研究极限 $\lim\limits_{z\to z_0}f(z)$</th><th>法（Ⅲ）
利用零点与极点的关系</th></tr>
<tr><td>可去奇点</td><td>不含 $z-z_0$ 的负幂项</td><td>存在且有限</td><td rowspan="3">(1) 若 $f(z)=\frac{1}{(z-z_0)^m}g(z)$，$g(z)$ 在 z_0 解析，且 $g(z_0)\neq 0$，则 z_0 为 $f(z)$ 的 m 级极点.
(2) 若 z_0 为 $f(z)$ 的 m 级零点，则 z_0 为 $\frac{1}{f(z)}$ 的 m 级极点.</td></tr>
<tr><td>极点</td><td>含有限多个 $z-z_0$ 的负幂项. 若其中最高次负幂项为 $(z-z_0)^{-m}$，则 z_0 为 $f(z)$ 的 m 级极点.</td><td>∞</td></tr>
<tr><td>本性奇点</td><td>含无限多个 $z-z_0$ 的负幂项</td><td>不存在且不为 ∞</td></tr>
</table>

4. 解析函数在无穷远点的性态

无穷远点 ∞ 总是复变函数的奇点.

定义 若 $f(z)$ 在无穷远点 ∞ 的去心邻域 $R<|z|<+\infty$ 内解析，则称 $z=\infty$ 为 $f(z)$ 是孤立奇点.

分类与性态 通过变换 $t=\frac{1}{z}$，将研究 $f(z)$ 在孤立奇点 $z=\infty$ 处的分类与性态转化为研究函数 $f\left(\frac{1}{t}\right)$ 在孤立奇点 $t=0$ 处的分类与性态. 若 $t=0$ 为 $f(\frac{1}{t})$ 的可去奇点、极点、本性奇点，则 $z=\infty$ 就是 $f(z)$ 的可去奇点、极点、本性奇点.

$z=\infty$ 为 $f(z)$ 的可去奇点、极点、本性奇点的充要条件分别是 $\lim\limits_{z\to\infty}f(z)$ 存在且有限、$\lim\limits_{z\to\infty}f(z)=\infty$ 、$\lim\limits_{z\to\infty}f(z)$ 不存在且不为 ∞ .

若 $f(z)$ 在 $z=\infty$ 的去心邻域 $R<|z|<+\infty$ 内的洛朗级数中不含 z 的正幂项、含有限多个 z 的正幂项，且最高正幂项为 z^m、含无限多个 z 的正幂项，则 $z=\infty$ 为 $f(z)$ 的可去奇点、m 级极点、本性奇点.

二、留数与留数定理

1. 留数的定义

设 z_0 为 $f(z)$ 的有限孤立奇点，$f(z)$ 在 z_0 的去心邻域 $0<|z-z_0|<R$ 内解析，C 为该域内包含 z_0 的任一正向简单闭曲线，则称积分 $\frac{1}{2\pi i}\oint_C f(z)\,\mathrm{d}z$ 为 $f(z)$ 在 z_0 的留数(或残数)，记作

$$\mathrm{Res}[f(z),z_0]=\frac{1}{2\pi i}\oint_C f(z)\,\mathrm{d}z. \tag{5.1}$$

若 $z=\infty$ 为 $f(z)$ 的孤立奇点，则 $f(z)$ 在 $z=\infty$ 的留数定义为

$$\mathrm{Res}[f(z),\infty]=\frac{1}{2\pi i}\oint_{C^-} f(z)\,\mathrm{d}z, \tag{5.2}$$

其中 C 为 $R<|z|<+\infty$ 内绕原点的任一正向简单闭曲线.

2. 留数的计算方法

(1) 基本方法. 若 z_0 是 $f(z)$ 的有限孤立奇点，则 $\mathrm{Res}[f(z),z_0]=c_{-1}$，其中 c_{-1} 为洛朗级数中 $(z-z_0)^{-1}$ 的系数；若 ∞ 是 $f(z)$ 的孤立奇点，则 $\mathrm{Res}[f(z),\infty]=-c_{-1}$，其中 c_{-1} 为洛朗级数中 z^{-1} 的系数.

(2) 可去奇点处的留数. 若 z_0 为 $f(z)$ 的有限可去奇点，则

$\mathrm{Res}[f(z),z_0]=0$.（若 $z_0=\infty$ 是 $f(z)$ 的可去奇点,则 $\mathrm{Res}[f(z),\infty]$ 不一定等于 0.）

（3）有限极点处留数的计算方法

法则 Ⅰ 若 z_0 为 $f(z)$ 的 m 级极点,则

$$\mathrm{Res}[f(z),z_0]=\frac{1}{(m-1)!}\lim_{z\to z_0}\frac{\mathrm{d}^{m-1}}{\mathrm{d}z^{m-1}}[(z-z_0)^m f(z)]. \tag{5.3}$$

特别,若 z_0 为 $f(z)$ 的一级极点,则

$$\mathrm{Res}[f(z),z_0]=\lim_{z\to z_0}(z-z_0)f(z). \tag{5.4}$$

法则 Ⅱ 设 $f(z)=\dfrac{P(z)}{Q(z)}$,$P(z)$ 与 $Q(z)$ 在 z_0 解析,$P(z_0)\neq 0$,z_0 为 $Q(z)$ 的一级零点,则

$$\mathrm{Res}\left[\frac{P(z)}{Q(z)},z_0\right]=\frac{P(z_0)}{Q'(z_0)}. \tag{5.5}$$

（4）无穷远点 $z=\infty$ 处留数的计算方法

$$\mathrm{Res}[f(z),\infty]=-\mathrm{Res}\left[f\left(\frac{1}{z}\right)\cdot\frac{1}{z^2},0\right]. \tag{5.6}$$

3. 留数定理

设 $f(z)$ 在区域 D 内除有限个有限孤立奇点 $z_1,z_2,\cdots,z_n$ 外处处解析,C 为 D 内包围诸奇点的一条正向简单闭曲线,则

$$\oint_C f(z)\,\mathrm{d}z=2\pi i\sum_{k=1}^{n}\mathrm{Res}[f(z),z_k]. \tag{5.7}$$

留数定理把求沿简单封闭曲线 C 积分（也称围道积分）的整体问题转化为求被积函数 $f(z)$ 在 C 内各孤立奇点处留数的局部问题.

如果 C 内孤立奇点很多,或者 $f(z)$ 在这些奇点处的留数计算非常复杂（例如,极点的级数很高）,那么,用留数定理来计算围道积分就产生很大的困难.在这种情况下,可利用下面的定理将计算这些有限孤立奇点处的留数问题转化为计算无穷远点 ∞ 处的留数问题,从

而为围道积分的计算提供一种比较简便的方法.

定理　若函数 $f(z)$ 在扩充复平面上除有限孤立奇点 $z_k(k=1,2,\cdots,n)$ 和 ∞ 外处处解析,则

$$\operatorname{Res}[f(z),\infty]+\sum_{k=1}^{n}\operatorname{Res}[f(z),z_k]=0. \tag{5.8}$$

三、留数的应用

1. 计算实积分

(1) $\int_0^{2\pi}R(\cos\theta,\sin\theta)\,\mathrm{d}\theta$,其中 $R(\cos\theta,\sin\theta)$ 为 $\cos\theta$ 与 $\sin\theta$ 的有理函数. 令 $z=\mathrm{e}^{i\theta}$,则由欧拉公式得

$$\begin{aligned}\int_0^{2\pi}R(\cos\theta,\sin\theta)\,\mathrm{d}\theta&=\oint_{|z|=1}R\left(\frac{z^2+1}{2z},\frac{z^2-1}{2iz}\right)\frac{\mathrm{d}z}{iz}\\&=\oint_{|z|=1}f(z)\,\mathrm{d}z.\end{aligned}$$

只要 $f(z)=\dfrac{1}{iz}R\left(\dfrac{z^2+1}{2z},\dfrac{z^2-1}{2iz}\right)$ 的分母在 $|z|=1$ 上不为零,就可用留数定理计算该积分的值.

(2) $\int_{-\infty}^{+\infty}R(x)\,\mathrm{d}x$,其中 $R(x)$ 为 x 的有理函数,且分母的次数比分子的次数至少高二次,$R(z)$ 在实轴上无孤立奇点. 则

$$\int_{-\infty}^{+\infty}R(x)\,\mathrm{d}x=2\pi i\sum\operatorname{Res}[R(z),z_k],$$

其中 z_k 为 $R(z)$ 在上半平面内的极点.

(3) $\int_{-\infty}^{+\infty}R(x)\mathrm{e}^{iax}\,\mathrm{d}x\ (a>0)$,其中 $R(x)$ 是 x 的有理函数,分母的次数比分子次数至少高一次,且 $R(z)$ 在实轴上无孤立奇点. 则

$$\int_{-\infty}^{+\infty}R(x)\mathrm{e}^{iax}\,\mathrm{d}x=2\pi i\sum\operatorname{Res}[R(z)\mathrm{e}^{iaz},z_k],$$

其中 z_k 为 $R(z)$ 在上半平面内的极点.

***2. 判定解析函数零点的个数与分布**

(1) 对数留数的计算

设 $f(z)$ 在简单正向闭曲线 C 上解析且不为零,在 C 的内部除有限个极点外处处解析,则 $f(z)$ 关于 C 的对数留数

$$\frac{1}{2\pi i}\oint_C \frac{f'(z)}{f(z)}\mathrm{d}z = N(f,C) - P(f,C),$$

其中 $N(f,C)$ 与 $P(f,C)$ 分别表示 $f(z)$ 在 C 内零点与极点的个数(一个 m 级零点或极点算作 m 个零点或极点).

(2) 判定零点的个数(辐角原理)

若 $f(z)$ 在正向简单闭曲线 C 上及 C 内解析,且在 C 上不等于零,则

$$N(f,c) = \frac{1}{2\pi}\Delta_{C^+}\mathrm{Arg}f(z),$$

其中 $\Delta_{C^+}\mathrm{Arg}f(z)$ 表示当 z 沿 C 的正向绕行一周时 $f(z)$ 辐角的改变量.

(3) 判定零点的分布(路西(Rouché) 定理)

若 $f(z)$ 与 $g(z)$ 在正向简单闭曲线 C 上及 C 内解析,且在 C 上,$|f(z)| > |g(z)|$,则在 C 内 $f(z)$ 与 $f(z)+g(z)$ 零点的个数相同.

教学基本要求

1. **理解孤立奇点的分类**(不包括无穷远点).
2. **理解留数概念,掌握极点处留数的求法**(不包括无穷远点).
3. **掌握留数定理.**
4. **掌握用留数求围道积分的方法.** 会用留数计算一些实积分.

释疑解难

问题 5.1　在使用各种方法判断解析函数的有限孤立奇点及其类型的时候应当注意哪些问题?

答　正确判断解析函数的孤立奇点及其类型是计算留数、用留数定理计算积分的第一步. 因此,读者应当切实注意,避免错误. 下面仅就有限孤立奇点的情形,根据初学者容易发生的错误说明几个应当注意的问题.

1. 解析函数的奇点不一定是孤立的,也就是说,可能存在非孤立奇点. 因此,一般应当先求出函数的所有奇点,再判定它们是否是孤立的. 容易证明:点 z_0 为函数 $f(z)$ 孤立奇点的充要条件是:(1) $f(z)$ 在 z_0 不可导;(2) $f(z)$ 在 z_0 的某去心邻域内处处可导. 在解题中用这个充要条件判断孤立奇点更为方便. 若条件(1) 不满足,则 z_0 肯定不是孤立奇点;若条件(1) 满足,再检验条件(2) 是否满足.

例如,$z=0$ 显然不是函数 $\dfrac{1}{1+z^2}$, $|z|^2$ 的孤立奇点,因为它们在 $z=0$ 都是可导的. 而函数 $\dfrac{1}{\cos\dfrac{1}{z}}$ 在 $z=0$ 无定义,所以不可导,$z=0$ 是它的奇点. 它是否是该函数的孤立奇点,还需检验条件(2) 是否成立. 由于 $z_k=\dfrac{1}{\left(k+\dfrac{1}{2}\right)\pi}=\dfrac{2}{(2k+1)\pi}$ $(k=0,\pm1,\pm2,\cdots)$ 是分母的零点,所以它们都是该函数的不可导点,因而都是奇点. 又因为当 $k\to\infty$ 时,$z_k\to0$,所以 $z=0$ 的任何去心邻域内都包含有该函数的这种不可导点(奇点),故 $z=0$ 不是孤立奇点. 此例表明,在判断奇点 z_0 是否是孤立奇点时,必须注意 z_0 是否为该函数某奇点点列 $\{z_k\}$ 的极限. 若是,则 z_0 不是孤立的.

2. 利用将 $f(z)$ 在 z_0 的去心邻域内展开为洛朗级数的方法来判定孤立奇点类型的时候,一定要分清什么是 z_0 的去心邻域. 例如,设 $f(z)=\dfrac{1}{1+z^2}$,容易看出 $z=\pm i$ 都是它的孤立奇点. 为了判断奇点 $z_0=i$ 的类型,有人采用下面的方法:因为在区域 $2<|z-i|<+\infty$ 内,

$$\frac{1}{1+z^2}=\sum_{n=2}^{+\infty}(-2i)^{n-2}(z-i)^{-n},$$

右端的洛朗级数中含有 $z-i$ 无限多个负幂项,所以 $z=i$ 是该函数的本性奇点. 这样做对吗?不对. 因为上式右端的洛朗级数仅在圆环域 $2<|z-i|<+\infty$ 内收敛于 $\dfrac{1}{1+z^2}$,但此圆环域不是 $z_0=i$ 的去心邻域,而是无穷远点的去心邻域. 实际上,利用零点和极点的关系易知 $z_0=i$ 是函数 $\dfrac{1}{1+z^2}$ 的一级极点.

3. 利用解析函数零点与极点的关系是判定函数的极点及其级数简洁而有效的常用方法. 为了判定 $f(z)$ 的极点及其级数,只要判定 $\dfrac{1}{f(z)}$ 的零点及其级数. 因此,下面的结论是很有用的. 若 $z=a$ 分别是 $\varphi(z)$ 与 $\psi(z)$ 的 m 级与 n 级零点,则(1) $z=a$ 是 $\varphi(z)\cdot\psi(z)$ 的 $m+n$ 级零点;(2) 当 $m>n$ 时,$z=a$ 是 $\dfrac{\varphi(z)}{\psi(z)}$ 的 $m-n$ 级零点;当 $m<n$ 时,$z=a$ 是 $\dfrac{\varphi(z)}{\psi(z)}$ 的 $n-m$ 级极点;当 $m=n$ 时,$z=a$ 是 $\dfrac{\varphi(z)}{\psi(z)}$ 的可去奇点;(3) 当 $m\neq n$ 时,$z=a$ 是 $\varphi(z)+\psi(z)$ 的 l 级零点,$l=\min\{m,n\}$;当 $m=n$ 时,$z=a$ 是 $\varphi(z)+\psi(z)$ 的 l 级零点,其中 $l\geqslant m$(见教材第五章习题6). 例如,考察 $f(z)=\dfrac{z\sin z}{(e^z-z-1)^2}$. 由于 $z=0$ 是 z 与 $\sin z$ 的一级零点,所以是分子的二级零点. 又设 $Q(z)=e^z-$

$z-1$,显然 $Q(0)=Q'(0)=0, Q''(0)=1\neq 0$,故 $z=0$ 是 $Q(z)$ 的二级零点,从而是分母的四级零点. 因此,$z=0$ 是 $f(z)$ 的二级极点.

判定函数有限孤立奇点类型(特别是判断极点及其级数)的方法很多,所以要灵活选择比较简便的方法. 对同一个函数,其中的不同因子或不同项可采用不同的方法. 考察极限 $\lim\limits_{z\to z_0} f(z)$ 的情况也是可用的方法之一,但这种方法由于不能判定极点的级数,所以在判定极点时很少应用.

上面所说的许多问题,对于判定 ∞ 的类型也是有用的. 请读者自己去总结这方面的问题.

问题 5.2 有人用下面的方法判断函数 $f(z)=\dfrac{z}{(1+z^2)e^{1/z}}$ 的孤立奇点 $z=0$ 的类型. 由于当 $z\to 0$ 时,$\dfrac{1}{z}\to\infty$,从而 $e^{1/z}\to\infty$,$\lim\limits_{z\to 0} f(z)=0$,故 $z=0$ 是 $f(z)$ 的可去奇点. 这样做对吗?如有错误,指出错在何处,并给出正确的解法.

答 做法和结论都是错误的. 因为当 $z\to 0$ 时,$e^{1/z}\not\to\infty$. 事实上,若取 $z_n=\dfrac{1}{2n\pi i}$,则当 $n\to+\infty$ 时,$z_n\to 0$,但由于

$$e^{\frac{1}{z_n}}=e^{2n\pi i}=1.$$

所以当 $n\to+\infty$(即 z 沿 $\{z_n\}$ 趋于零)时,$e^{\frac{1}{z_n}}\to 1$. 产生这种错误的原因在于对复指数函数的概念及其性质认识不清,把它混同于实指数函数(实际上,即使对于实指数函数 $e^{\frac{1}{x}}$,仅当 $x\to 0^+$ 时,才有 $e^{\frac{1}{x}}\to+\infty$,而当 $x\to 0^-$ 时,$e^{\frac{1}{x}}\to 0$). 下面给出正确的解法.

如上所说,若取 $z_n=\dfrac{1}{2n\pi i}$,则当 $n\to+\infty$(即 z 沿 $\{z_n\}$ 趋于零)时,$e^{\frac{1}{z_n}}\to 1$;若取 $z_n=\dfrac{1}{\left(2n\pi+\dfrac{\pi}{2}\right)i}$,则当 $n\to+\infty$(即 z 沿 $\{z_n\}$ 趋于

零）时，由于

$$e^{\frac{1}{z_n}} = e^{(2n\pi+\frac{\pi}{2})i} = e^{\frac{\pi}{2}i} = i,$$

所以 $e^{\frac{1}{z_n}} \to i$. 就是说，当 z 沿不同数列 $\{z_n\}$ 趋于零时，$e^{\frac{1}{z}}$ 趋于不同的数. 因此，当 $z \to 0$ 时，$f(z)$ 的极限既不存在，也不是 ∞. 故 $z = 0$ 是 $f(z)$ 的本性奇点.

读者也可以用将 $f(z)$ 在 $z = 0$ 的去心邻域内展开为洛朗级数的方法说明 $z = 0$ 是 $f(z)$ 的本性奇点.

问题 5.3 如何选择适当的方法求出解析函数在有限孤立奇点处的留数?

答 首先，应按照问题5.1中所说的方法求出函数的孤立奇点，并正确地判断它们的类型.

如果某些奇点的类型不易判定，而且题目也不要求判断奇点类型，那么，就可直接利用求留数的基本方法，即将 $f(z)$ 在孤立奇点 z_0 的去心邻域 $0 < |z - z_0| < R$ 内展开为洛朗级数，求出其中 $(z - z_0)^{-1}$ 的系数，从而得到 $f(z)$ 在 z_0 处的留数，这是对于三类奇点都适用的方法（实际上，它也是判定奇点类型的有效方法.）. 例如，问题5.2中函数 $f(z) = \dfrac{z}{(1+z^2)e^{\frac{1}{z}}}$ 的奇点 $z = 0$ 的类型不容易判定，我们就可以用这种方法直接求出它的留数. 由于在 $z = 0$ 的去心邻域 $0 < |z| < 1$ 内，该函数的洛朗展开式为：

$$\frac{z}{(1+z^2)e^{\frac{1}{z}}}$$

$$= z(1 - z^2 + z^4 - \cdots)\left(1 - \frac{1}{z} + \frac{1}{21}\cdot\frac{1}{z^2} - \frac{1}{3!}\cdot\frac{1}{z^3} + \cdots\right),$$

$$0 < |z| < 1.$$

利用级数的乘法可得 z^{-1} 的系数

$$c_{-1}=\frac{1}{2!}-\frac{1}{4!}+\frac{1}{6!}=\cdots=1-\cos 1,$$

所以 $\mathrm{Res}[f(z),0]=1-\cos 1$.

但是,将一个函数在圆环域内展开为洛朗级数并不是一件轻而易举的事,有时候还相当复杂. 因此,它虽然是一种普遍适用的方法,但并非对所有的函数和各种类型的奇点都是最快捷的方法. 如果能知道函数奇点的类型,就可以根据奇点的类型,有针对性地选择更简洁的方法. 如果 z_0 是 $f(z)$ 的可去奇点,那么 $\mathrm{Res}[f(z),z_0]=0$;如果 z_0 是 $f(z)$ 的本性奇点,只能采用展开为洛朗级数的方法,求出 c_{-1};如果 z_0 是 $f(z)$ 的极点,那么,可根据函数 $f(z)$ 的具体结构和极点的级数选择不同的方法. 求极点处留数法则 Ⅰ(即公式(5.3))是可用于求任何级极点处留数的一般方法,具有普遍适用性. 但由于在使用过程中需要求导数和极限,所以,当极点的级数较高时,计算可能相当繁杂. 例如,当极点级数 $m\geqslant 3$ 时,计算工作量就可能很大. 在这种情况下,我们应当对题目进行仔细分析,灵活地选用上述各种方法和其它技巧. 例如,由于公式(5.3)对于极点的实际级数比 m 低的情形也成立(见教材第 159 页),因此,有时可选取 m 比极点的实际级数高,以便简化计算;由于洛必达(L'Hospital)法则对于解析函数也成立(见教材第五章习题 5),因此可用该法则求公式(5.3)中可能遇到的不定式的极限. 下面举几个例子来说明.

例 1　求 $f(z)=\dfrac{1-\cos z}{z^6}$ 在 $z=0$ 处的留数.

解　由于 $z=0$ 是分子的二级零点,分母的六级零点,所以它是 $f(z)$ 的四级极点. 应用公式(5.3),那么

$$\begin{aligned}\mathrm{Res}[f(z),0]&=\frac{1}{3!}\lim_{z\to\infty}\frac{\mathrm{d}^3}{\mathrm{d}z^3}\left(z^4\cdot\frac{1-\cos z}{z^6}\right)\\&=\frac{1}{3!}\lim_{z\to\infty}\frac{\mathrm{d}^3}{\mathrm{d}z^3}\left(\frac{1-\cos z}{z^2}\right),\end{aligned}$$

由于求导次数较高,这种方法比较麻烦.

但弱在公式(5.3)中取 $m=6$,则有

$$\operatorname{Res}[f(z),0]=\frac{1}{5!}\lim_{z\to\infty}\frac{\mathrm{d}^5}{\mathrm{d}z^5}\left(z^6\cdot\frac{1-\cos z}{z^6}\right)$$

$$=\frac{1}{5!}\lim_{z\to\infty}\frac{\mathrm{d}^5}{\mathrm{d}z^5}(1-\cos z)=\frac{1}{5!}\lim_{z\to\infty}(\sin z)=0.$$

这样做要简便得多.

其实,用将 $f(z)$ 在 $z=0$ 的去心邻域 $0<|z|<+\infty$ 内展开为洛朗级数的方法也比较简便. 由于

$$\frac{1-\cos z}{z^6}=\frac{1}{z^6}\left(\frac{z^2}{2!}-\frac{z^4}{4!}+\frac{z^6}{6!}-\frac{z^8}{8!}+\cdots\right)$$

$$=\frac{1}{2!}\frac{1}{z^4}-\frac{1}{4!}\frac{1}{z^2}+\frac{1}{6!}-\frac{z^2}{8!}+\cdots,$$

所以 $\operatorname{Res}[f(z),0]=c_{-1}=0$.

例 2 设 $f(z)=\dfrac{z^2}{\sin^4 z}$,求 $\operatorname{Res}[f(z),0]$.

解 显然,$z=0$ 为 $f(z)$ 的二级极点,根据公式(5.3)并利用洛必达法则,便得

$$\operatorname{Res}[f(z),0]=\frac{1}{1!}\lim_{z\to 0}\frac{\mathrm{d}}{\mathrm{d}z}\left(z^2\cdot\frac{z^2}{\sin^4 z}\right)=\lim_{z\to 0}\frac{\mathrm{d}}{\mathrm{d}z}\left(\frac{z}{\sin z}\right)^4$$

$$=4\lim_{z\to 0}\left(\frac{z}{\sin z}\right)^3\cdot\frac{\sin z-z\cos z}{\sin^2 z}$$

$$=4\lim_{z\to 0}\frac{\sin z-z\cos z}{\sin^2 z}$$

$$=4\lim_{z\to 0}\frac{\cos z-\cos z+z\sin z}{2\sin z\cos z}=0.$$

若将例 2 中的函数改为 $f(z)=\dfrac{1}{\sin^4 z}$,则 $z=0$ 是四级极点. 按上面的方法,我们必须计算

$$\operatorname{Res}[f(z),0]=\frac{1}{3!}\lim_{z\to 0}\frac{\mathrm{d}^3}{\mathrm{d}z^3}\left(\frac{z}{\sin z}\right)^4,$$

其中包含$\left(\dfrac{z}{\sin z}\right)^4$的三阶导数，计算是相当复杂的！因此，采用将$f(z)$展开为洛朗级数的方法. 由于

$$\frac{1}{\sin^4 z}=\frac{1}{\left(z-\frac{1}{3!}z^3+\frac{1}{5!}z^5-\frac{z^7}{7!}+\cdots\right)^4}$$

$$=\frac{1}{z^4}\left[\frac{1}{\left(1-\frac{1}{3!}z^2+\frac{1}{5!}z^4-\frac{1}{7!}z^6+\cdots\right)^4}\right],\quad 0<|z|<+\infty,$$

注意到右端方括号内分母为复平面内的收敛幂级数，和函数是解析的，并且在$z=0$处不等于零，所以方括号内的部分在$z=0$处解析，可以展开为$z=0$处的泰勒级数. 又因为它是偶函数，泰勒级数中必不含z的奇次幂项，所以可以写成$1+c_2z^2+c_4z^4+c_6z^6+\cdots$，故

$$\frac{1}{\sin^4 z}=\frac{1}{z^4}+\frac{c_2}{z^2}+c_4+c_6z^2+\cdots,\qquad 0<|z|<+\infty,$$

从而得知$\text{Res}[f(z),0]=0$.

在计算围道积分的时候，常常还会遇到这样的情况：根据留数定理，

$$\oint_C f(z)\,\mathrm{d}z=2\pi i\sum_{k=1}^{n}\text{Res}[f(z),z_k],$$

但$f(z)$在C内的有限孤立奇点z_k或者较多，或者其中有的极点级数较高，或者某些奇点处的留数很难求得. 在这种情况下，可以利用(5.8)式将求C内各有限孤立奇点处的留数问题转化为求$f(z)$在C外的有限孤立奇点和无穷远点处的留数，从而使积分的计算得以简化.

例 3　计算积分$\oint_C \dfrac{z}{(1+z^2)\mathrm{e}^{\frac{1}{z}}}\mathrm{d}z$，其中$C$为正向圆周$|z|=r\ (r>1)$.

解 被积函数$f(z)=\dfrac{z}{(1+z^2)e^{\frac{1}{z}}}$在$C$内有三个奇点$z=\pm i$和$z=0$,其中$z=\pm i$都是一级极点,但$z=0$的类型不易判定.虽然上面已经判定了它是本性奇点并求出了留数,但是所用的方法都比较难,这就使利用留数定理计算该积分变得非常复杂.为了简便地求出该积分的值,我们先利用留数定理和(5.8)式将所求积分化为如下形式:

$$\oint_C \frac{z}{(1+z^2)e^{\frac{1}{z}}}dz=-2\pi i\text{Res}\left[\frac{z}{(1+e^2)e^{\frac{1}{z}}},\infty\right],$$

因此,只要求得∞处的留数就可以了.根据(5.6)式,

$$\text{Res}\left[\frac{z}{(1+z^2)e^{\frac{1}{z}}},\infty\right]=-\text{Res}\left[\frac{1}{z(1+z^2)e^z},0\right],$$

而$z=0$是函数$\dfrac{1}{z(1+z^2)e^z}$的一级极点,所以

$$\text{Res}\left[\frac{1}{z(1+z^2)e^z},0\right]=\lim_{z\to 0}z\cdot\frac{1}{z(1+z^2)e^z}=1,$$

从而便得$\displaystyle\oint_C\frac{1}{z(1+z^2)e^{\frac{1}{z}}}dz=2\pi i.$

问题 5.4 留数定理是柯西积分公式与高阶导数公式的推广,而柯西积分公式与高阶导数公式是留数定理的特殊情形.你能从留数定理推出柯西积分公式和高阶导数公式吗?

答 能.由于柯西积分公式是高阶导数公式当$n=0$时的特殊情形,因此只要说明能从留数定理推出高阶导数公式就可以了.设

$$F(z)=\frac{f(z)}{(z-z_0)^{n+1}}\quad(n=0,1,2,\cdots),$$

其中$f(z)$满足高阶导数公式中的条件,即$f(z)$在区域D内解析,所以$F(z)$在C内只有一个$n+1$级极点z_0.根据留数定理,

$$\oint_C F(z)\mathrm{d}z = 2\pi i\mathrm{Res}[F(z),z_0].$$

又由 m 级极点处的留数计算公式得

$$\begin{aligned}\mathrm{Res}[F(z),z_0] &= \frac{1}{n!}\lim_{z\to z_0}\frac{\mathrm{d}^n}{\mathrm{d}z^n}[(z-z_0)^{n+1}F(z)] \\ &= \frac{1}{n!}\lim_{z\to z_0}f^{(n)}(z) = \frac{1}{n!}f^{(n)}(z_0),\end{aligned}$$

从而有

$$\oint_C \frac{f(z)}{(z-z_0)^{n+1}}\mathrm{d}z = \frac{2\pi i}{n!}f^{(n)}(z_0), \qquad (n=0,1,2,\cdots),$$

于是便得高阶导数公式

$$f^{(n)}(z_0) = \frac{n!}{2\pi i}\oint_C \frac{f(z)}{(z-z_0)^{n+1}}\mathrm{d}z.$$

因此,柯西积分公式和高阶导数公式是留数定理当被积函数 $F(z)=\dfrac{f(z)}{(z-z_0)^{n+1}}$ 时的特殊情况,而留数定理是这两个公式的推广和发展,它们都是复变函数积分理论的重要组成部分.

有了留数定理,就使计算解析函数的围道积分有了统一的方法.不但凡是能用柯西积分公式和高阶导数公式计算的围道积分都能用留数定理来计算,而且那些不能用这两个公式计算的围道积分也可以用留数定理来计算. 当然不能因此认为这两个公式就无用武之地了. 实际上,细心的读者容易看到,这两个公式不但是解析函数的积分理论、级数理论的基础,就是在计算围道积分中仍然不失为一种可供选择的有效方法,读者切不可轻视它们!

问题 5.5 用留数和留数定理计算实积分的思路和解题步骤是什么?

答 利用留数和留数定理可以计算许多在高等数学中难以求解的实积分(包括无穷积分). 教材中介绍了三类实积分的计算方法,总结这些方法的解题思路和步骤,不仅可以加深对求解这三类实积分方法的理解,而且可以举一反三,计算一些更复杂的实积分.

这些方法的共同思路是:设法将所求实积分化为一个复变函数沿某条封闭曲线的积分,再利用留数定理,通过计算在该封闭曲线内所包含的被积函数各奇点处的留数求得积分的值. 对于第一种类型的实积分,即三角有理函数 $R(\sin\theta,\cos\theta)$ 在区间 $[0,2\pi]$ 上的定积分,只要利用变量代换 $z=e^{i\theta}(0\leqslant\theta\leqslant 2\pi)$ 和欧拉公式,就可以将这类积分化为一个复变有理函数沿单位圆 $|z|=1$ 的积分;对于第二与第三种类型的实积分,它们的被积函数都是有理函数 $R(x)$ 或 $R(x)e^{aix}(a>0)$,求解的步骤要复杂一些,大体上可归纳为如下三步:

第一步　作一辅助复变函数 $F(z)$,使得当 z 在实轴上的区间 (a,b) 内变化时,$F(x)=R(x)$ 或者 $R(x)e^{aix}$;

第二步　作一条(或几条)按段光滑的辅助曲线 Γ,使它与区间 (a,b) 组成一条封闭曲线并围成一个区域 D(如图 5.1 所示),$F(z)$ 在 D 内除有限个孤立奇点 $z_k(k=1,2,\cdots,n)$ 外处处解析;

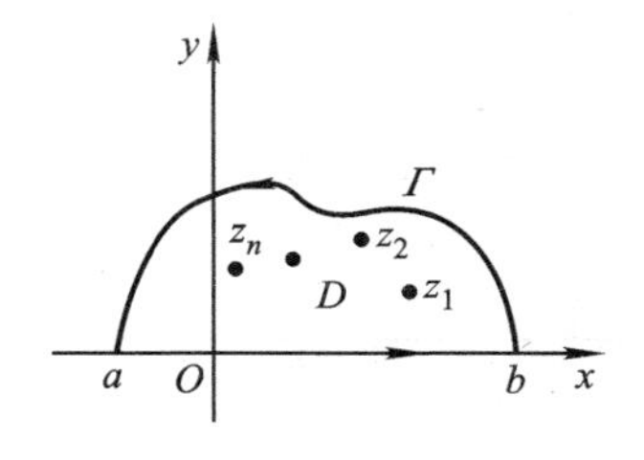

图 5.1

第三步　根据留数定理,

$$\int_a^b F(x)\,dx+\int_\Gamma F(z)\,dz=2\pi i\sum_{k=1}^{n}\text{Res}[F(z),z_k].$$

如果积分 $\int_\Gamma F(z)\,dz$ 能够算出,那么实积分 $\int_a^b F(x)\,dx$ 就能求得.

若该实积分是无穷积分,则对上式两端取极限,并求得$\int_{\Gamma} F(z)\mathrm{d}z$的极限值,从而就能得到所求无穷积分的值.

下面再举一个不属于教材中三种类型实积分的例子,以加深对解题思路的理解.

例　计算无穷积分 $I = \int_{-\infty}^{+\infty} \frac{\mathrm{e}^{ax}}{1+\mathrm{e}^{x}}\mathrm{d}x\ (0 < a < 1)$.

解　容易看出,可取辅助函数为

$$f(z) = \frac{\mathrm{e}^{az}}{1+\mathrm{e}^{z}}(0 < a < 1).$$

根据复指数函数的周期性,我们有

$$f(z+2\pi i) = \frac{\mathrm{e}^{a(z+2\pi i)}}{1+\mathrm{e}^{z}} = \mathrm{e}^{2a\pi i}f(z).$$

这就是说,$f(z)$ 在平行于实轴的直线 $\mathrm{Im}(z) = 2\pi$ 上的值等于它在实轴上的值乘以常数因子 $\mathrm{e}^{2a\pi i}$. 因此,我们可取如图 5.2 所示的矩形边界作为积分闭路. 在此矩形内,$f(z)$ 只有一个一级极点 $z = \pi i$.

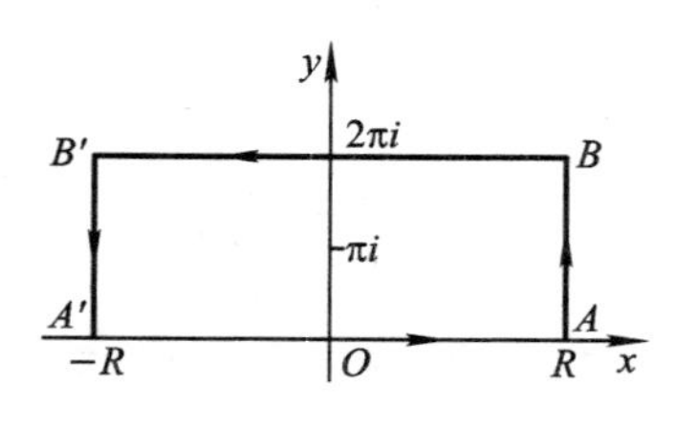

图 5.2

根据留数定理,

$$I = I_1 + I_2 + I_3 + I_4 = 2\pi i\mathrm{Res}[f(z), \pi i]$$

$$= 2\pi i \left.\frac{\mathrm{e}^{az}}{(1+\mathrm{e}^{z})'}\right|_{z=\pi i} = -2\pi i\mathrm{e}^{a\pi i},$$

其中

$$I_1 = \int_{\overline{A'A}} f(z)\,dz = \int_{-R}^{R} \frac{e^{ax}}{1+e^{x}} dx,$$

$$I_3 = \int_{\overline{BB'}} f(z)\,dz = \int_{R}^{-R} \frac{e^{a(x+2\pi i)}}{1+e^{x+2\pi i}} dx = -e^{2a\pi i}\int_{-R}^{R} \frac{e^{ax}}{1+e^{x}} dx,$$

$$|I_2| = \left|\int_{\overline{AB}} f(z)\,dz\right| = \left|\int_0^{2\pi} \frac{e^{a(R+iy)}}{1+e^{R+iy}} dy\right| \leqslant \int_0^{2\pi} \left|\frac{e^{a(R+iy)}}{1+e^{R+iy}}\right| dy$$

$$\leqslant \int_0^{2\pi} \frac{e^{aR}}{e^{R}-1} dy = \frac{e^{(a-1)R}}{1-e^{-R}} \cdot 2\pi \to 0 \quad (R \to +\infty),$$

$$|I_4| = \left|\int_{\overline{B'A'}} f(z)\,dz\right| = \left|\int_{2\pi}^{0} \frac{e^{a(-R+iy)}}{1+e^{-R+iy}} dy\right|$$

$$\leqslant \int_0^{2\pi} \left|\frac{e^{a(-R+iy)}}{1+e^{-R+iy}}\right| dy \leqslant \int_0^{2\pi} \frac{e^{-aR}}{1-e^{-R}} dy \to 0 \quad (R \to +\infty).$$

从而得

$$(1-e^{2a\pi i})\int_{-\infty}^{+\infty} \frac{e^{ax}}{1+e^{x}} dx = -2\pi i e^{a\pi i},$$

所以

$$\int_{-\infty}^{+\infty} \frac{e^{ax}}{1+e^{x}} dx = \frac{2\pi i e^{a\pi i}}{e^{2a\pi i}-1} = \pi \frac{2i}{e^{a\pi i}-e^{-a\pi i}} = \frac{\pi}{\sin a\pi}.$$

例题分析

例 5.1 试求下列函数的所有有限孤立奇点,并判断它们的类型:

(1) $f(z) = \dfrac{\tan z}{z^2 - \dfrac{\pi}{6}z}$; (2) $f(z) = \dfrac{z^2}{\sin \dfrac{1}{z+1}}$;

(3) $f(z) = \dfrac{\sin 3z - 3\sin z}{\sin z(z - \sin z)}$; (4) $f(z) = \dfrac{z - \dfrac{\pi}{4}}{z(\sin z - \cos z)}$.

分析 为了求出函数的孤立奇点,首先必须求出它的所有奇点，其次要判定它们是否孤立，最后再选择适当的方法判断奇点的类型. 除了在本章释疑解难的问题 5.1 中已指出的问题外，初学者还要注意以下几点：(1) 避免由于对初等函数的性质不熟悉或粗心大意未能找出所有的奇点. 例如，在第(1) 题中，因为 $\tan z = \dfrac{\sin z}{\cos z}$，所以 $\cos z$ 的零点都是 $f(z)$ 的奇点；(2) 当函数有无限多个奇点时，若它们的极限(或某个子列的极限) 也是奇点，则该奇点不是孤立的，第(2) 题中 $z = -1$ 就属于这种情况. 但如果只有有限个奇点，那么它们必定都是孤立的；(3) 展开为洛朗级数是判定奇点类型的基本方法，特别当是用其它方法不易判定时常被采用.

解　(1) 显然，$z = 0$ 与 $z = \dfrac{\pi}{6}$ 是 $f(z)$ 的奇点. 又由于 $\cos z$ 的零点为 $z_k = k\pi + \dfrac{\pi}{2}$ $(k = 0, \pm 1, \pm 2, \cdots)$，所以 z_k 都是 $f(z)$ 的奇点. 而 $z_k \to \infty$ $(k \to \infty)$，故 $0, \dfrac{\pi}{6}$ 及 z_k 都是有限孤立奇点. 因为 $z = 0$ 是分子 $\tan z$ 的一级零点，也是分母的一级零点，所以它是 $f(z)$ 的可去奇点. 其余奇点都是 $f(z)$ 的一级极点.

(2) 由于 $z = -1$ 与 $z_k = \dfrac{1}{k\pi} - 1$ $(k = \pm 1, \pm 2, \cdots)$ 都是 $f(z)$ 的有限奇点，并且 $z_k \to -1 (k \to \infty)$，故 $z = -1$ 不是孤立奇点. 因此，$f(z)$ 的有限孤立奇点为 $z_k = \dfrac{1}{k\pi} - 1$ $(k = \pm 1, \pm 2, \cdots)$，并且，它们都是一级极点.

(3) 易见 $z = k\pi$ $(k = 0, \pm 1, \pm 2, \cdots)$ 都是 $f(z)$ 的奇点，并且是孤立的. 下面判断它们的类型. 由于

$$z - \sin z = z - \left(z - \frac{z^3}{3!} + \frac{z^5}{5!} - \cdots\right) = z^3\left(\frac{1}{3!} - \frac{z^2}{5!} + \cdots\right)$$
$$= z^3 \varphi(z),$$

其中 $\varphi(z) = \dfrac{1}{3!} - \dfrac{z^2}{5!} + \cdots$ 是解析函数，且 $\varphi(0) = \dfrac{1}{3!} \neq 0$，所以 $z =$

0 是 $z-\sin z$ 的三级零点，因而是分母的四级零点. 又因为

$$\sin 3z-3\sin z=\left(3z-\frac{1}{3!}(3z)^3+\frac{1}{5!}(3z)^5-\cdots\right)$$

$$-3\left(z-\frac{z^3}{3!}+\frac{z^5}{5!}-\cdots\right)$$

$$=-\frac{3^3-3}{3!}z^3+\frac{3^5-3}{5!}z^5-\cdots=z^3\psi(z),$$

其中 $\psi(z)=-\frac{3^3-3}{3!}+\frac{3^5-3}{5!}z^2-\cdots$ 是解析函数，且 $\psi(0)\neq 0$，所以 $z=0$ 是分子的三级零点，从而知 $z=0$ 是 $f(z)$ 的一级极点.

根据极限的有理运算法则和洛必达法则，

$$\lim_{z\to k\pi}\frac{\sin 3z-3\sin z}{(z-\sin z)\sin z}=\frac{1}{k\pi}\lim_{z\to k\pi}\frac{\sin 3z-3\sin z}{\sin z}$$

$$=\frac{1}{k\pi}\lim_{z\to k\pi}\frac{3\cos 3z-3\cos z}{\cos z}=0,$$

所以 $z=k\pi(k=\pm 1,\pm 2,\cdots)$ 是 $f(z)$ 的可去奇点.

此题中，为了判定奇点 $z=0$ 的类型，将分子与分母分别展开为洛朗级数，判断它的级数，需利用零点与极点的关系. 对于 $z=k\pi\ (k=\pm 1,\pm 2,\cdots)$，用求 $f(z)$ 的极限的方法来判定. 读者应当通过练习，熟练地掌握各种方法，灵活运用.

（4）容易看出，$z=0$ 是 $f(z)$ 的奇点，分母 $\sin z-\cos z$ 的零点也 $f(z)$ 的奇点. 由于

$$\sin z-\cos z=\sqrt{2}\sin\left(z-\frac{\pi}{4}\right),$$

所以 $\sin z-\cos z$ 的零点是 $z=k\pi+\frac{\pi}{4}\ (k=0,\pm 1,\pm 2,\cdots)$，并且都是一级的，从而得知 $z=0$ 与 $z=k\pi+\frac{\pi}{4}\ (k=\pm 1,\pm 2,\cdots)$ 都是 $f(z)$ 的一级极点. 又因 $z=\frac{\pi}{4}$ 也是分子的一级零点，所以 $z=\frac{\pi}{4}$ 是它的可去奇点.

例 5.2 计算下列留数:

(1) $\operatorname{Res}\left[e^{z}\sin\frac{1}{z-1},1\right]$; (2) $\operatorname{Res}\left[\frac{e^{z}-1-z}{(1-\cos z)\sin 2z},0\right]$.

分析 这两题都是求函数在指定点的留数,因此,指定点必定是函数的孤立奇点,关键在于判断奇点的类型,并根据奇点的类型选择适当的方法求留数. 容易看出,第(1) 题中 $z=1$ 是函数的本性奇点,只能用展开为洛朗级数的方法来求留数;第(2) 题中,由于 $z=0$ 是分子的二级零点,分母的三级零点,因此它是函数的一级极点,可以用相应的法则求得留数.

解 (1) 利用指数函数与三角正弦函数的泰勒展开式得

$$\begin{aligned}e^{z}\sin\frac{1}{z-1}&=e\cdot e^{z-1}\sin\frac{1}{z-1}\\&=e\left[1+(z-1)+\frac{(z-1)^{2}}{2!}+\frac{(z-1)^{3}}{3!}+\cdots\right]\\&\quad\cdot\left[\frac{1}{z-1}-\frac{1}{3!(z-1)^{3}}+\frac{1}{5!(z-1)^{5}}-\cdots\right].\end{aligned}$$

为了求得留数,只要求出上式中$(z-1)^{-1}$ 的系数 c_{-1} 就行了. 根据级数乘法,

$$c_{-1}=\left(1-\frac{1}{2!3!}+\frac{1}{4!5!}-\frac{1}{6!7!}+\cdots\right)e,$$

所以

$$\operatorname{Res}\left[e^{z}\sin\frac{1}{z-1},1\right]=\sum_{n=0}^{\infty}(-1)^{n}\frac{e}{(2n)!(2n+1)!}.$$

(2) 设$f(z)=\frac{e^{z}-1-z}{(1-\cos z)\sin 2z}$,易见 $z=0$ 是$f(z)$ 的一级极点,所以

$$\begin{aligned}\operatorname{Res}[f(z),0]&=\lim_{z\to0}zf(z)=\lim_{z\to0}\frac{z(e^{z}-1-z)}{(1-\cos z)\sin 2z}\\&=\lim_{z\to0}\frac{e^{z}-1-z}{2(1-\cos z)}\qquad\left(\text{因为}\lim_{z\to0}\frac{z}{\sin 2z}=\frac{1}{2}\right)\end{aligned}$$

$$= \frac{1}{2}\lim_{z\to 0}\frac{\frac{z^2}{2!}+\frac{z^3}{3!}+\cdots}{\frac{z^2}{2!}-\frac{z^4}{4!}+\cdots} = \frac{1}{2}\lim_{z\to 0}\frac{\frac{1}{2!}+\frac{z}{3!}+\cdots}{\frac{1}{2!}-\frac{z^2}{4!}+\cdots}$$

$$= \frac{1}{2}.$$

上式中从第四个等号开始采用了将分子分母分别展开为级数的方法. 实际上,也可以用洛必达法则直接求出极限:

$$\mathrm{Res}[f(z),0] = \lim_{z\to 0}\frac{e^z-1-z}{2(1-\cos z)} = \frac{1}{2}\lim_{z\to 0}\frac{e^z-1}{\sin z}$$

$$= \frac{1}{2}\lim_{z\to 0}\frac{e^z}{\cos z} = \frac{1}{2}.$$

而且这种方法更为简便.

例 5.3 求下列函数在它的所有有限孤立奇点处的留数:

(1) $f(z) = \dfrac{1}{(1+z^2)(1+e^{\pi z})}$;

(2) $f(z) = \dfrac{1}{z^2}\left[1+\dfrac{1}{z+1}+\dfrac{1}{(z+1)^2}+\cdots+\dfrac{1}{(z+1)^n}\right]$.

分析 根据题目的要求应当毫无遗漏地先求出函数的所有孤立奇点,然后再判断它们的类型并选择适当的方法求出函数在这些奇点处的留数. 在第(1)题中,除 $z=\pm i$ 外,函数 $1+e^{\pi z}$ 的零点也是 $f(z)$ 的孤立奇点,因此,还必须解方程 $1+e^{\pi z}=0$,求出它的所有根. 在第(2)题中,$z=0$ 与 $z=-1$ 都是极点,但不能贸然断定其中 $(z-1)^{-1}$ 的系数就是所求的留数. 因为 $f(z)$ 中还包含因子 $\dfrac{1}{z^2}$,右端的表达式不是 $f(z)$ 在 $z=-1$ 处的洛朗展开式.

解 (1) 解方程 $1+e^{\pi z}=0$ 得 $z=\dfrac{1}{\pi}\mathrm{Ln}(-1)=(2k+1)i$ $(k=0,\pm1,\pm2,\cdots)$,它们都是 $1+e^{\pi z}$ 的一级零点. 又由于 $z=\pm i$ 都是 $1+z^2$ 的一级零点,因此,$z=\pm i$ 都是 $f(z)$ 的二级极点,而 $z=(2k+$

$1)i\ (i=1,\pm2,\pm3,\cdots)$ 都是$f(z)$ 的一级极点. 根据留数计算规则,

$$\operatorname{Res}[f(z),(2k+1)i]=\left.\frac{1}{(1+z^2)(1+e^{\pi z})'}\right|_{z=(2k+1)i}$$

$$=\left.\frac{1}{(1+z^2)\pi e^{\pi z}}\right|_{z=(2k+1)i}$$

$$=-\frac{1}{\pi[(1-(2k+1)^2]},$$

$$k=1,\pm2,\pm3,\cdots.$$

$$\operatorname{Res}[f(z),\pm i]=\lim_{z\to\pm i}\frac{d}{dz}[(z\mp i)^2f(z)]$$

$$=\lim_{z\to\pm i}\frac{d}{dz}\left[\frac{z\mp i}{(z\pm i)(1+e^{\pi z})}\right]$$

$$=\lim_{z\to\pm i}\frac{\pm2i(1+e^{\pi z})-(1+z^2)\pi e^{\pi z}}{(z\pm i)^2(1+e^{\pi z})^2}$$

$$=-\frac{1}{4}\lim_{z\to\pm i}\frac{\pm2i(1+e^{\pi z})-(1+z^2)\pi e^{\pi z}}{(1+e^{\pi z})^2},$$

将上式右端应用两次洛必达法则可得

$$\operatorname{Res}[f(z),\pm i]=\frac{1}{4\pi}(-1\mp\pi i).$$

(2) 显然 $z=0$ 是$f(z)$ 的二级极点, $z=-1$ 为$f(z)$ 的 n 级极点, 所以

$$\operatorname{Res}[f(z),0]=\lim_{z\to0}\frac{d}{dz}[z^2f(z)]$$

$$=\lim_{z\to0}\frac{d}{dz}\left[1+\frac{1}{z+1}+\frac{1}{(z+1)^2}+\cdots+\frac{1}{(z+1)^n}\right]$$

$$=\lim_{z\to0}\left[-\frac{1}{(z+1)^2}-\frac{2}{(z+1)^3}-\cdots-\frac{n}{(z+1)^{n+1}}\right]$$

$$=-(1+2+\cdots+n)=-\frac{n(n+1)}{2}.$$

又因为

$$\frac{1}{z}=-\frac{1}{1-(1+z)}$$
$$=-[1+(z+1)+(z+1)^2+\cdots+(z+1)^n+\cdots],$$
$$\frac{1}{z^2}=-\left(\frac{1}{z}\right)'=1+2(z+1)+3(z+1)^2+\cdots$$
$$+n(z+1)^{n-1}+(n+1)(z+1)^n+\cdots,$$

故

$$f(z)=[1+2(z+1)+\cdots+(n+1)(z+1)^n+\cdots]$$
$$\cdot\left[1+\frac{1}{z+1}+\frac{1}{(z+1)^2}+\cdots+\frac{1}{(z+1)^n}\right].$$

不难求得上式中$(z+1)^{-1}$的系数为

$$c_{-1}=1+2+3+\cdots+n=\frac{1}{2}n(n+1),$$

所以

$$\mathrm{Res}[f(z),-1]=\frac{1}{2}n(n+1).$$

注 由于$z=-1$是$f(z)$的n级极点,所以也可以用求m级极点留数的一般计算公式得

$$\mathrm{Res}[f(z),-1]=\frac{1}{(n-1)!}\lim_{z\to-1}[(z+1)^n f(z)]^{(n-1)}$$
$$=\frac{1}{(n-1)!}\lim_{z\to-1}\left\{\frac{1}{z^2}[(z+1)^n+(z+1)^{n-1}\right.$$
$$\left.+\cdots+(z+1)+1]\right\}^{(n-1)},$$

上式中需要求$n-1$阶导数,所以它不是一种简便的方法.

例 5.4 设$\varphi(z)$在z_0处解析,$\varphi(z_0)\neq 0$. 如果

(1) $f(z)$在z_0的邻域内解析,且以z_0为n级零点;

(2) $f(z)$在z_0的邻域内除以z_0为n级极点外处处解析,

试分别计算$\mathrm{Res}\left[\varphi(z)\frac{f'(z)}{f(z)},z_0\right]$.

分析　此题关键在于如何由已知条件 z_0 为 $f(z)$ 的 n 级零点(或极点),先求得 $\varphi(z)\dfrac{f'(z)}{f(z)}$ 的表达式,然后分析 z_0 是该函数什么类型的奇点,并利用留数的计算规则求得该函数在 z_0 处留数的表达式.

解　(1) 由于 z_0 是 $f(z)$ 的 n 级零点,根据 n 级零点的定义,可设 $f(z)=(z-z_0)^n g(z)$,其中 $g(z)$ 在 z_0 解析,且 $g(z_0)\neq 0$. 从而得知

$$f'(z)=n(z-z_0)^{n-1}g(z)+(z-z_0)^n g'(z)$$
$$=(z-z_0)^{n-1}[ng(z)+(z-z_0)g'(z)],$$
$$\varphi(z)\frac{f'(z)}{f(z)}=\varphi(z)\left[\frac{n}{z-z_0}+\frac{g'(z)}{g(z)}\right].$$

因此,z_0 为 $\varphi(z)\dfrac{f'(z)}{f(z)}$ 的一级极点,并且

$$\mathrm{Res}\left[\varphi(z)\frac{f'(z)}{f(z)},z_0\right]=\lim_{z\to z_0}\left[(z-z_0)\varphi(z)\frac{f'(z)}{f(z)}\right]$$
$$=\lim_{z\to z_0}\varphi(z)(z-z_0)\left[\frac{n}{z-z_0}+\frac{g'(z)}{g(z)}\right]$$
$$=n\varphi(z_0).$$

(2) 由已知条件可设 $f(z)=\dfrac{g(z)}{(z-z_0)^n}$,其中 $g(z)$ 在 z_0 解析,并且 $g(z_0)\neq 0$. 按与(1)类似的方法可得

$$\mathrm{Res}\left[\varphi(z)\frac{f'(z)}{f(z)},z_0\right]=-n\varphi(z_0),$$

建议读者把详细的过程写出来.

例 5.5　计算积分 $I=\oint_C\left(\dfrac{a}{z}-\dfrac{b}{\sin z}\right)\mathrm{d}z$,$C$ 为正向圆周 $|z|=4$,a 与 b 都是常数.

分析　根据留数定理,计算此积分的关键在于确定圆周 $|z|=4$ 内所包含的被积函数的孤立奇点,并求出在孤立奇点处的留数. 由于被积函数

$$f(z)=\frac{a}{z}-\frac{b}{\sin z}=\frac{a\sin z-bz}{z\sin z},$$

不难看出 $z=0$ 与 $z=\pm\pi$ 都是它在 C 内的孤立奇点，并且 $z=\pm\pi$ 是它的一级极点. $z=0$ 是什么类型的奇点，则与 a,b 是否相等有关，这是本题中值得注意的重要问题！

解 由于 $z=\pm\pi$ 是 $f(z)$ 的一级极点，所以

$$\mathrm{Res}[f(z),\pm\pi]=\left.\frac{a\sin z-bz}{z(\sin z)'}\right|_{z=\pm\pi}=b.$$

当 $a=b$ 时，由于 $z=0$ 是分子的三级零点，分母的二级零点，所以是 $f(z)$ 的可去奇点，故 $\mathrm{Res}[f(z),0]=0$；当 $a\neq b$ 时，$z=0$ 是分子的一级零点，分母的二级零点，所以是 $f(z)$ 的一级极点. 故

$$\mathrm{Res}[f(z),0]=\lim_{z\to 0}zf(z)=\lim_{z\to 0}\frac{a\sin z-bz}{\sin z}$$

$$=\lim_{z\to 0}\frac{a\cos z-b}{\cos z}=a-b.$$

根据留数定理得

$$\oint_C\left(\frac{a}{z}-\frac{b}{\sin z}\right)\mathrm{d}z=2\pi i\{\mathrm{Res}[f(z),0]+\mathrm{Res}[f(z),\pi]$$

$$+\mathrm{Res}[f(z),-\pi]\}$$

$$=\begin{cases}4\pi bi, & a=b;\\ 2\pi(a+b)i, & a\neq b.\end{cases}$$

注 讨论奇点 $z=0$ 的类型并求出相应的留数也可采用下面的方法：将 $f(z)$ 的分子与分母分别展成幂级数，则有

$$f(z)=\frac{a\left(z-\frac{z^3}{3!}+\frac{z^5}{5!}-\cdots\right)-bz}{z\left(z-\frac{z^3}{3!}+\frac{z^5}{5!}-\cdots\right)}=\frac{(a-b)-a\left(\frac{z^2}{3!}-\frac{z^4}{5!}+\cdots\right)}{z\left(1-\frac{z^2}{3!}+\frac{z^4}{5!}-\cdots\right)}.$$

若 $a=b$，则 $\lim\limits_{z\to 0}f(z)=0$，故 $z=0$ 为 $f(z)$ 的可去奇点，且 $\mathrm{Res}[f(z),0]=0$；若 $a\neq b$，则 $z=0$ 是 $f(z)$ 的一级极点，并且

$$\operatorname{Res}[f(z),0]=\lim_{z\to0}zf(z)=\lim_{z\to0}\frac{(a-b)-a\left(\frac{z^2}{3!}-\frac{z^4}{5!}+\cdots\right)}{1-\frac{z^2}{3!}+\frac{z^4}{5!}-\cdots}$$

$$=a-b.$$

例 5.6　计算积分 $I=\oint_C\frac{z^{10}}{(z^4+2)^2(z-2)^3}\mathrm{d}z$，其中 C 为正向圆周 $|z|=R,R\neq\sqrt[4]{2},2$.

分析　在例 5.5 中我们已经指出，计算围道积分的关键在于求出积分闭路 C 内所包含的所有孤立奇点处的留数. 根据本题中关于 R 的假设，应当分三种情况分别加以讨论，即 $R<\sqrt[4]{2}$，$\sqrt[4]{2}<R<2$，$R>2$. 不难看出，在后面两种情况下，由于 C 内的有限孤立点都比较多，而且留数难以计算，而 C 外的奇点个数很少，因此我们利用 (5.8) 式将问题转化为求 C 外的有限孤立奇点和无穷远点处的留数，使积分的计算得以简化.

解　设 $f(z)=\frac{z^{10}}{(z^4+2)^2(z-2)^3}$，在复平面上有五个有限孤立奇点：$z=2$ 与 $z_k=\sqrt[4]{2}\mathrm{e}^{\frac{2k+1}{4}\pi i}$ $(k=0,1,2,3)$，其中 $z=2$ 是 $f(z)$ 的三级极点，所有 z_k 都是 $f(z)$ 的二级极点. 下面分三种情况求该积分的值.

(1) $R<\sqrt[4]{2}$. 由于 C 内不含 $f(z)$ 的任何奇点，所以

$$I=\oint_C f(z)\,\mathrm{d}z=0.$$

(2) $\sqrt[4]{2}<R<2$. 由于在 C 内有四个二级极点 z_k，而且这些奇点处的留数都很难计算，但在 C 外仅有 $z=2$ 及 $z=\infty$ 两个奇点，因此，根据留数定理及(5.8) 式，我们有

$$I=\oint_C f(z)\,\mathrm{d}z=2\pi i\sum_{k=0}^{3}\operatorname{Res}[f(z),z_k]$$

$$=-2\pi i\{\operatorname{Res}[f(z),\infty]+\operatorname{Res}[f(z),2]\}.$$

而

$$\begin{aligned}\mathrm{Res}[f(z),\infty] &= -\mathrm{Res}\left[f\left(\frac{1}{z}\right)\frac{1}{z^2},0\right]\\ &= -\mathrm{Res}\left[\frac{1}{z(1+2z^4)^2(1-2z)^3},0\right]\\ &= -\lim_{z\to 0}\left[z\cdot\frac{1}{z(1+2z^4)^2(1-2z)^3}\right]=-1,\end{aligned}$$

$$\begin{aligned}\mathrm{Res}[f(z),2] &= \frac{1}{2!}\lim_{z\to 2}\frac{\mathrm{d}^2}{\mathrm{d}z^2}\left[(z-2)^3\frac{z^{10}}{(z^4+2)^2(z-2)^3}\right]\\ &= \frac{1}{2!}\lim_{z\to 2}\frac{\mathrm{d}^2}{\mathrm{d}z^2}\left[\frac{z^{10}}{(z^4+2)^2}\right]=\frac{1}{2!}\lim_{z\to 2}\frac{\mathrm{d}}{\mathrm{d}z}\left[\frac{2z^{13}+20z^9}{(z^4+2)^3}\right]\\ &= \lim_{z\to 2}\frac{z^8(z^8-4z^4+180)}{(z^4+2)^4}=\frac{1984}{2187},\end{aligned}$$

所以

$$I=\oint_C f(z)\,\mathrm{d}z=-2\pi i\left(-1+\frac{1984}{2187}\right)=\frac{406}{2187}\pi i.$$

(3) $R>2$. 在这种情况下,C 内含全部(五个)有限孤立奇点,因此我们有

$$\begin{aligned}I=\oint_C f(z)\,\mathrm{d}z &= 2\pi i\left\{\sum_{k=0}^{3}\mathrm{Res}[f(z),z_k]+\mathrm{Res}[f(z),2]\right\}\\ &= -2\pi i\mathrm{Res}[f(z),\infty]=2\pi i.\end{aligned}$$

例 5.7 设 $f(z)$ 为解析的偶函数,即 $f(-z)=f(z)$,$z=0$ 是它的一个孤立奇点,证明:

$$\mathrm{Res}[f(z),0]=0.$$

分析 由于不知道奇点 $z=0$ 的类型,而且 $f(z)$ 是一个抽象的解析函数,所以只能利用求奇点处留数的基本方法——将 $f(z)$ 在 $z=0$ 的去心邻域内展开为洛朗级数——来证明题中的结论.

证 设 $f(z)$ 在 $z=0$ 的去心邻域 $0<|z|<R$ 内的洛朗展开式为

$$f(z)=\cdots+\frac{c_{-2}}{z^2}+\frac{c_{-1}}{z}+c_0+c_1z+c_2z^2+\cdots,$$

则

$$f(-z)=\cdots+\frac{c_{-2}}{z^2}-\frac{c_{-1}}{z}+c_0-c_1z+c_2z^2-\cdots.$$

由于 $f(z)=f(-z)$，故

$$\cdots+\frac{c_{-2}}{z^2}+\frac{c_{-1}}{z}+c_0+c_1z+c_2z^2+\cdots$$

$$=\cdots+\frac{c_{-2}}{z^2}-\frac{c_{-1}}{z}+c_0-c_1z+c_2z^2-\cdots.$$

比较 z 的同次幂的系数可得：

$$c_{2n+1}=0\qquad(n=0,\pm1,\pm2,\cdots).$$

这表明偶函数在 $z=0$ 的去心邻域内洛朗展开式中不含 z 的（正、负）奇次幂项，所以

$$\mathrm{Res}[f(z),0]=c_{-1}=0.$$

注　今后读者在计算和推导中可以直接引用这个结论.

例 5.8　设 n 为整数，证明：

(1) $\displaystyle\int_0^{2\pi}e^{\cos\varphi}\cos(n\varphi-\sin\varphi)\,d\varphi=\begin{cases}\dfrac{2\pi}{n!}, & n\geqslant 0,\\ 0, & n<0;\end{cases}$

(2) $\displaystyle\int_0^{2\pi}e^{\cos\varphi}\sin(n\varphi-\sin\varphi)\,d\varphi=0.$

分析　由于本题中两个积分的被积函数既不是三角有理函数，又不同于教材中的第2和第3类实积分的被积函数，所以不能直接使用教材中介绍的实积分的计算方法. 但若把这两个积分的被积函数分别乘以 1 与 i 后相加，不难得到

$$e^{\cos\varphi}[\cos(n\varphi-\sin\varphi)+i\sin(n\varphi-\sin n\varphi)]$$
$$=e^{\cos\varphi}e^{i(n\varphi-\sin\varphi)}=e^{e^{-i\varphi}}\cdot e^{in\varphi},$$

因此,若令 $e^{i\varphi}=z$,像教材中处理第1类实积分那样将这两个实积分转化为一个复变函数沿正向单位圆周的积分,用留数定理求得它的值,然后再比较它的实部和虚部,就能证明题中的结论.

证 设 $I_1=\int_0^{2\pi}e^{\cos\varphi}\cos(n\varphi-\sin\varphi)d\varphi$,$I_2=\int_0^{2\pi}e^{\cos\varphi}\sin(n\varphi-\sin\varphi)d\varphi$,则

$$I=I_1+iI_2=\int_0^{2\pi}e^{e^{-i\varphi}}e^{in\varphi}d\varphi.$$

令 $e^{i\varphi}=z$,则 $d\varphi=\frac{1}{iz}dz$,

$$I=\frac{1}{i}\oint_{|z|=1}z^{n-1}e^{\frac{1}{z}}dz=2\pi\mathrm{Res}[z^{n-1}e^{\frac{1}{z}},0].$$

由于

$$z^{n-1}e^{\frac{1}{z}}=z^{n-1}\left(1+\frac{1}{z}+\frac{1}{2!z^2}+\cdots+\frac{1}{n!z^n}+\cdots\right),$$

故

$$\mathrm{Res}[z^{n-1}e^{\frac{1}{z}},0]=c_{-1}=\begin{cases}\frac{1}{n!}, & n\geqslant 0,\\ 0, & n<0,\end{cases}$$

所以

$$I=\begin{cases}\frac{2\pi}{n!}, & n\geqslant 0,\\ 0, & n<0,\end{cases}$$

比较等式两边的实部和虚部即得题中所要证明的两个结论.

* **例 5.9** 证明

$$I=\int_0^{+\infty}\frac{\sin ax}{x(x^2+b^2)}dx=\frac{\pi}{2b^2}(1-e^{-ab}),$$

其中 a 与 b 为正实数.

分析 题中的实积分与教材中的第3类实积分相似,按照用留

数计算实积分的思路,可选辅助函数 $F(z) = \dfrac{e^{iaz}}{z(z^2+b^2)}$. 但是,由于 $F(z)$ 在实轴上有奇点 $z=0$,因此不能像处理第3类积分那样选择积分路径,而应取如图 5.3 所示的闭曲线 C,使 $z=0$ 不在 C 内,并使 $F(z)$ 在上半平面的孤立奇点 $z=bi$ 包含在 C 内. 然后再应用留数定理,即可求得题中积分 I 的值.

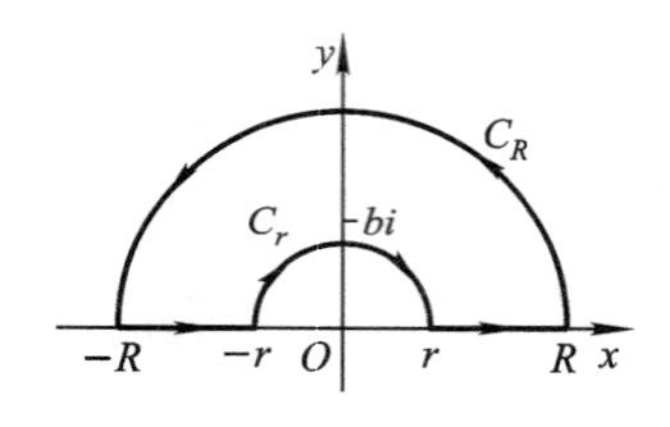

图 5.3

证 由于 $F(z)$ 在 C 内仅有一个一级极点 $z=bi$,并且

$$\mathrm{Res}[F(z),bi] = \left.\frac{e^{iaz}}{z(z^2+b^2)'}\right|_{z=bi} = -\frac{e^{-ab}}{2b^2},$$

所以,根据留数定理有

$$\oint_C F(z)\,dz = 2\pi i\mathrm{Res}[F(z),bi] = -\frac{\pi i}{b^2}e^{-ab},$$

或

$$\left(\int_{-R}^{-r} + \int_{C_r} + \int_r^R + \int_{C_R}\right)\frac{e^{iaz}}{z(z^2+b^2)}dz = -\frac{\pi i}{b^2}e^{-ab}. \tag{1}$$

而

$$\left(\int_{-R}^{-r} + \int_r^R\right)\frac{e^{iaz}}{z(z^2+b^2)}dz = \int_r^R \frac{e^{iax}-e^{-iax}}{x(x^2+b^2)}dx$$

$$= 2i\int_r^R \frac{\sin ax}{x(x^2+b^2)}dx, \tag{2}$$

$$\frac{e^{iaz}}{z(z^2+b^2)}=\frac{1}{b^2 z}\frac{e^{iaz}}{1+\left(\frac{z}{b}\right)^2}=\frac{1}{b^2 z}\left(1-\frac{z^2}{b^2}+\frac{z^4}{b^4}-\cdots\right)e^{iaz}$$

$$=\frac{1}{b^2 z}+\frac{\varphi(z)}{z},\varphi(z)=\left(-\frac{z^2}{b^4}+\frac{z^4}{b^6}-\cdots\right)e^{iaz}.$$

易见,$\varphi(z)$ 是解析函数,且当 $z\to 0$ 时,$\varphi(z)\to 0$,故

$$\int_{C_r}\frac{e^{iaz}}{z(z^2+b^2)}dz=\frac{1}{b^2}\int_{C_r}\frac{dz}{z}+\int_{C_r}\frac{\varphi(z)}{z}dz.$$

令 $z=re^{i\theta}$,则

$$\int_{C_r}\frac{e^{iaz}}{z(z^2+b^2)}dz=-\frac{\pi i}{b^2}+i\int_{\pi}^{0}\varphi(re^{i\theta})d\theta\to-\frac{\pi i}{b^2}\quad(r\to 0).\quad(3)$$

又

$$\left|\int_{C_R}\frac{e^{iaz}}{z(z^2+b^2)}dz\right|\leqslant\int_0^{\pi}\frac{e^{-aR\sin\theta}}{R^2}d\theta\to 0\quad(R\to 0),\quad(4)$$

合并(1),(2),(3),(4) 式并令 $R\to+\infty,r\to 0$,即得

$$\int_0^{+\infty}\frac{\sin ax}{x(x^2+b^2)}dx=\frac{\pi}{2b^2}(1-e^{-ab}).$$

* **例 5.10** 试解下列两题:

(1) 确定方程 $z^5+z^2+1=0$ 在圆域 $|z|<2$ 内根的个数;

(2) 求积分 $\int_C\frac{(5z^3+2)z}{z^5+z^2+1}dz$ 的值,其中 C 为正向圆周 $|z|=2$.

分析 (1) 大家知道,5 次以上的方程是无法求出根的精确值的. 但是,如果能判断出方程根的个数及其所在范围,那么,就可以设法求出根的近似值. 辐角原理与路西定理给我们提供了计算根的个数及其所在范围的一种判别方法. 用路西定理确定题中五次方程在 $|z|=2$ 内根的个数,关键在于适当选取定理中的 $f(z)$ 与 $g(z)$.

(2) 用留数定理计算围道积分,必须找出被积函数在 C 内的所有孤立奇点,并求出被积函数在这些奇点处的留数. 此题中,分母是一个五次多项式,很难求出它的所有零点,从而被积函数在 C 内的孤

立奇点处的留数也无法计算,所以不能用这种方法求出积分值. 但是,我们注意到被积函数的分子是分母的导函数,因此,只要知道分母在 C 内的零点与极点的个数,就可以用对数留数来计算这个积分. 显然,该函数的分母在 C 内处处解析,没有极点,它在 C 内的零点个数就是第(1) 题中的方程在 C 内根的个数. 所以,只要第(1) 题得到解决,就可以求出第(2) 题中积分的值.

解　(1) 取 $f(z) = z^5, g(z) = z^2 + 1$,则在 $|z| = 2$ 上,

$$|f(z)| = |z|^5 = 32, \qquad |g(z)| \leqslant |z|^2 + 1 = 5,$$

所以,在 $|z| = 2$ 上, $|f(z)| > |g(z)|$. 又因为 $f(z) = z^5$ 在 $|z| < 2$ 内有5个零点,根据路西定理知, $f(z) + g(z) = z^5 + z^2 + 1$ 在 $|z| < 2$ 内也有 5 个零点,即方程 $z^5 + z^2 + 1 = 0$ 在 $|z| < 2$ 内有 5 个根.

(2) $f(z) = z^5 + z^2 + 1$,则 $f'(z) = 5z^4 + 2z = z(5z^3 + 2)$,故

$$\oint_{|z|=2} \frac{z(5z^3 + 2)}{z^5 + z^2 + 1} \mathrm{d}z = \oint_{|z|=2} \frac{f'(z)}{f(z)} \mathrm{d}z = 2\pi i N(f, c) = 10\pi i.$$

部分习题解法提要

1. 下列函数有些什么奇点?如果是极点,指出它的级:

2) $\dfrac{\sin z}{z^3}$.

解　由于 $z = 0$ 是分子 $\sin z$ 的一级零点,分母的三级零点,所以 $z = 0$ 是函数 $\dfrac{\sin z}{z^3}$ 的二级极点.

4) $\dfrac{\ln(z + 1)}{z}$.

解　由于 $z = 0$ 是分子 $\ln(z + 1)$ 的一级零点,也是分母的一级零点,所以 $z = 0$ 是该函数的可去奇点.

6) $\dfrac{1}{e^{z-1}}$(教材中原题有印刷错误).

解 $z=1$ 是它的本性奇点,因为

$$e^{\frac{1}{z-1}}=1+\frac{1}{z-1}+\frac{1}{2!}\frac{1}{(z-1)^2}+\cdots+\frac{1}{n!}\frac{1}{(z-1)^n}+\cdots,$$

$$0<|z-1|<+\infty.$$

7) $\dfrac{1}{z^2(e^z-1)}$.

解 该函数的奇点为 $z=0$ 与 $z=2k\pi i\ (k=\pm1,\pm2,\cdots)$. 显然,$z=2k\pi i\ (k=\pm1,\pm2,\cdots)$ 是分母的一级零点,所以是该函数的一级极点. 又因为 $z=0$ 是 z^2 的二级零点,e^z-1 的一级零点,因此,是分母的三级零点,所以 $z=0$ 是该函数的三级极点.

4. $z=0$ 是函数$(\sin z+\operatorname{sh} z-2z)^{-2}$ 的几级极点?

解 由于

$$\begin{aligned}\sin z+\operatorname{sh} z-2z&=\left(z-\frac{z^3}{3!}+\frac{z^5}{5!}-\cdots\right)\\&\quad+\frac{1}{2}\left[\left(1+z+\frac{z^2}{2!}+\frac{z^3}{3!}+\frac{z^4}{4!}+\frac{z^5}{5!}+\cdots\right)\right.\\&\quad\left.-\left(1-z+\frac{z^2}{2!}-\frac{z^3}{3!}+\frac{z^4}{4!}-\frac{z^5}{5!}+\cdots\right)\right]-2z\\&=\frac{2}{5!}z^5+\frac{2}{9!}z^9+\cdots=2z^5\left(\frac{1}{5!}+\frac{z^4}{9!}+\cdots\right),\end{aligned}$$

所以 $z=0$ 是 $\sin z+\operatorname{sh} z-2z$ 的五级零点,是$(\sin z+\operatorname{sh} z-2z)^{-2}$ 的十级极点.

5. 如果$f(z)$ 和 $g(z)$ 是以 z_0 为零点的两个不恒等于零的解析函数,那么

$$\lim_{z\to z_0}\frac{f(z)}{g(z)}=\lim_{z\to z_0}\frac{f'(z)}{g'(z)}\quad(\text{或两端均为}\ \infty).$$

证 设 z_0 分别为$f(z)$ 与 $g(z)$ 的 $m(m\geqslant1)$ 级与 $n(n\geqslant1)$ 级

零点,则 $f(z)=(z-z_0)^m\varphi(z)$, $g(z)=(z-z_0)^n\psi(z)$,其中 $\varphi(z)$ 与 $\psi(z)$ 都在 z_0 处解析,且 $\varphi(z_0)\neq 0$, $\psi(z_0)\neq 0$. 由于

$$f'(z)=m(z-z_0)^{m-1}\varphi(z)+(z-z_0)^m\varphi'(z),$$

$$g'(z)=n(z-z_0)^{n-1}\psi(z)+(z-z_0)^n\psi'(z),$$

从而得

$$\frac{f(z)}{g(z)}=(z-z_0)^{m-n}\frac{\varphi(z)}{\psi(z)},$$

$$\frac{f'(z)}{g'(z)}=(z-z_0)^{m-n}\frac{m\varphi(z)+(z-z_0)\varphi'(z)}{n\psi(z)+(z-z_0)\psi'(z)}.$$

若 $m>n$,则 $\lim\limits_{z\to z_0}\frac{f(z)}{g(z)}=\lim\limits_{z\to z_0}\frac{f'(z)}{g'(z)}=0$;

若 $m=n$,则 $\lim\limits_{z\to z_0}\frac{f(z)}{g(z)}=\lim\limits_{z\to z_0}\frac{f'(z)}{g'(z)}=\frac{\varphi(z_0)}{\psi(z_0)}$;

若 $m<n$,则 $\lim\limits_{z\to z_0}\frac{f(z)}{g(z)}=\lim\limits_{z\to z_0}\frac{f'(z)}{g'(z)}=\infty$.

因此,无论在哪种情况下结论均成立.

本题就是著名的洛必达法则对于解析函数的推广. 读者在解题中可直接应用这个结论.

6. 设函数 $\varphi(z)$ 与 $\psi(z)$ 分别以 $z=a$ 为 m 级与 n 级极点(或零点),那么下列三个函数:

1) $\varphi(z)\psi(z)$;　2) $\frac{\varphi(z)}{\psi(z)}$;　3) $\varphi(z)+\psi(z)$

在 $z=a$ 处各有什么性质?

解　仅讨论 $z=a$ 为极点的情形,为零点的情形可类似讨论.

由已知,不妨设 $\varphi(z)=\frac{p(z)}{(z-a)^m}\ (m\geqslant 1)$, $\psi(z)=\frac{q(z)}{(z-a)^n}\ (n\geqslant 1)$,其中 $p(z)$ 与 $q(z)$ 都在 $z=a$ 处解析,且 $p(a)\neq 0$, $q(a)\neq 0$,则

1) $\varphi(z)\psi(z)=\dfrac{p(z)q(z)}{(z-a)^{m+n}}$;

2) $\dfrac{\varphi(z)}{\psi(z)}=\dfrac{1}{(z-a)^{m-n}}\dfrac{p(z)}{q(z)}$;

3) $\varphi(z)+\psi(z)=\dfrac{(z-a)^{n}p(z)+(z-a)^{m}q(z)}{(z-a)^{m+n}}$.

由 1) 易见,$z=a$ 为 $\varphi(z)\psi(z)$ 的 $m+n$ 级极点. 由 2) 易见,当 $m>n$ 时,$z=a$ 是$\dfrac{\varphi(z)}{\psi(z)}$ 的 $m-n$ 级极点;当 $m<n$ 时,$z=a$ 是 $n-m$ 级零点;当 $m=n$ 时,为可去奇点. 由 3),当 $m\neq n$ 时,$z=a$ 为 $\varphi(z)+\psi(z)$ 的极点,级数为 m 与 n 中较大者;当 $m=n$ 时,由于

$$\varphi(z)+\psi(z)=\frac{p(z)+q(z)}{(z-a)^{m}},$$

注意,$z=a$ 可能为分子 $p(z)+q(z)$ 的零点. 当其级数大于等于 m 时,$z=a$ 为可去奇点,当其级数小于 m 时,$z=a$ 为极点,级数小于 m. 若 $z=a$ 不是分子的零点,则 $z=a$ 是 $\varphi(z)+\psi(z)$ 的 m 级极点.

本题结论在解题中可直接应用.

8. 求下列各函数 $f(z)$ 在有限奇点处的留数:

3) $\dfrac{1+z^{4}}{(z^{2}+1)^{3}}$.

解 易见,$z=\pm i$ 为三级极点,并且

$$\begin{aligned}&\operatorname{Res}\left[\frac{1+z^{4}}{(z^{2}+1)^{3}},i\right]\\&=\frac{1}{2!}\lim_{z\to i}\frac{\mathrm{d}^{2}}{\mathrm{d}z^{2}}\left[\frac{1+z^{4}}{(z+i)^{3}}\right]=\frac{1}{2!}\lim_{z\to i}\frac{\mathrm{d}}{\mathrm{d}z}\left[\frac{z^{4}+4iz^{3}-3}{(z+i)^{4}}\right]\\&=\frac{1}{2!}\lim_{z\to i}\frac{(4z^{3}+12iz^{2})(z+i)-4(z^{4}+4iz^{3}-3)}{(z+i)^{5}}\\&=-\frac{3}{8}i.\end{aligned}$$

类似可得 $\text{Res}\left[\dfrac{1+z^4}{(z^2+1)^3},-i\right]=\dfrac{3}{8}i.$

6) $z^2\sin\dfrac{1}{z}.$

解　由于

$$z^2\sin\frac{1}{z}=z^2\left(\frac{1}{z}-\frac{1}{3!}\frac{1}{z^3}+\frac{1}{5!}\frac{1}{z^5}-\cdots\right)$$
$$=z\left(1-\frac{1}{3!}\frac{1}{z^2}+\frac{1}{5!}\frac{1}{z^4}-\cdots\right),$$

所以,$\text{Res}\left[z^2\sin\dfrac{1}{z},0\right]=c_{-1}=-\dfrac{1}{6}.$

7) $\dfrac{1}{z\sin z}.$

解　易见,$z=0$ 与 $z=k\pi$ $(k=\pm1,\pm2,\cdots)$ 为函数 $f(z)=\dfrac{1}{z\sin z}$ 的奇点,其中 $z=k\pi(k\neq0)$ 为 $f(z)$ 的一级极点,故当 $k\neq0$ 时,

$$\text{Res}[f(z),k\pi]=\left.\frac{1}{z(\sin z)'}\right|_{z=k\pi}=\left.\frac{1}{z\cos z}\right|_{z=k\pi}=(-1)^k\frac{1}{k\pi}.$$

又因为

$$f(z)=\frac{1}{z\left(z-\dfrac{z^3}{3!}+\cdots\right)}=\frac{1}{z^2\left(1-\dfrac{z^2}{3!}+\cdots\right)}=\frac{1}{z^2\varphi(z)},$$

其中 $\varphi(z)=1-\dfrac{z^2}{3!}+\cdots$ 为解析函数,$\varphi(0)\neq0$,且在 $z=0$ 处的泰勒展开式中不含 z 的一次幂项,故 $f(z)$ 以 $z=0$ 为二级极点,且在 $0<|z|<+\infty$ 中的洛朗展开式不含 z 的负一次幂项,所以

$$\text{Res}[f(z),0]=c_{-1}=0.$$

注　上述结论也可直接用例题分析中例 5.7 的结果得到.

9. 计算下列各积分(利用留数;圆周均取正向):

3) $\oint_{|z|=\frac{3}{2}} \frac{1-\cos z}{z^m}\mathrm{d}z$(其中 m 为整数).

解 易见 $z=0$ 为函数 $f(z)=\frac{1-\cos z}{z^m}$ 在 $|z|=\frac{3}{2}$ 内唯一的奇点,并且由于

$$f(z)=\frac{1-\left(1-\frac{z^2}{2!}+\frac{z^4}{4!}-\frac{z^6}{6!}+\cdots\right)}{z^m}=\frac{1}{z^{m-2}}\varphi(z),$$

其中 $\varphi(z)=\frac{1}{2!}-\frac{z^2}{4!}+\frac{z^4}{6!}-\cdots$ 在 $z=0$ 处解析,且 $\varphi(0)=\frac{1}{2}\neq 0$,故当 $m\geqslant 3$ 时,$z=0$ 为 $f(z)$ 的 $m-2$ 级极点;当 $m<3$ 时,$z=0$ 为 $f(z)$ 的可去奇点或零点,此时积分值显然为零. 只要讨论 $m\geqslant 3$ 的情形. 由于 $\varphi(z)$ 的幂级数表达式中只含有 z 的正偶次幂,故若 m 为偶数,$f(z)$ 在 $0<|z|<+\infty$ 内的洛朗级数中 $c_{-1}=0$,故积分值为零. 若 m 为奇数,则

$$\operatorname{Res}[f(z),0]=c_{-1}=(-1)^{\frac{m-3}{2}}\frac{1}{(m-1)!},$$

故 $\oint_{|z|=\frac{3}{2}}\frac{1-\cos z}{z^m}\mathrm{d}z=(-1)^{\frac{m-3}{2}}\frac{2\pi i}{(m-1)!}$.

5) $\oint_{|z|=3}\tan \pi z\mathrm{d}z$.

解 由于 $z=k+\frac{1}{2}(k=0,\pm 1,\pm 2,\cdots)$ 都是 $\tan \pi z$ 的一级极点,所以,$\operatorname{Res}\left[\tan \pi z,k+\frac{1}{2}\right]=\left.\frac{\sin \pi z}{(\cos\pi z)'}\right|_{z=k+\frac{1}{2}}=-\frac{1}{\pi}$. 又在 $|z|=3$ 内有 $\tan \pi z$ 的六个一级极点:$z=\pm\frac{1}{2},\pm\frac{3}{2},\pm\frac{5}{2}$,故

$$\oint_{|z|=3}\tan \pi z\mathrm{d}z=2\pi i\times\left(-\frac{6}{\pi}\right)=-12i.$$

6) $\oint_{|z|=1}\frac{1}{(z-a)^n(z-b)^n}\mathrm{d}z$.

（其中 n 为正整数，且 $|a|\neq 1$，$|b|\neq 1$，$|a|<|b|$）.［提示：试就 $|a|$，$|b|$ 与 1 的大小关系分别进行讨论.］

解 当 $1<|a|<|b|$ 时，$f(z)=\dfrac{1}{(z-a)^n(z-b)^n}$ 在 $|z|=1$ 内解析，故积分值为零. 当 $|a|<|b|<1$ 时，$z=a$ 与 $z=b$ 都是 $f(z)$ 在 $|z|=1$ 内的 n 级极点，所以

$$\begin{aligned}\mathrm{Res}[f(z),a]&=\frac{1}{(n-1)!}\lim_{z\to a}\frac{\mathrm{d}^{n-1}}{\mathrm{d}z^{n-1}}[(z-a)^nf(z)]\\&=\frac{1}{(n-1)!}\lim_{z\to a}\frac{\mathrm{d}^{n-1}}{\mathrm{d}z^{n-1}}\left[\frac{1}{(z-b)^n}\right]\\&=(-1)^{n-1}\frac{(2n-2)!}{[(n-1)!]^2(a-b)^{2n-1}},\end{aligned}$$

$$\begin{aligned}\mathrm{Res}[f(z),b]&=\frac{1}{(n-1)!}\lim_{z\to b}\frac{\mathrm{d}^{n-1}}{\mathrm{d}z^{n-1}}\left[\frac{1}{(z-a)^n}\right]\\&=(-1)^n\frac{(2n-2)!}{[(n-1)!]^2(a-b)^{2n-1}},\end{aligned}$$

从而得

$$\begin{aligned}&\oint_{|z|=1}\frac{1}{(z-a)^n(z-b)^n}\mathrm{d}z\\&=2\pi i\{\mathrm{Res}[f(z),a]+\mathrm{Res}[f(z),b]\}=0.\end{aligned}$$

当 $|a|<1<|b|$ 时，$f(z)$ 在 $|z|=1$ 内只有一个 n 级极点 $z=a$，故

$$\begin{aligned}\oint_{|z|=1}\frac{1}{(z-a)^n(z-b)^n}\mathrm{d}z&=2\pi i\mathrm{Res}[f(z),a]\\&=(-1)^{n-1}\frac{2\pi(2n-2)!i}{[(n-1)!]^2(a-b)^{2n-1}}.\end{aligned}$$

12. 计算下列各积分，C 为正向圆周：

1) $\displaystyle\oint_C\frac{z^{15}}{(z^2+1)^2(z^4+2)^3}\mathrm{d}z$，$C$：$|z|=3$.

解 由于被积函数$f(z)=\dfrac{z^{15}}{(z^2+1)^2(z^4+2)^3}$在$|z|=3$内有两个二级极点$z=\pm i$及四个三级极点$z=\sqrt[4]{-2}$,在$|z|=3$外仅有一个奇点$z=\infty$,并且

$$\begin{aligned}\operatorname{Res}[f(z),\infty]&=-\operatorname{Res}\left[f\left(\frac{1}{z}\right)\cdot\frac{1}{z^2},0\right]\\&=-\operatorname{Res}\left[\frac{1}{z(z^2+1)^2(1+2z^4)^3},0\right]\\&=-\lim_{z\to0}\frac{1}{(z^2+1)^2(1+2z^4)^3}=-1,\end{aligned}$$

故

$$\oint_{|z|=3}f(z)\,\mathrm{d}z=-2\pi i\operatorname{Res}[f(z),\infty]=2\pi i.$$

3) $\displaystyle\oint_C\frac{z^{2n}}{1+z^n}\mathrm{d}z$ (n为一正整数),$C:|z|=r>1$.

解 当$n=1$时,$f(z)=\dfrac{z^2}{1+z}$在$|z|=r>1$内仅有一个一级极点$z=-1$,故

$$\oint_C f(z)\,\mathrm{d}z=2\pi i\operatorname{Res}[f(z),-1]=2\pi i\lim_{z\to-1}z^2=2\pi i.$$

当$n>1$时,$f(z)=\dfrac{z^{2n}}{1+z^n}$在$|z|=r>1$内有$n$个一级极点$z=\sqrt[n]{-1}$,在$|z|=r>1$外仅一个奇点$z=\infty$.由于

$$\begin{aligned}f(z)&=\frac{z^n}{1+\left(\dfrac{1}{z}\right)^n}=z^n\left[1-\frac{1}{z^n}+\frac{1}{z^{2n}}-\cdots\right]\\&=\cdots+\frac{1}{z^n}-1+z^n,\ |z|>1,\end{aligned}$$

所以,$\operatorname{Res}[f(z),\infty]=-c_{-1}=0$,$\oint_C f(z)\,\mathrm{d}z=-2\pi i\operatorname{Res}[f(z),\infty]=0$.

13. 计算下列积分：

2) $\int_0^{2\pi} \frac{\sin^2\theta}{a+b\cos\theta}\mathrm{d}\theta \quad (a>b>0)$.

解 令 $\mathrm{e}^{i\theta}=z$，则

$$I=\int_0^{2\pi} \frac{\sin^2\theta}{a+b\cos\theta}\mathrm{d}\theta=\oint_{|z|=1}\left(\frac{z^2-1}{2iz}\right)^2 \cdot \frac{1}{a+b\frac{z^2+1}{2z}} \cdot \frac{\mathrm{d}z}{iz}$$

$$=-\frac{1}{2bi}\oint_{|z|=1} \frac{(z^2-1)^2}{z^2\left(z^2+\frac{2a}{b}z+1\right)}\mathrm{d}z.$$

设 $f(z)=\frac{(z^2-1)^2}{z^2\left(z^2+\frac{2a}{b}z+1\right)}$ 在 $|z|=1$ 内有两个极点：二级极点 $z=0$ 与一级极点 $z_1=-\frac{a}{b}+\sqrt{\left(\frac{a}{b}\right)^2-1}$，而

$$\operatorname{Res}[f(z),0]=\lim_{z\to 0}\frac{\mathrm{d}}{\mathrm{d}z}\left[\frac{(z^2-1)^2}{z^2+\frac{2a}{b}z+1}\right]=-\frac{2a}{b},$$

$$\operatorname{Res}[f(z),z_1]=\lim_{z\to z_1}\left[\frac{(z^2-1)^2}{z^2\left(z+\frac{a}{b}+\sqrt{\left(\frac{a}{b}\right)^2-1}\right)}\right]=\frac{2\sqrt{a^2-b^2}}{b},$$

故 $I=\frac{2\pi}{b^2}(a-\sqrt{a^2-b^2})$.

4) $\int_0^{+\infty}\frac{x^2}{1+x^4}\mathrm{d}x$.

解 由于 $m-n=4-2=2$，并且 $R(z)=\frac{z^2}{1+z^4}$ 在实轴上没有孤立奇点，所以积分存在. 函数 $R(z)$ 的四个一级极点为 $\pm\frac{\sqrt{2}}{2}(1+$

i)，$\pm\frac{\sqrt{2}}{2}(1-i)$，其中$\frac{\sqrt{2}}{2}(1+i)$ 与 $-\frac{\sqrt{2}}{2}(1-i)$ 在上半平面内. 而

$$\operatorname{Res}\left[R(z),\frac{\sqrt{2}}{2}(1+i)\right]=\lim_{z\to\frac{\sqrt{2}}{2}(1+i)}\left[\left(z-\frac{\sqrt{2}}{2}(1+i)\right)\frac{z^2}{1+z^4}\right]$$

$$=\frac{1}{2\sqrt{2}(1+i)}=\frac{1-i}{4\sqrt{2}},$$

$$\operatorname{Res}\left[R(z),-\frac{\sqrt{2}}{2}(1-i)\right]=\lim_{z\to-\frac{\sqrt{2}}{2}(1-i)}\left[\left(z+\frac{\sqrt{2}}{2}(1-i)\right)\frac{z^2}{1+z^4}\right]$$

$$=-\frac{1+i}{4\sqrt{2}},$$

且 $R(x)$ 为偶函数,故

$$I=\int_0^{+\infty}\frac{x^2}{1+x^4}\mathrm{d}x$$

$$=\pi i\left\{\operatorname{Res}\left[R(z),\frac{\sqrt{2}}{2}(1+i)\right]+\operatorname{Res}\left[R(z),-\frac{\sqrt{2}}{2}(1-i)\right]\right\}$$

$$=\frac{\pi}{2\sqrt{2}}.$$

6) $\int_{-\infty}^{+\infty}\frac{x\sin x}{1+x^2}\mathrm{d}x.$

解 由于 $m-n=1$，$R(z)=\frac{z}{z^2+1}$ 在实轴上无孤立奇点,所以积分存在. 又 $R(z)$ 在上半平面内仅有一个一级极点 i,故有

$$\int_{-\infty}^{+\infty}\frac{x}{1+x^2}\mathrm{e}^{ix}\mathrm{d}x=2\pi i\operatorname{Res}[R(z)\mathrm{e}^{iz},i]$$

$$=2\pi i\frac{\mathrm{e}^{-1}}{2}=\pi\mathrm{e}^{-1}i,$$

所以
$$\int_{-\infty}^{+\infty}\frac{x\sin x}{1+x^2}\mathrm{d}x=\pi\mathrm{e}^{-1}.$$

*15. 利用公式(5.4.1)计算下列积分：

3) $\oint\limits_{|z|=3} \tan z\mathrm{d}z$.

解　取 $f(z)=\cos z$，则 $f(z)$ 在 $|z|=3$ 内有两个一级零 $z=\pm\frac{\pi}{2}$ 且无极点，故由公式(5.4.1)得

$$\oint_{|z|=3}\tan z\mathrm{d}z=-\oint_{|z|=3}\frac{f'(z)}{f(z)}\mathrm{d}z=-2\pi i\times 2=-4\pi i.$$

4) $\oint\limits_{|z|=3}\frac{1}{z(z+1)}\mathrm{d}z$.

解　由于

$$\oint_{|z|=3}\frac{1}{z(z+1)}\mathrm{d}z=\oint_{|z|=3}\frac{1}{z}\mathrm{d}z-\oint_{|z|=3}\frac{1}{z+1}\mathrm{d}z,$$

对右端两个积分分别取 $f(z)=z$ 与 $f(z)=z+1$，它们在 $|z|=3$ 内各有一个一级零点 $z=0$ 与 $z=-1$，且无极点，根据公式(5.4.1)得

$$\oint_{|z|=3}\frac{1}{z(z+1)}\mathrm{d}z=2\pi i\times 1-2\pi i\times 1=0.$$

*16. 设 C 为区域 D 内的一条正向简单闭曲线，z_0 为 C 内一点. 如果 $f(z)$ 在 D 内解析，且 $f(z_0)=0$，$f'(z_0)\neq 0$. 在 C 内 $f(z)$ 无其他零点. 试证：

$$\frac{1}{2\pi i}\oint_C\frac{zf'(z)}{f(z)}\mathrm{d}z=z_0.$$

证　参见本章例题分析中例 5.4.

*17. 设 $\varphi(z)$ 在 C：$|z|=1$ 上及其内部解析，且在 C 上 $|\varphi(z)|<1$. 证明在 C 内只有一个点 z_0 使 $\varphi(z_0)=z_0$.

证　取 $f(z)=-z$. 由于 $f(z)$ 与 $\varphi(z)$ 在 C：$|z|=1$ 上及其内部解析，且在 C 上，$|f(z)|=|z|=1>|\varphi(z)|$，由路西定理，$f(z)+\varphi(z)=\varphi(z)-z$ 与 $f(z)$ 在 C 内的零点个数相同. 显然 $f(z)$ 在 C 内仅有一个零点 $z_0=0$，故在 C 内 $\varphi(z)-z$ 也仅有一个零点 z_0，从而结

论得证.

*18. 证明:当 $|a|>\mathrm{e}$ 时,方程 $\mathrm{e}^z-az^n=0$ 在单位圆 $|z|=1$ 内有 n 个根.

证 取 $f(z)=-az^n$,$g(z)=\mathrm{e}^z$. 由于在 $|z|=1$ 上,$|f(z)|=|-az^n|=|a|>\mathrm{e}$, $|\mathrm{e}^z|=\mathrm{e}^{\mathrm{Re}\,z}\leqslant \mathrm{e}^{|z|}=\mathrm{e}$, 所以 $|f(z)|>|g(z)|$. 根据路西定理,$f(z)+g(z)=\mathrm{e}^z-az^n$ 与 $f(z)=-az^n$ 在单位圆 $|z|=1$ 内有相同个数的零点,它们都有 n 个零点,故方程 $\mathrm{e}^z-az^n=0$ 在 $|z|=1$ 内有 n 个根.

*19. 证明方程 $z^7-z^3+12=0$ 的根都在圆环域 $1\leqslant|z|\leqslant 2$ 内.

证 取 $f(z)=z^7$,$g(z)=-z^3+12$. 由于在 $|z|=2$ 上,$|f(z)|=|z|^7=128$,$|g(z)|\leqslant|z|^3+12=20$,故 $|f(z)|>|g(z)|$. 又 $f(z)$ 在 $|z|=2$ 内有 7 个零点,由路西定理知 $f(z)+g(z)=z^7-z^3+12$ 在 $|z|=2$ 内也有 7 个零点. 若取 $f(z)=-z^3+12$,$g(z)=z^7$, 则在 $|z|=1$ 上,$|f(z)|\geqslant 12-|z|^3=11$,$|g(z)|=1$,故在 $|z|=1$ 上,$|f(z)|>|g(z)|$. 根据路西定理,$f(z)+g(z)=z^7-z^3+12$ 与 $f(z)=-z^3+12$ 在 $|z|<1$ 内零点个数相同,而 $f(z)$ 在 $|z|=1$ 内没有零点,所以 z^7-z^3+12 在 $|z|<1$ 内也没有零点. 综上所述,方程 $z^7-z^3+12=0$ 的 7 个根都在圆环域 $1\leqslant|z|\leqslant 2$ 内.

第六章　共形映射

内容提要

解析函数所构成的映射具有共形(保形)性特征,它能把复杂区域上的问题转化为比较简单区域上的问题,不但在数学理论上,而且在诸如流体力学、弹性力学和电磁学中都具有重要的应用价值.本章从讨论解析函数导数的几何意义出发,引出了共形映射的概念;然后重点研究分式线性函数所构成的共形映射的性质和功能;最后还介绍了幂函数与指数函数所构成的映射性质及其功能.

一、共形映射的概念

1. 解析函数导数的辐角与模的几何意义

设 $w=f(z)$ 为区域 D 内的解析函数,$z_0\in D$,$f'(z_0)\neq 0$. 则(1)导数 $f'(z_0)$ 的辐角 $\arg f'(z_0)$ 在几何上表示过点 z_0 的曲线 C 经过映射 $w=f(z)$ 后在 z_0 处的转动角,转动角的大小与方向同曲线 C 的形状和方向无关(称该映射具有**转动角的不变性**). 因此,过 z_0 的任意两条曲线间的夹角经过映射 $w=f(z)$ 后所得两曲线间的夹角的大小与方向保持不变(称为**保角性**);(2) $|f'(z_0)|$ 在几何上表示过点 z_0 的曲线 C 经过映射 $w=f(z)$ 后在 z_0 处的伸缩率,伸缩率的大小与 C 的形状与方向无关(称该映射具有**伸缩率的不变性**).

2. 共形映射的定义与解析函数所构成的映射的共形(保形)性质

保角映射　设 $w=f(z)$ 定义在点 z_0 的邻域内,若它在 z_0 具有保角性和伸缩率的不变性，则称 $w=f(z)$ 在 z_0 处是保角的. 若 $w=f(z)$ 在区域 D 内每一点都是保角的，则称 $w=f(z)$ 是区域 D 内的保角映射(第一类保角映射).

共形映射 若 $w=f(z)$ 在区域 D 内是一一的(称为单叶的)[①]保角的，则称 $w=f(z)$ 是 D 内的共形(或保形)映射.

注 原教材中将保角映射称为共形映射，有些地方还有“在某点处是共形的”提法，这些表述都不够确切，请读者注意!

定理 设 $w=f(z)$ 为区域 D 内的解析函数，$z_0\in D$.

(1) 若 $f'(z_0)\neq 0$，则 $w=f(z)$ 在 z_0 处是保角的;

(2) 若 $w=f(z)$ 在 D 内是一一的，则 $w=f(z)$ 将区域 D 共形映射为区域 $G=\{w\mid w=f(z),z\in D\}=f(D)$，并且它的反函数 $z=f^{-1}(w)$ 在 G 内是一一的解析函数，因而将区域 G 共形映射到区域 D.

二、分式线性映射的性质及其功能

1. 分式线性映射

$$w=\frac{az+b}{cz+d}\qquad(ad-bc\neq 0)$$

可看成是由平移映射 $w=z+b$，旋转与伸缩映射 $w=az$ 以及反演映射 $w=\frac{1}{z}$ 构成的复合映射.

2. 分式线性映射在扩充复平面上具有共形性(即是一一的、保角的)、保圆性(即将圆周映为圆周)和保对称性(即将关于圆周的对称点映为关于该圆周像的对称点). 这里所讲的圆周包括直线(看成半径为无穷大的圆周).

3. 由扩充复平面上三对相异的对应点 z_1,z_2,z_3 与 w_1,w_2,w_3 可

---

① 若对 D 内任意两个不同的点 z_1,z_2，都有 $f_1(z)\neq f_2(z)$，则称 $w=f(z)$ 是 D 内的一一映射(或单叶映射).

唯一确定一个分式线性映射：

$$\frac{w-w_1}{w-w_2}\cdot\frac{w_3-w_2}{w_3-w_1}=\frac{z-z_1}{z-z_2}\cdot\frac{z_3-z_2}{z_3-z_1}. \tag{6.1}$$

4. 分式线性映射的功能：能处理边界为圆周、圆弧、直线及直线段的区域间的共形映射问题.

5. 几个常用的分式线性映射：

（1）将上半平面映为单位圆内部的分式线性映射

$$w=\mathrm{e}^{i\theta}\frac{z-\lambda}{z-\bar{\lambda}}\quad(Im\lambda>0), \tag{6.2}$$

其中 θ 为任意实数. 特别地，若取 $\lambda=i,\theta=0$，则有 $w=\dfrac{z-i}{z+i}$，它是将上半平面映为单位圆内部常用的一个分式线性映射.

（2）将单位圆内部映为单位圆内部的分式线性映射

$$w=\mathrm{e}^{i\varphi}\frac{z-\alpha}{1-\bar{\alpha}z}\qquad(|\alpha|<1), \tag{6.3}$$

其中 φ 为任意实数.

（3）将上半平面映为上半平面的分式线性映射

$$w=\frac{az+b}{cz+\mathrm{d}}, \tag{6.4}$$

其中 a,b,c,d 为实数，且 $ad-bc>0$（见本章习题第 9 题）.

三、几个常用初等函数构成的映射性质及其功能

1. 幂函数及其反函数 —— 根式函数

（1）幂函数 $w=z^n$（$n\geqslant 2$ 为正整数）在复平面上除去原点 $z=0$ 外处处保角；它将 z 平面上以 $z=0$ 为顶点的角形域 $0<\arg z<\theta_0$，映成 w 平面上以 $w=0$ 为顶点的角形域 $0<\arg w<n\theta_0\left(\theta_0<\dfrac{2\pi}{n}\right)$，张角为原来的 n 倍；它在角形域 $0<\arg z<\dfrac{2\pi}{n}$ 内是共形的.

(2) 幂函数 $w = z^n$($n \geqslant 2$ 为正整数)的功能是将角形域映成角形域,且张角扩大为原来的 n 倍.

(3) 根式函数 $z = \sqrt[n]{w}$(一个单值分支)的性质与功能同幂函数 $w = z^n$ 完全相反.

2. 指数函数及其反函数——对数函数

(1) 指数函数 $w = e^z$ 在复平面上处处保角;它将 z 平面上的水平带形域 $0 < \mathrm{Im}(z) < a$ $(a \leqslant 2\pi)$ 映成 w 平面上角形域 $0 < \arg w < a$;它在水平带形域 $0 < \mathrm{Im}(z) < 2\pi$ 内是共形的;它的功能是将水平带形域映成角形域.

(2) 对数函数的性质与功能同指数函数相反.

教学基本要求

1. **理解解析函数导数的几何意义及共形映射的概念.**
2. **掌握线性映射的性质和分式线性映射的保圆性及保对称性.**
3. 了解函数 $w = z^\alpha$(α 为正有理数)和 $w = e^z$ 有关映射的性质.
4. 会求一些简单区域(例如平面、半平面、角形域、圆、带形域等)之间的共形映射.

释疑解难

问题 6.1 如何理解共形映射的概念,它在解决实际问题中有什么作用?

答 在本章的内容提要中已经给共形映射下了一个严格的定义. 若函数 $w = f(z)$ 在区域 D 内同时满足两个条件:(1) 在 D 内每一点都是保角的;(2) 在 D 内是一一的,则称 $w = f(z)$ 是 D 内的**共形映射**. 根据本章内容提要中的定理可知,在 D 内一一的解析函数 $w =$

$f(z)$ 所构成的映射将区域 D 共形映射为区域 $G=f(D)$，它的反函数 $z=f^{-1}(w)$ 将区域 G 共形映射为区域 D. 从而，区域 D 内的一个任意小的曲边三角形 δ 映成区域 G 内的一个小曲边三角形 Δ. 根据保角性，它们的对应角相等；根据伸缩率的不变性，对应边也近似地成比例，因此，三角形 δ 与三角形 Δ 近似地“相似”（如图 6.1）. 正因为如此，我们把这种映射叫做共形映射或保形映射.

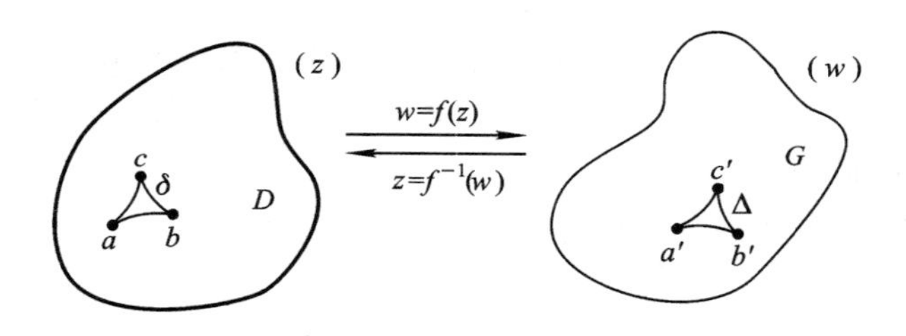

图 6.1

为了加深对共形映射概念的理解，我们考察由幂函数 $w=z^2$ 所构成的映射. 根据幂函数 $w=z^n$ 所构成的映射性质，当 $z\neq 0$ 时，$w=z^2$ 是保角的，并且它将 z 平面的上半平面一一映射为 w 平面上沿正实轴剪开的平面，所以，它在上半平面 $0<\arg z<\pi$ 内是共形映射. 令 $z=x+iy$，$w=u+iv$，则

$$u=x^2-y^2,\qquad v=2xy.$$

由此易见，$w=z^2$ 将 z 平面上以 $y=\pm x$ 为渐近线的等轴双曲线族 $x^2-y^2=c_1$（常数）映为 w 平面上平行于虚轴的直线族 $u=c_1$，将 z 平面上以坐标轴为渐近线的等轴双曲线族 $2xy=c_2$（常数）映为 w 平面上平行于实轴的直线族 $v=c_2$. 这两族双曲线是正交的（见教材中第二章 §2 例 4），它们的像曲线（两族平行直线）也是正交的. 这件事不是巧合，而是映射 $w=z^2$ 保角性的必然结果. 另外，z 平面中的阴影部分（曲线四边形）映射为 w 平面中的阴影部分（矩形），它们是近似的“相似形”（见图 6.2）.

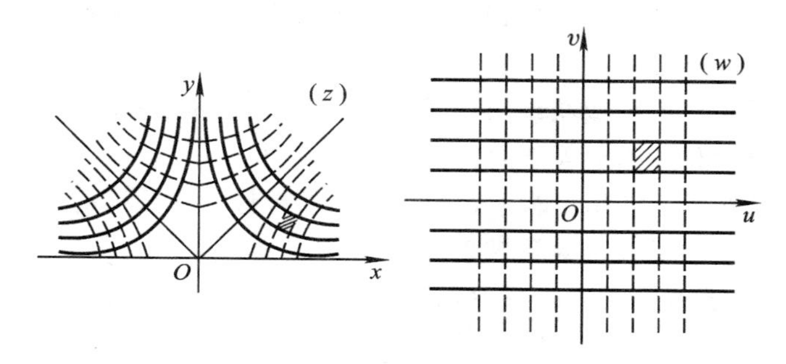

图 6.2

共形映射在解决许多实际问题中有重要的应用. 例如,为了研究飞机在飞行过程中气流对机翼所产生的升力,需要研究机翼剖面外部的速度分布问题,也就是通常所说的机翼剖面的绕流问题. 由于机翼剖面的边界是一条很复杂的曲线(图 6.3),直接求解非常困难,因此,常将机翼剖面的外部区域映射为圆的外部区域,即将机翼剖面的

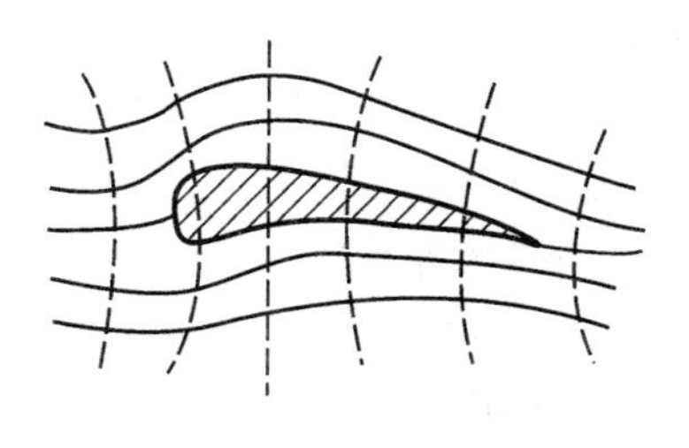

图 6.3

绕流问题转化为比较简单的圆柱剖面的绕流问题. 为了能将求得的解还原为问题的解,必须要求逆映射存在,也就是说,该映射必须是一一的. 又因为机翼剖面外部区域的流速场中流线和等位线是正交的,我们自然希望映成圆外部区域的流速场后流线与等位线能保持正交性. 所以,该映射应当具有保角性. 因此,将机翼剖面外部区域映

为圆的外部区域的映射应当是一一的保角的. 由解析函数构成的共形映射正好满足了这些要求,从而成为解决这一问题的有力工具. 实际上共形映射不但成功地解决了流体力学中的许多实际问题,而且在弹性力学和电磁学等方面也有广泛的应用.

问题 6.2 怎样才能正确而快捷地求得将一个给定的区域 D 映射为另一个区域 G 的共形映射 $w=f(z)$?

答 求将给定的区域 D 映为另一区域 G 的共形映射 $w=f(z)$ 是本章的主要课题,也是一个较为复杂和困难的问题. 初学者之所以感到困难,是因为解决共形映射问题既无现成的公式可代,又无固定的方法可以套用. 下面仅就个人的经验,谈几点体会供初学者参考.

第一,应当熟悉几个初等函数所构成的映射的性质和功能. 求一个将区域 D 变为区域 G 的共形映射就好象设计一部机器,只有充分了解各种机械零部件的性能和作用,才能巧妙地设计出你所需要的机器来. 教材中的几个初等函数($w=z+b$, $w=az$, $w=\dfrac{1}{z}$ 以及分式线性函数、幂函数与根式函数、指数函数与对数函数)就是我们求得所需要的共形映射的基本"零部件",只要能根据它们的映射性质和功能,把"零部件"巧妙地"组装"起来(就是将这些函数进行复合),就可能实现不同区域间的变换. 关于这些初等函数,教材中已经介绍过它们的性质与功能,下面再作几点补充,以便开拓解决问题的思路.

1. 分式线性函数能把由两个圆孤(一个可以是线段)所围成的区域共形映射成以原点为顶点的角形域(图 6.4).

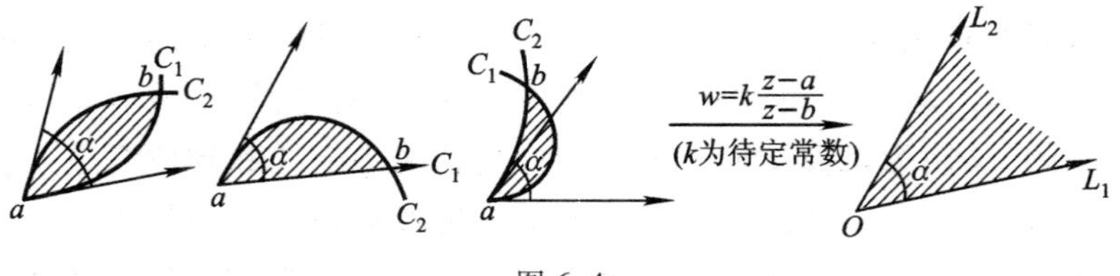

图 6.4

特别地，$w=-\frac{z+R}{z-R}$将半径为R的上半圆映射为第一象限，并且$-R,0,R$分别映为$0,1,\infty$（如图6.5）.

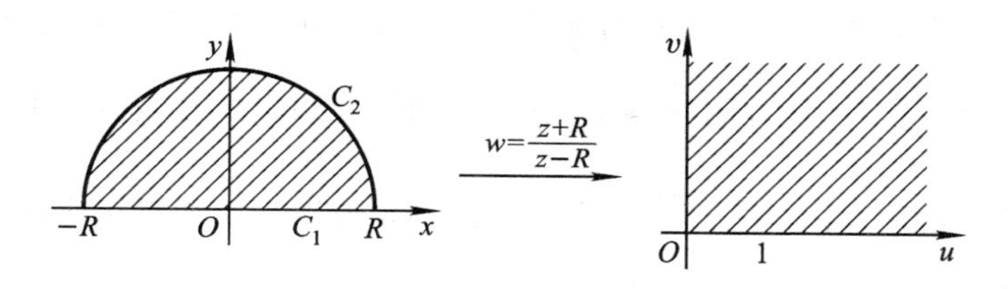

图6.5

2. 分式线性函数能把两个相切的两圆周C_1与C_2所围成的区域共形映射成带形域（图6.6）. 例如，只要将切点$z=b$映为$w=\infty$，则该区域就映成某个带形域. 再经过平移、旋转与伸缩等变换就映为宽为h的水平带形域$0<\mathrm{Im}(w)<h$，并使C_1与C_2分别映为$\mathrm{Im}(w)=0,\mathrm{Im}(w)=h$. 完成上述映射的分式线性函数为$w=k\frac{z-a}{z-b}$，其中$k$与$a$为待定常数. 若带形域的宽度$h=\pi$，那么只要使$C_1$上的点$z=0$映为$w=0$，$C_2$上的点$z=-b$映为$w=\pi i$，就可求得$a=0,k=2\pi i$，故所求分式线性函数为$w=2\pi i\frac{z}{z-b}$.

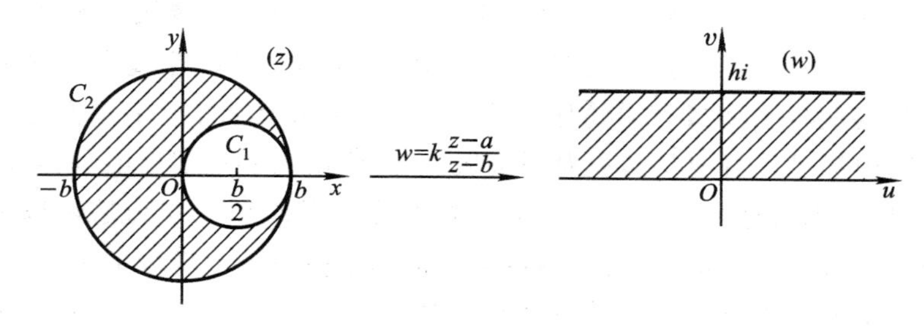

图6.6

3. 由于幂函数 $w = z^n$ 能把以原点为顶点的角形域映射为以原点为顶点张角为原来 n 倍的角形域，并能把圆周 $|z| = r$ 映为圆周 $|w| = r^n$，所以它也能将 z 平面上以原点为顶点张角为 θ_0 的圆扇形区域映为 w 平面上以原点为顶点张角为 $n\theta_0$ 的圆扇形区域（扇形的半径为 r^n）. 特别，能将顶角为 $\frac{\pi}{n}$、半径为 1 的圆扇形区域映为上半个单位圆内部，将顶角为 $\frac{2\pi}{n}$、半径为 1 的圆扇形区域映为沿正实轴剪开的单位圆（注意，不能映为整个单位圆）内部.

4. 如图 6.7 所示，指数函数 $w = e^z$ 不但能将 z 平面上的水平带形域 $0 < \mathrm{Im}(z) < a(a \leqslant 2\pi)$ 共形映射成 w 平面上的角形域 $0 < \arg w < a$，而且能将这个带形域在虚轴上截下的线段 $\overline{AB}$ 映射成单位圆周上的圆弧 $\widehat{A'B'}$，将左半个带形域映射为圆扇形 $OA'B'$，将右半个带形域映射为角形域中去掉圆扇形 $OA'B'$ 的部分. 特别地，将宽为 2π 的水平带形域的左半映为沿正实轴剪开的单位圆的内部，将水平带形域的右半映为该单位圆的外部. 读者可类似地讨论水平带形域的宽为 π 的情形.

5. 反演映射 $w = \frac{1}{z}$ 将单位圆 $|z| = 1$ 的内部映为单位圆 $|w| = 1$ 的外部，而且将单位圆 $|z| = 1$ 内部的上半部分映为单位圆 $|w| = 1$ 外部在下半平面的部分，$|z| = 1$ 内部的下半部分的像域正相反.

第二，实际应用中，大多是求一个共形映射，将一个复杂的区域映射成上半平面或者单位圆的内部（或外部）. 因此，上半平面与单位圆内部可以看成是两类典型区域，是通常所求共形映射的目标. 解题时，应当目标明确，方法得当，不断总结经验. 例如，角形域可以利用幂函数变成上半平面；带形域可以借助于指数函数变成上半平面；上半平面可以利用分式线性函数映成单位圆内部；利用反演映射可将单位圆内部映为单位圆外部（或者反过来将外部映为内部）等. 读

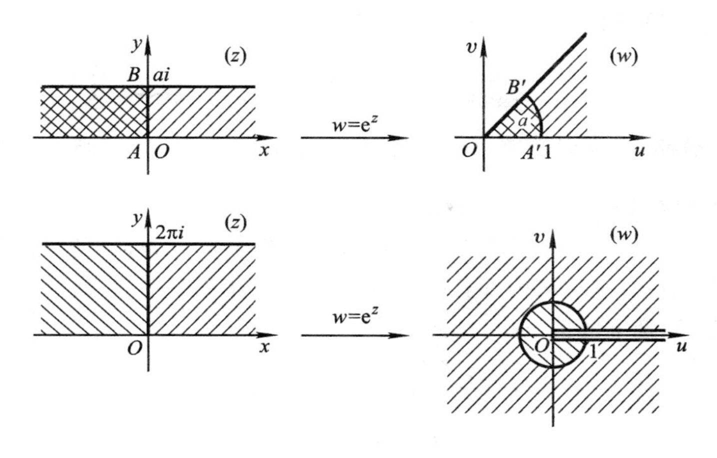

图 6.7

者还可以研究如何将一个圆扇形区域映为单位圆内部，如何将左半（或右半）水平带形域映为单位圆内部等问题. 久而久之，必能达到熟能生巧的境界.

第三，分式线性映射是常用的一类共形映射，不但要熟悉这类映射的特性和功能，而且还应当熟悉三类典型的分式线性映射，即上半平面映为上半平面、上半平面映为单位圆内部、单位圆内部映为单位圆内部的分式线性映射. 在这三类映射中都含有待定的常数，在具体解题中可由题中给定的条件来确定，也可由我们根据需要选取对应点来确定. 在某些问题中，要求将区域中一些特殊点（例如割痕的端点等）映射为给定的对应点. 对这些具体问题只要读者细心，也是不难解决的. 在后面的例题分析中我们将会举例说明.

例题分析

例 6.1 求将上半平面 $\mathrm{Im}(z)>0$ 保形映射为圆 $|w-2i|<2$

内部的分式线性映射 $w = f(z)$,使它满足:

$$(1)\ f(2i) = 2i; \qquad (2)\ \arg f'(2i) = -\frac{\pi}{2}.$$

分析　我们知道,分式线性映射 $\zeta = e^{i\theta}\frac{z-2i}{z+2i}$ 就可将上半平面映为单位圆 $|\zeta| = 1$ 的内部,并且将 $2i$ 映为 $\zeta = 0$,其中 θ 为待定实常数.只要再将单位圆 $|\zeta| = 1$ 的圆心平移至 $w = 2i$,半径伸长为原来的 2 倍,该单位圆内部就映为圆 $|w-2i| < 2$ 的内部.最后利用条件(2)确定 θ 的值,就可得到所求的映射 $w = f(z)$.

解　由于分式线性映射 $\zeta = e^{i\theta}\frac{z-2i}{z+2i}$ 将上半平面 $\mathrm{Im}(z) > 0$ 映为单位圆 $|\zeta| = 1$ 的内部,且 $z = 2i$ 映为 $\zeta = 0$;而 $w = 2(\zeta + i)$ 将 $|\zeta| < 1$ 映为 $|w-2i| < 2$,故分式线性映射

$$w = 2\left(e^{i\theta}\frac{z-2i}{z+2i} + i\right) \qquad (\theta\text{ 为待定实数})$$

将上半平面 $\mathrm{Im}(z) > 0$ 映为圆 $|w-2i| < 2$ 内部,并且满足条件(1)(图 6.8).

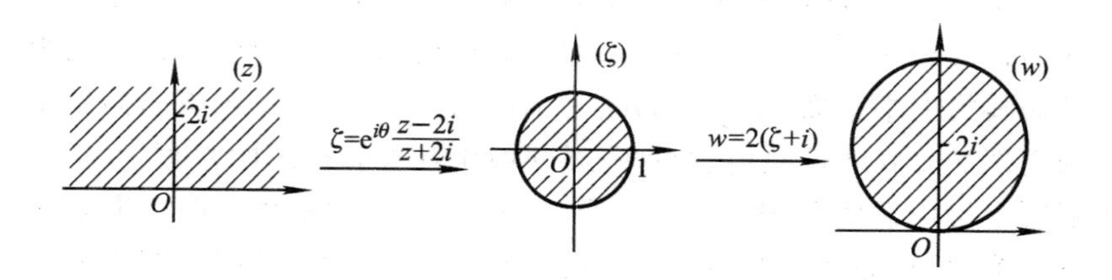

图 6.8

又因为

$$f'(2i) = 2\left(e^{i\theta}\frac{z-2i}{z+2i}\right)'\Bigg|_{z=2i} = 2e^{i\theta}\frac{4i}{(z+2i)^2}\Bigg|_{z=2i} = -\frac{1}{2}ie^{i\theta},$$

所以 $\arg f'(2i) = \theta - \frac{\pi}{2}$. 代入条件(2)得 $\theta = 0$,故 $w =$

$2\left(i+\frac{z-2i}{z+2i}\right)$即为所求的分式线性映射.

例 6.2 求将 $z=-1,0,1$ 分别映射为 $w=-1,-i,1$ 的分式线性映射. 它将上半平面 $\mathrm{Im}(z)>0$ 映成什么区域?将上半平面内的直线族 $x=$ 常数与 $y=$ 正常数映成什么曲线?

分析 显然,所求的分式线性映射可由已知的三对对应点唯一确定. 由于 $-1,0,1$ 在 z 平面的实轴上,而 $-1,-i,1$ 不在一条直线上,故由分式线性映射的保圆性可知 z 平面的实轴被映为通过这三点的单位圆周 $|w|=1$. 至于上半平面被映射成单位圆的内部还是外部,上半平面内的两族直线映成什么曲线,要由求得的分式线性映射的具体表达式来确定. 在解答这些问题的过程中,要充分利用分式线性映射的性质,例如保圆性,保角性等.

解 将三对对应点直接代入(6.1)式,得

$$\frac{w+1}{w+i}\cdot\frac{1+i}{1+1}=\frac{z+1}{z-0}\cdot\frac{1-0}{1+1},$$

化简可得

$$w=\frac{z-i}{-iz+1}.$$

在分析中已经指出,z 平面的实轴被映成通过 $w=-1,-i,1$ 的单位圆 $|w|=1$,又因为 $z=i$ 被映为 $w=0$,故知上半平面 $\mathrm{Im}(z)>0$ 被映为单位圆 $|w|=1$ 的内部(图 6.9).

由于 z 平面正虚轴上的点 $z=iy(y\geqslant 0)$ 被映为 $w=i\frac{y-1}{y+1}$,从而有 $u=0,v=\frac{y-1}{y+1}$. 当 y 从 0 趋向 ∞ 时,v 从 -1 变到 1,即 $-1\leqslant v\leqslant 1$. 又因为 $z=0$ 映为 $w=-i$,$z=\infty$ 映为 $w=i$,所以正虚轴映为单位圆 $|w|=1$ 内虚轴上的线段 $L:u=0,-1\leqslant v\leqslant 1$.

注意到经过该分式线性映射上半 z 平面中没有一点映为 $w=\infty$,根据分式线性映射的保圆性,直线 $y=$ 正常数的像曲线必是经过

$w=i$ 与 L 正交且位于单位圆 $|w|<1$ 内的圆周. 因为直线 $x=$ 常数与 $y=$ 正常数正交, 所以 $x=$ 常数的像曲线是经过 $w=i$ 并与 $y=$ 正常数的像曲线正交且位于 $|w|<1$ 内的圆弧(图 6.9). 这些像曲线的方程都可由将 $y=$ 正常数和 $x=$ 常数分别代入上面得到的分式线性映射中求得, 这里就省略了.

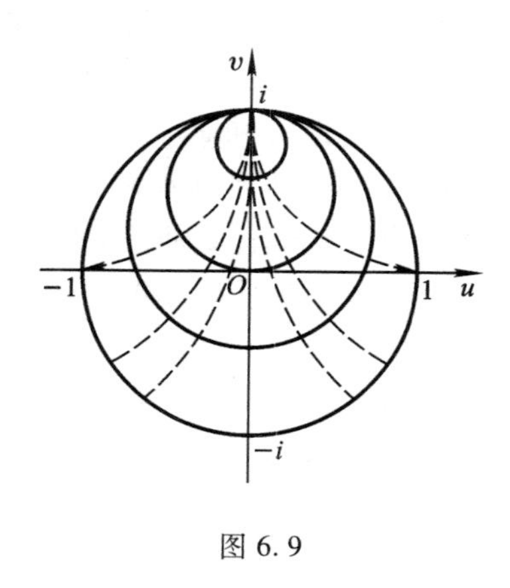

图 6.9

例 6.3　求一共形映射, 将单位圆周 $|z|=1$ 内部在第一象限内的部分映射为单位圆内部.

分析　有人认为这个题很简单, $w=z^4$ 就是所求的映射. 这是不对的, 因为 $w=z^4$ 将题中给定的区域映射成沿正实轴的半径剪开后的单位圆内部. 很多初学者容易犯这样的错误! 为了将已知区域映射为单位圆内部, 只要能将它映射成上半平面就行了. 因此, 只要先将它映射成第一象限. 本章释疑解难中的问题 6.2 已经指出, 上半单位圆可以通过分式线性映射映成第一象限, 因此, 只要将已知区域映成上半单位圆就可以了, 这件事可以利用幂 $w=z^2$ 来完成. 下面我们沿着分析过程相反的程序一步一步地做, 并将完成各步的映射复合起来, 就可得到所求的映射.

解 第一步,通过映射 $z_1 = z^2$ 将已知区域映为上半单位圆;第二步,通过映射 $z_2 = -\frac{z_1 + 1}{z_1 - 1}$ 将上半单位圆映为第一象限;第三步,通过映射 $z_3 = z_2^2$ 将第一象限映成上半平面;最后,通过分式线性映射 $w = \frac{z_3 - i}{z_3 + i}$ 将上半平面映成单位圆内部(图 6.10). 因此,所求的映射为

$$w = \frac{\left(\frac{z^2 + 1}{z^2 - 1}\right)^2 - i}{\left(\frac{z^2 + 1}{z^2 - 1}\right)^2 + i} = \frac{(z^2 + 1)^2 - i(z^2 - 1)^2}{(z^2 + 1)^2 + i(z^2 - 1)^2}.$$

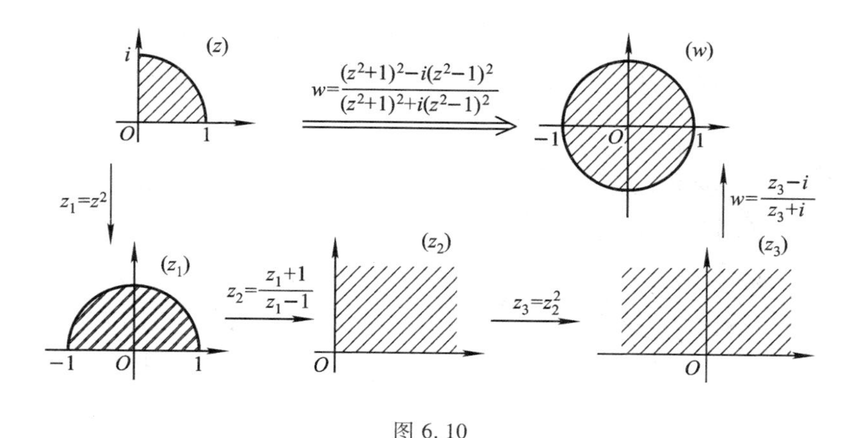

图 6.10

例 6.4 求一映射,将由圆周 $|z| = 1$ 与 $|z - \frac{i}{2}| = \frac{1}{2}$ 所围成的月牙形区域保形映射为上半平面.

分析 在本章释疑解难的问题 6.2 中曾讲过,可以用分式线性函数将两个相切的圆周所围成的区域映射为带形区域,只要将切点映成无穷远点就可以了. 此带形域通过平移、旋转和伸缩又可变为宽为 π 的水平带形域,再利用指数函数 $w = e^z$ 将水平带形域映为上半

平面. 将这些函数复合后就得到所求的映射.

解　首先,作分式线性映射 $z_1 = k\dfrac{z}{z-i}$,它将 $z=0$ 映为 $z_1=0$,$z=i$ 映为 $z_1=\infty$. 为了确定常数 k,在圆周 $|z|=1$ 上取 $z=-i$,使它映为 $z_1=\dfrac{1}{2}$,则得 $k=1$. 因此,$z_1=\dfrac{z}{z-i}$ 将月牙形区域映为宽为 $\dfrac{1}{2}$ 的竖直带形域 $0<\mathrm{Re}(z_1)<\dfrac{1}{2}$. 其次易见,映射 $z_2=2\pi i z_1$ 将此竖直带形域映为宽为 π 的水平带形域. 最后,通过指数函数 $w=\mathrm{e}^{z_2}$ 把水平带形域映上半平面 $\mathrm{Im}(w)>0$. 因此,将上述函数复合起来,便得了所求的映射(图 6.11)

$$w=\mathrm{e}^{2\pi i\frac{z}{z-i}}.$$

例 6.5　求一映射 $w=f(z)$ 将带形域 $-\dfrac{\pi}{2}<\mathrm{Re}(z)<\dfrac{\pi}{2}$,

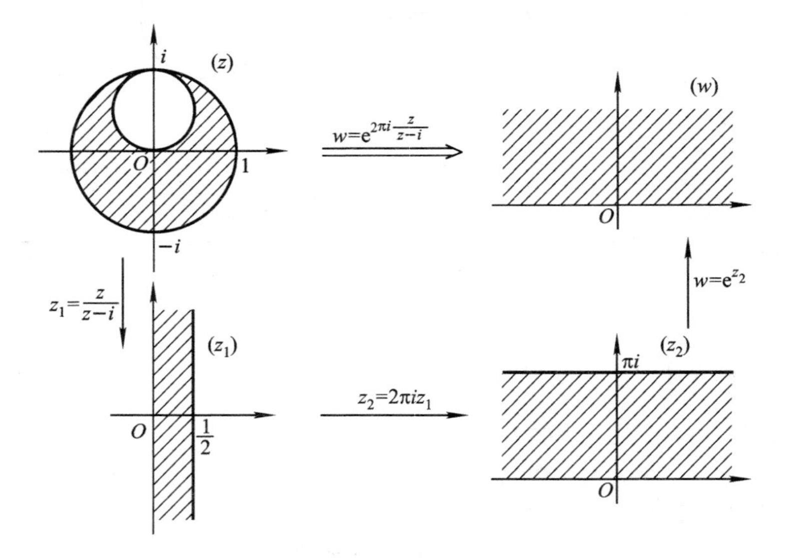

图 6.11

$\mathrm{Im}(z)>0$ 共形映射为上半平面 $\mathrm{Im}(w)>0$，并使 $f\left(\pm\frac{\pi}{2}\right)=\pm 1$，$f(0)=0$.

分析 为了将给定的区域（竖直的宽为 π 的上半带形域）映射成上半平面，首先可将该区域经过平移和旋转后映为水平的宽为 π 的左半带形域. 在本章释疑解难问题 6.2 中已经指出，该带形域可通过指数函数映为上半单位圆的内部. 然后，再像例 6.3 中那样利用分式线性函数和幂函数 $w=z^2$ 将它映为上半平面. 由于题中还要求将 z 平面上的给定三点 $-\frac{\pi}{2},0,\frac{\pi}{2}$ 分别映为 w 平面上的给定三点 $-1,0,1$，如果上面得到的上半平面不满足这个要求，则应适当选择三对对应点作一分式线性映射将它变为符合题中要求的上半平面.

解 第一步. 通过平移和旋转映射 $z_1=i\left(z+\frac{\pi}{2}\right)$ 将所给的带形域映为宽为 π 的左半水平带形域 $\mathrm{Re}(z_1)<0,0<\mathrm{Im}(z_1)<\pi$；

第二步. 将得到的水平带形域通过指数函数 $z_2=\mathrm{e}^{z_1}$ 映为上半单位圆 $|z_2|<1,\mathrm{Im}(z_2)>0$ 的内部；

第三步. 利用例 6.3 中的方法，通过映射 $z_3=\left(-\frac{z_2+1}{z_2-1}\right)^2=\left(\frac{i\mathrm{e}^{iz}+1}{i\mathrm{e}^{iz}-1}\right)^2$ 将得到的上半单位圆的内部映为上半平面 $\mathrm{Im}(z_3)>0$；

第四步，由于

$$z_3\left(-\frac{\pi}{2}\right)=\infty,\qquad z_3(0)=-1,\qquad z_3\left(\frac{\pi}{2}\right)=0,$$

所以，第三步中所得到的上半平面不满足题目的要求. 为此，我们求一使 $\infty,-1,0$ 依次映为 $-1,0,1$ 的分式线性映射，将它们代入 (6.1) 式即得

$$w=-\frac{z_3+1}{z_3-1}.$$

因为该映射符合(6.4)式的条件,所以它将上半平面 $\mathrm{Im}(z_3)>0$ 映为上半平面 $\mathrm{Im}(w)>0$,并且符合题中的要求.

综上所述,所求的映射为(图 6.12)

$$w=-\frac{\left(\frac{ie^{iz}+1}{ie^{iz}-1}\right)^2+1}{\left(\frac{ie^{iz}+1}{ie^{iz}-1}\right)^2-1}=\frac{e^{2iz}-1}{2ie^{iz}}=\frac{e^{iz}-e^{-iz}}{2i}=\sin z.$$

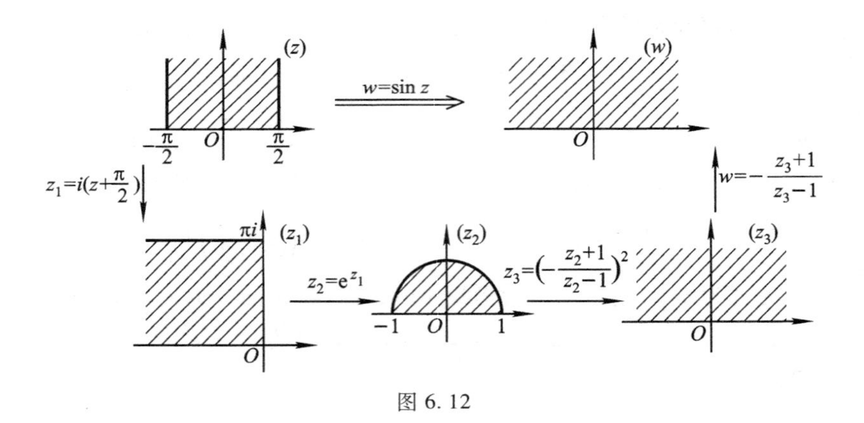

图 6.12

例 6.6 求一映射,将在实轴上具有左、右两条割痕:$\mathrm{Re}(z)\leqslant -a,\mathrm{Im}(z)=0$ 与 $\mathrm{Re}(z)\geqslant a,\mathrm{Im}(z)=0\ (a>0)$ 的扩充复平面共形映射成水平带形域 $0<\mathrm{Im}(w)<\pi$,并使左、右两条割痕分别映射成水平带形域的下、上边界.

分析 由于指数函数可以将宽为 π 的水平带形域共形映射为上半平面,所以对数函数可以将上半平面共形映射为宽为 π 的水平带形域. 因此,只要能将具有割痕的扩充复平面共形映射成上半平面就行了. 为此,我们设法将具有两条割痕的扩充复平面映射成割痕为正实轴的复平面,再利用根式函数就可以实现上述目标. 为了使有两条割痕的平面变为仅有以正实轴为割痕的平面,可以利用分式线性映射将左边的割痕(是半直线)映为实轴上的一条直线段,并使它与右边割痕(也是半直线)的像组成正实轴(根据分式线性映射的保圆性及直线可以看成半径为无穷大的圆周,这是可能的).题中还要求左、右两割痕分别映成带形域的下、上边界,因此,在将给定区域映成上半平面时,应使左割痕映成上半平面的正实轴,右割痕映射成负实轴,这一点也是我们在作映射时必须时刻注意的!

解 第一步.为了使左割痕映射为正实轴上的一条直线段并使它与右割痕的像合并为正实轴,只要使 $z=-a$ 映射成 $z_1=0$,$z=\infty$ 映射成 $z_1=1$,$z=a$ 映射为 $z_1=\infty$ 就行了.为此,我们取

$$z_1=\frac{z+a}{z-a}.$$

易见,它将左割痕映成线段:$0\leqslant \operatorname{Re}(z_1)\leqslant 1$,$\operatorname{Im}(z_1)=0$;右割痕映成半直线:$1\leqslant \operatorname{Re}(z_1)<+\infty$,$\operatorname{Im}(z_1)=0$.从而左、右两割痕的像为 z_1 平面上的正实轴,给定区域被映为具有割痕为正实轴的 z_1 平面.

第二步.映射 $z_2=\sqrt{z_1}$ 将上述 z_1 平面映射成上半平面 $\operatorname{Im}(z_2)>0$,并使原来的左割痕映为直线段:$-1\leqslant \operatorname{Re}(z_2)\leqslant 1$,$\operatorname{Im}(z_2)=0$;原来的右割痕被映为两条半直线:$\operatorname{Re}(z_2)\leqslant -1$,$\operatorname{Im}(z_2)=0$ 和 $\operatorname{Re}(z_2)\geqslant 1$,$\operatorname{Im}(z_2)=0$.

第三步.为了使原来的左割痕映为正实轴,右割痕映为负实轴,只要将线段 $-1\leqslant \operatorname{Re}(z_2)\leqslant 1$,$\operatorname{Im}(z_2)=0$ 映为正实轴,并将第二步中得到的两条半直线映成负实轴,而上半平面 $\operatorname{Im}(z_2)>0$ 仍映为上半平面.我们作分式线性映射(类似于例 6.5)

$$z_3=-\frac{z_2+1}{z_2-1},$$

易见,它将 $z_2=-1,1,\infty$ 分别映为 $z_3=0,\infty,-1$,因此线段 $-1\leqslant \operatorname{Re}(z_2)\leqslant 1$ 映为正实轴;两条半射线分别映为 $-1\leqslant \operatorname{Re}(z_3)\leqslant 0$,$\operatorname{Im}(z_3)=0$ 和 $-\infty<\operatorname{Re}(z_3)\leqslant -1$,$\operatorname{Im}(z_3)=0$,它们合并起来就是负实轴.

第四步.对数函数 $w=\ln z_3$ 就将第三步中得到的上半平面映成宽

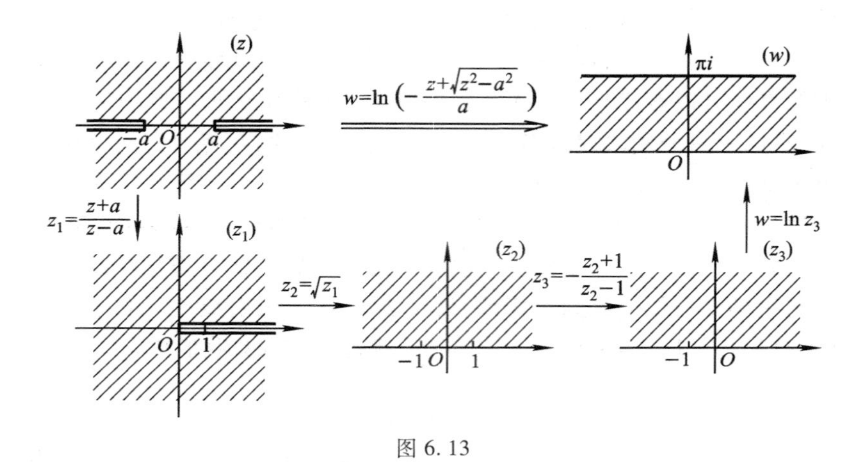

图 6.13

为 π 的水平带形域，并使左、右两割痕分别映为带形域的下、上边界.

将上述映射复合起来，便得所求的映射（图 6.13）

$$w=\ln\left(-\frac{\sqrt{\frac{z+a}{z-a}}+1}{\sqrt{\frac{z+a}{z-a}}-1}\right)=\ln\left(-\frac{z+\sqrt{z^2-a^2}}{a}\right).$$

部分习题解法提要

5. 证明：映射 $w=z+\frac{1}{z}$ 把圆周 $|z|=c$ 映射成椭圆：

$$u=\left(c+\frac{1}{c}\right)\cos\theta,\qquad v=\left(c-\frac{1}{c}\right)\sin\theta.$$

证　令 $w=u+iv, z=re^{i\theta}$，则

$$u+iv=re^{i\theta}+\frac{1}{r}e^{-i\theta}=\left(r+\frac{1}{r}\right)\cos\theta+i\left(r-\frac{1}{r}\right)\sin\theta.$$

其中 $r=|z|$. 将圆周 $|z|=c$ 代入上式得知

$$u = (c + \frac{1}{c})\cos\theta, \qquad v = (c - \frac{1}{c})\sin\theta.$$

6. 证明：在映射 $w = e^{iz}$ 下，互相正交的直线族 $\text{Re}(z) = c_1$ 与 $\text{Im}(z) = c_2$ 依次映射成互相正交的直线族 $v = u\tan c_1$ 与圆族 $u^2 + v^2 = e^{-2c_2}$.

证 令 $w = u + iv, z = x + iy$，则

$$u + iv = e^{-y}(\cos x + i\sin x).$$

从而有 $u = e^{-y}\cos x, v = e^{-y}\sin x$. 将直线族 $x = c_1$ 代入得 $u = e^{-y}\cos c_1, v = e^{-y}\sin c_1$. 从而知直线族 $\text{Re}(z) = c_1$ 被映为直线族 $v = u\tan c_1$. 类似可知直线族 $\text{Im}(z) = c_2$ 被映为圆族

$$u^2 + v^2 = e^{-2c_2}.$$

8. 下列区域在指定的映射下映射成什么？

1) $\text{Re}(z) > 0, w = iz + i$.

解 将右半平面 $\text{Re}(z) > 0$ 沿逆时针方向旋转 $\frac{\pi}{2}$ 并沿正虚轴方向平移单位长度后即得所求区域 $\text{Im}(w) > 1$. 此题也可用下面的方法. 设 $z = x + iy, w = u + iv$，则映射变为

$$u = -y, \qquad v = x + 1.$$

因此，区域 $x = \text{Re}(z) > 0$ 被映为区域 $\text{Im}(w) = v > 1$.

2) $\text{Im}(z) > 0, w = (1 + i)z$.

解 设 $z = x + iy, w = u + iv$，则映射变为

$$u = x - y, \qquad v = x + y.$$

从而有 $v - u = 2y > 0$，即区域 $y = \text{Im}(z) > 0$ 被映为区域 $\text{Im}(w) > \text{Re}(w)$.

3) $0 < \text{Im}(z) < \frac{1}{2}, w = \frac{1}{z}$.

解 由于 $w = \frac{1}{z} = \frac{x - iy}{x^2 + y^2}$，故 $u = \frac{x}{x^2 + y^2}, v = -\frac{y}{x^2 + y^2}$. 从而知带形域 $0 < \text{Im}(z) < \frac{1}{2}$ 的边界 $\text{Im}(z) = 0$ 映为 $\text{Im}(w) = 0$，并且

区域 $\mathrm{Im}(z)>0$ 映为区域 $\mathrm{Im}(w)<0$. 在给定的带形域内任取一水平直线 $\mathrm{Im}(z)=y=c$(常数),$0<c<1/2$,则它被映为 $u=\dfrac{x}{x^2+c}$,$v=-\dfrac{c}{x^2+c^2}$,从而有

$$u^2+v^2=\frac{1}{x^2+c^2}=-\frac{1}{c}v,\text{或 } u^2+\left(v+\frac{1}{2c}\right)^2=\frac{1}{4c^2}.$$

这表明直线 $\mathrm{Im}(z)=c$ 被映为圆周 $\left|w+\dfrac{i}{2c}\right|=\dfrac{1}{4c^2}$. 取 $c=\dfrac{1}{2}$,可知直线 $\mathrm{Im}(z)=\dfrac{1}{2}$ 被映为圆周 $|w+i|=1$. 由于当 $0<c<\dfrac{1}{2}$ 时,$\left|w+\dfrac{i}{2c}\right|=\dfrac{1}{4c^2}>1$. 说明带形域内部的水平直线都被映为圆周 $|w+i|=1$ 外部的圆. 因此,所给带形域被映为区域 $|w+i|>1$,$\mathrm{Im}(w)<0$.

9. 如果分式线性映射 $w=\dfrac{az+b}{cz+d}$ 将上半平面 $\mathrm{Im}(z)>0$,1) 映射成上半平面 $\mathrm{Im}(w)>0$;2) 映射成下半平面 $\mathrm{Im}(w)<0$,那么它的系数满足什么条件?

解 1) 设分式线性映射 $w=\dfrac{az+b}{cz+d}$ $(ad-bc\neq 0)$ 将上半平面映射成上半平面,则它必将实轴映成实轴,因此,a,b,c,d 必全为实数(也可以全为纯虚数,但在这种情况下,该映射与全为实数情况并无本质区别),并且 z 平面实轴上的三点 x_1,x_2,x_3 $(x_1<x_2<x_3)$ 依次映为 w 平面上的三点 u_1,u_2,u_3 $(u_1<u_2<u_3)$,即应保持实轴正向不变. 所以该映射在实轴上任一点处转动角为零,即 $\arg\left(\dfrac{\mathrm{d}w}{\mathrm{d}z}\right)=0$,或 $\dfrac{\mathrm{d}w}{\mathrm{d}z}=\dfrac{ad-bc}{(cz+d)^2}>0$,从而应有 $ad-bc>0$. 这就是说,将上半平面映为上半平面的分式线性映射必定满足:a,b,c,d 为实数且 $ad-bc>$

0. 易见，这个条件也是充分的. 用类似的方法可得到 2）的条件.

10. 如果分式线性映射 $w=\dfrac{az+b}{cz+d}$ 将 z 平面上的直线映射成 w 平面上的单位圆周，那么它的系数应满足什么条件？

解 若分式线性映射 $w=\dfrac{az+b}{cz+d}$ $(ad-bc\neq 0)$ 将 z 平面上的直线（看成半径为无穷大的圆周）映成 w 平面上的单位圆周，必定将 ∞ 映为单位圆周 $|w|=1$ 上的点. 由于

$$w=\frac{az+b}{cz+d}=\frac{a+\dfrac{b}{z}}{c+\dfrac{d}{z}},$$

令 $z\to\infty$，则 $w=\dfrac{a}{c}$，它应在单位圆周 $|w|=1$ 上，所以 $\left|\dfrac{a}{c}\right|=1$，从而 $|a|=|c|$. 因此，分式线性映射的系数应满足 $ad-bc\neq 0$，且 $|a|=|c|$.

12. 试求将 $|z|<1$ 映射成 $|w-1|<1$ 的分式线性映射.

解 先将 z 平面上的单位圆 $|z|<1$ 通过映射 $\zeta=e^{i\varphi}\dfrac{z-\alpha}{1-\bar{\alpha}z}$（$\varphi$ 为实数，$|\alpha|<1$）映为 ζ 平面上的单位圆 $|\zeta|<1$，再通过平移映射 $w=\zeta+1$ 将它映为圆域 $|w-1|<1$，于是所求映射为 $w=1+e^{i\varphi}\dfrac{z-\alpha}{1-\bar{\alpha}z}$.

15. 求把上半平面 $\mathrm{Im}(z)>0$ 映射成单位圆 $|w|<1$ 的分式线性映射 $w=f(z)$，并满足条件：

1）$f(i)=0, f(-1)=1$；

2）$f(i)=0, \arg f'(i)=0$；

3）$f(1)=1, f(i)=\dfrac{1}{\sqrt{5}}$.

解 1）设将 $\mathrm{Im}(z)>0$ 映为 $|w|<1$ 的分式线性映射为 $w=e^{i\theta}\dfrac{z-\lambda}{z-\bar{\lambda}}$，其中 θ 为常数，λ 为上半平面 $\mathrm{Im}(z)>0$ 内映为 $w=0$ 的点.

由条件 $f(i)=0$ 得 $\lambda=i$，从而 $w=\mathrm{e}^{i\theta}\dfrac{z-i}{z+i}$. 再由条件 $f(-1)=1$ 易得 $\theta=-\dfrac{\pi}{2}$，故所求映射为 $w=-i\dfrac{z-i}{z+i}$.

2）与 1）中类似，由 $f(i)=0$ 得 $w=\mathrm{e}^{i\theta}\dfrac{z-i}{z+i}$，从而有

$$\left.\frac{\mathrm{d}w}{\mathrm{d}z}\right|_{z=i}=\mathrm{e}^{i\theta}\left.\frac{2i}{(z+i)^2}\right|_{z=i}=-\frac{i}{2}\mathrm{e}^{i\theta}=\frac{1}{2}\mathrm{e}^{i\left(\theta-\frac{\pi}{2}\right)}.$$

由 $\arg f'(i)=0$ 得 $\theta=\dfrac{\pi}{2}$，故所求映射为 $w=i\dfrac{z-i}{z+i}$.

3）由已知 $f(i)=\dfrac{1}{\sqrt{5}}$ 和对称性知 $f(-i)=\sqrt{5}$. 将三对对应点 $1, i, -i$ 和 $1, \dfrac{1}{\sqrt{5}}, \sqrt{5}$ 代入(6.1)式得

$$\frac{w-1}{w-\frac{1}{\sqrt{5}}}\cdot\frac{\sqrt{5}-\frac{1}{\sqrt{5}}}{\sqrt{5}-1}=\frac{z-1}{z-i}\cdot\frac{-i-i}{-i-1},$$

化简便可求得满足题目要求的分式线性映射 $w=\dfrac{3z+\sqrt{5}-2i}{(\sqrt{5}-2i)z+3}$.

16. 求把单位圆映射成单位圆的分式线性映射，并满足条件：

2）$f\left(\dfrac{1}{2}\right)=0, \arg f'\left(\dfrac{1}{2}\right)=\dfrac{\pi}{2}$；

4）$f(a)=a, \arg f'(a)=\varphi$.

解　2）由已知 $f\left(\dfrac{1}{2}\right)=0$，故可设所求分式线性映射为

$$w=\mathrm{e}^{i\varphi}\frac{z-\frac{1}{2}}{1-\frac{1}{2}z}=\mathrm{e}^{i\varphi}\frac{2z-1}{2-z}.$$

又因为

$$\left.\frac{\mathrm{d}w}{\mathrm{d}z}\right|_{z=\frac{1}{2}}=\mathrm{e}^{i\varphi}\left.\frac{3}{(z-2)^2}\right|_{z=\frac{1}{2}}=\frac{4}{3}\mathrm{e}^{i\varphi},$$

并且已知 $\arg f'(\frac{1}{2})=\frac{\pi}{2}$，所以有 $\varphi=\frac{\pi}{2}$，故 $w=i\frac{2z-1}{2-z}$ 就是所求的映射.

4）首先，类似于第2）题，可求得一将 $|z|<1$ 映射为 $|\zeta|<1$ 并满足将 $z=a$（不妨设 $|a|<1$，否则用 $z=\frac{1}{a}$ 代替）映为 $\zeta=0$，且使 $\arg g'(a)=\varphi$ 的分式线性映射 $\zeta=g(z)=e^{i\varphi}\frac{z-a}{1-\bar{a}z}$. 然后，利用同样的方法，求一分式线性映射 $\zeta=\varphi(w)$，把 $|w|<1$ 映射成 $|\zeta|<1$，将 $w=a$ 映为 $\zeta=0$，且满足 $\arg\varphi'(a)=0$. 不难得知，

$$\zeta=\varphi(w)=\frac{w-a}{1-\bar{a}w}.$$

从而它的反函数 $w=\psi(\zeta)=\frac{\zeta+a}{1+\bar{a}\zeta}$ 将 $|\zeta|<1$ 映为 $|w|<1$，$\zeta=0$ 映为 $w=a$，且 $\arg\psi'(0)=0$. 这样，上面两个分式线性函数的复合函数 $w=\psi(g(z))=f(z)$ 将 $|z|<1$ 映为 $|w|<1$，$f(a)=\psi(g(a))=a$. 由于 $\left.\frac{\mathrm{d}w}{\mathrm{d}z}\right|_{z=a}=f'(a)=\psi'(g(a))g'(a)=\psi'(0)g'(a)$，故

$$\arg f'(a)=\arg\psi'(0)+\arg g'(a)=0+\varphi=\varphi.$$

因此 $w=f(z)$ 就是所求的映射. 经计算可得

$$w=f(z)=\frac{(e^{i\varphi}-|a|^2)z+(1-e^{i\varphi})a}{(e^{i\varphi}-1)\bar{a}z+(1-|a|^2e^{i\varphi})}.$$

18. 求出一个把右半平面 $\mathrm{Re}(z)>0$ 映射成单位圆 $|w|<1$ 的映射.

解 因为 $\zeta=iz$ 将右半平面映为上半平面，而 $w=e^{i\theta}\frac{\zeta-\lambda}{\zeta-\bar{\lambda}}$（$\theta$ 为实数，λ 为上半平面的一点）将上半平面映为单位圆内部，从而

$$w=e^{i\theta}\frac{iz-\lambda}{iz-\bar{\lambda}}=e^{i\theta}\frac{z-\alpha}{z+\bar{\alpha}}\text{（其中 }\alpha=\frac{\lambda}{i}\text{ 在右半平面）}$$

即为所求映射.

19. 把下列各图中阴影部分所示(边界为直线段或圆弧)的域共形地且互为单值地映射成上半平面,求出实现各该映射的任一个函数.

解　(2)

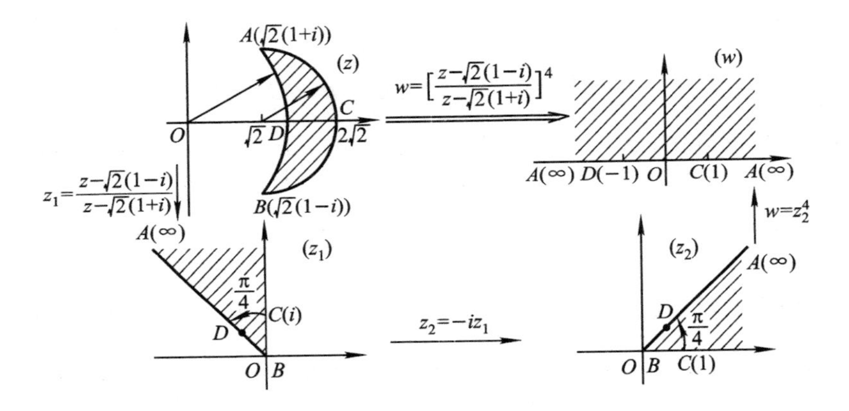

(4)

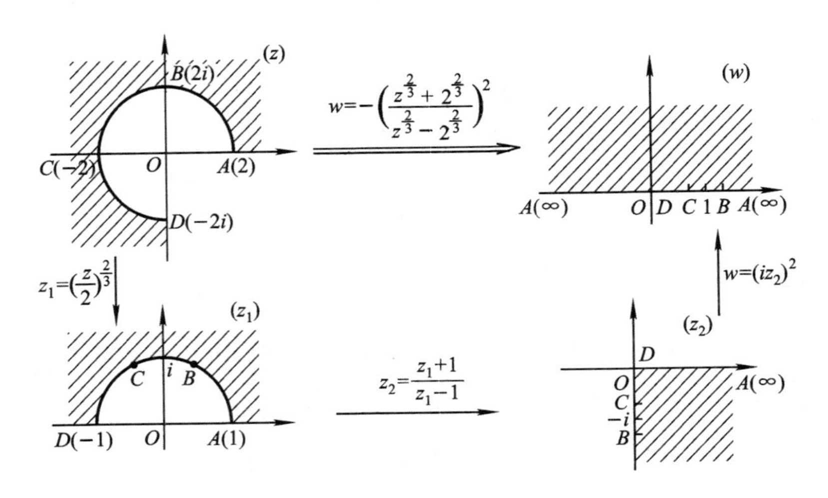

(6)

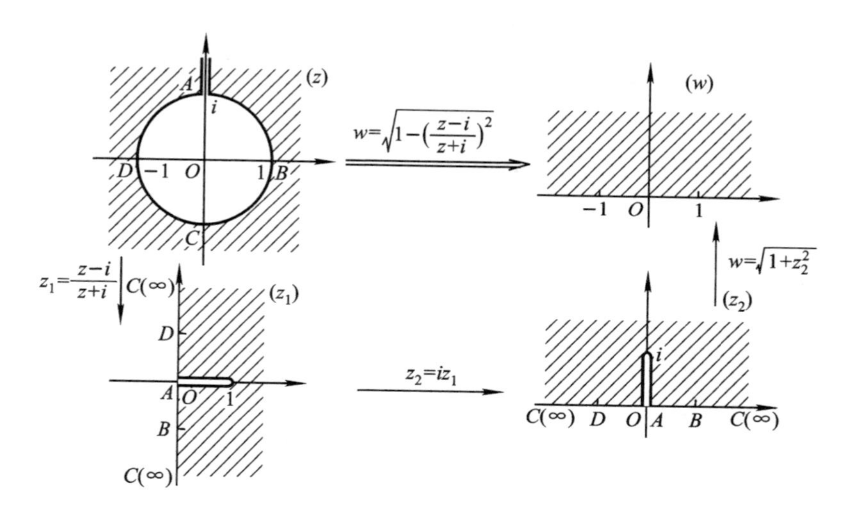

注 最后一个映射 $w=\sqrt{1+z_2^2}$ 是借助于第(5)题的结果得到的,也可以参照教材中 §4 的例 3.

(8) 参考本章例题分析中例 6.4 的方法求解.

(10)

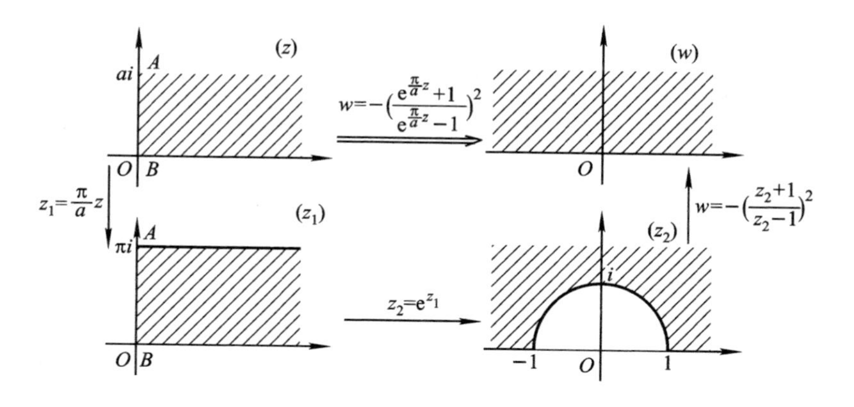

注　其中 $w = -\left(\frac{z_2 + 1}{z_2 - 1}\right)^2$ 是用第(4)题的方法求得的.教材中此题答案有误.

附录　自我检测试题及解答

试　题　（一）

一、填空题（将正确答案填在题中横线上）

1. $e^{\frac{5}{2}\pi i}=$ ________.

2. $(1+i)^{i}=$ ________.

3. $\oint_{|z|=1}\frac{e^{iz}}{z}dz=$ ________.

4. 函数 $w=\sin z$ 在 $z=\frac{\pi}{4}$ 处的转动角为________.

5. 级数 $\sum_{n=1}^{\infty}n^{2}(z-1)^{n}$ 的收敛圆为________.

二、单项选择题（在每个小题四个备选答案中选择一个正确答案，填在题中的括号内）

1. $z=1$ 是函数 $f(z)=\frac{\tan(z-1)}{z-1}$ 的

（A）极点；　　（B）本性奇点；

（C）可去奇点；　　（D）一级零点.

答：（　　）

2. 函数 $w=\mathrm{Ln}\,z$ 的解析区域为：

（A）复平面；　　（B）扩充复平面；

（C）除去原点的复平面；

（D）除去原点与负实轴的复平面.

答：(　　)

3. 设 C 为正向圆周 $|z|=2$，则积分 $\oint_C \left[\sin z+\frac{z^4+z}{(z-1)^2}\right]dz$ 等于

(A) 10；　(B) $10\pi i$；　(C) 0；　(D) $8\pi i$.

答：(　　)

4. 设 $f(z)=\frac{1}{z}-z\sin\frac{1}{z^2}$，则 $\operatorname{Res}[f(z),0]=$

(A) 1；　(B) 2；　(C) 0；　(D) $2\pi i$.

答：(　　)

5. 分式线性函数 $w=\frac{z-i}{z+i}$ 将下半平面 $\operatorname{Im}(z)<0$ 共形映射成：

(A) $\operatorname{Im}(w)>0$；　(B) $\operatorname{Im}(w)<0$；

(C) $|w|<1$；　(D) $|w|>1$.

答：(　　)

三、试解答下列各题

1. 判断函数 $f(z)=\frac{x}{x^2+y^2}-\frac{y}{x^2+y^2}i$ 在何处解析，并在解析区域内求其导数.

2. 求级数 $\sum_{n=0}^{\infty}\frac{z^n}{(n+1)\cdot 5^n}$ 的收敛半径，并讨论它在 $z=\pm 5$ 处的敛散性.

3. 将函数 $f(z)=\frac{1}{z(z-i)}$ 在圆环区域 $0<|z-i|<1$ 内展开为洛朗级数.

4. 求积分 $I=\oint_{|z|=r}\frac{e^{\frac{1}{z}}}{z^2+1}dz$ 的值，其中圆周半径 $r\neq 1$，方向为正向.

5. 求一共形映射 $w=f(z)$，使宽为 h 的左半水平带形域 D 映成

上半平面.

四、证明下列各题

1. 设$f(z)=u(x,y)+iv(x,y)$在区域D内解析,且$u=v^2$,证明该函数在D内是常数.

2. 设C为复平面内一条绕原点的简单闭曲线,试证:

$$\oint_C \frac{z^n e^{z\zeta}}{n!\zeta^{n+1}}\mathrm{d}\zeta = 2\pi i\left(\frac{z^n}{n!}\right)^2.$$

试题(一)解答

一、1. i; 2. $e^{-(2k+\frac{1}{4})\pi}\left[\cos\left(\frac{1}{2}\ln 2\right)+i\sin\left(\frac{1}{2}\ln 2\right)\right]$,$k$为整数;

3. $2\pi i$; 4. 0; 5. $|z-1|<1$.

二、1. (C); 2. (D); 3. (B); 4. (C); 5. (D).

三、1. 因为$f(z)=\frac{\bar{z}}{z\bar{z}}=\frac{1}{z}$,故它除$z=0$外在复平面上处处解析,并且

$$f'(z)=-\frac{1}{z^2}\qquad(z\neq 0).$$

2. 收敛半径为$R=\lim\limits_{n\to\infty}\frac{1}{(n+1)5^n}\bigg/\frac{1}{(n+2)5^{n+1}}=5$. 在$z=5$处,级数变为$\sum\limits_{n=0}^{\infty}\frac{1}{n+1}$,发散;在$z=-5$处,级数变为$\sum\limits_{n=0}^{\infty}\frac{(-1)^n}{n+1}$,收敛.

3. $f(z)=\frac{1}{i(z-i)}\cdot\frac{1}{1+\frac{z-i}{i}}$

$$= -\frac{i}{z-i}\left[1-\frac{z-i}{i}+\left(\frac{z-i}{i}\right)^2\right.$$

$$\left.-\left(\frac{z-i}{i}\right)^3+\cdots+(-1)^n\left(\frac{z-i}{i}\right)^n+\cdots\right]$$

$$= -\frac{i}{z-i}+1-\frac{z-i}{i}-\frac{(z-i)^2}{i^2}+\cdots$$

$$+(-1)^{n+1}\frac{(z-i)^{n-1}}{i^{n-1}}+\cdots,\quad 0<|z-i|<1.$$

4. 因为 $f(z)=\dfrac{e^{\frac{1}{z}}}{z^2+1}$ 的孤立奇点为 $z=0$ 与 $z=\pm i$,$z=\pm i$ 为一级极点,故

$$\text{Res}[f(z),\ \pm i]=\lim_{z\to\pm i}(z\mp i)\frac{e^{\frac{1}{z}}}{z^2+1}=\pm\frac{1}{2i}e^{\mp i}.$$

又在 $0<|z|<1$ 内,

$$f(z)=\left(1+\frac{1}{z}+\frac{1}{2!z^2}+\frac{1}{3!z^3}+\cdots\right)(1-z^2+z^4-z^6+\cdots),$$

所以

$$\text{Res}[f(z),0]=c_{-1}=1-\frac{1}{3!}+\frac{1}{5!}-\cdots=\sin 1.$$

从而得知,当 $r<1$ 时,$I=2\pi i\text{Res}[f(z),0]=2\pi i\sin 1$;当 $r>1$ 时,

$$I=2\pi i\{\text{Res}[f(z),0]+\text{Res}[f(z),i]+\text{Res}[f(z),-i]\}$$

$$=2\pi i\left(\sin 1+\frac{1}{2i}e^{-i}-\frac{1}{2i}e^{i}\right)=0.$$

5. 第一步,通过 $z_1=\dfrac{\pi}{h}z$ 将 D 映为宽为 π 的水平左半带形域 D_1:$0<\text{Im}(z_1)<\pi,\text{Re}(z_1)<0$;第二步,通过 $z_2=e^{z_1}$ 将 D_1 映为单位圆内部的上半部分区域 D_2:$|z_2|<1,\text{Im}(z_2)>0$;第三步,通过分

式线性映射 $z_3 = -\frac{z_2+1}{z_2-1}$ 将 D_2 映为 z_3 平面的第一象限 D_3：$\mathrm{Re}(z_3)>0,\mathrm{Im}(z_3)>0$；第四步，通过幂函数 $w=z_3^2$ 将 D_3 映为上半平面. 将它们复合即得所求的共形映射：

$$w=\left(-\frac{e^{\frac{\pi}{h}z}+1}{e^{\frac{\pi}{h}z}-1}\right)^2=\left(\frac{e^{\frac{\pi}{h}z}+1}{e^{\frac{\pi}{h}z}-1}\right)^2.$$

四、1. 因 $f(z)$ 在 D 内解析，所以

$$\frac{\partial v}{\partial y}=\frac{\partial u}{\partial x}=2v\frac{\partial v}{\partial x},\qquad \frac{\partial v}{\partial x}=-\frac{\partial u}{\partial y}=-2v\frac{\partial v}{\partial y},$$

从而有

$$(1+4v^2)\frac{\partial v}{\partial y}=0.$$

但 $1+4v^2\neq 0$（因 v 是实值函数），故 $\frac{\partial v}{\partial y}=0$，从而有 $\frac{\partial v}{\partial x}=0$. 所以 v 为常数，$u=v^2$ 也是常数. 于是就证明了 $f(z)$ 为常数.

2. $f(\zeta)=\frac{z^n}{n!}z^{z\zeta}$ 在 ζ 平面上解析，由高阶导数公式，

$$f^{(n)}(0)=\frac{n!}{2\pi i}\oint_C\frac{z^n e^{z\zeta}}{n!\zeta^{n+1}}d\zeta.$$

又因为

$$f^{(n)}(0)=\left(\frac{z^n}{n!}e^{z\zeta}\right)^{(n)}\Bigg|_{\zeta=0}=\frac{(z^n)^2}{n!},$$

故知结论成立.

试　题　（二）

一、单项选择题（在每个小题四个备选答案中选出一个正确答案，填在题中括号内）

1. 函数 $f(z)=\bar{z}$ 在复平面上

（A）处处可导；　　　　（B）仅在 $z=0$ 处可导；

(C) 处处不可导；　　(D) 仅在 $z=0$ 处解析.

答：(　　)

2. 下列映射中,将 $0<\operatorname{Re} z<1$ 映为角形域的映射为

(A) e^{iz}；　(B) e^{z}；　(C) $\ln z$；　(D) $\ln iz$.

答：(　　)

3. 设 $u=x+y, v=x+y+1$,则

(A) u 是 v 的共轭调和函数；

(B) v 是 u 的共轭调和函数；

(C) u 和 v 互为共轭调和函数；

(D) u 和 v 不构成共轭调和函数.

答：(　　)

4. 设 $\alpha_n=\dfrac{1}{n}e^{\frac{\pi i}{n}}$,则级数 $\sum\limits_{n=1}^{\infty}\alpha_n$

(A) 收敛但非绝对收敛；　(B) 发散；

(C) 绝对收敛但非收敛；　(D) 绝对收敛.

答：(　　)

二、填空题(将正确答案填在题中横线上)

1. 设 $f(z)=\dfrac{z^3-z^2+z+6}{z^2}$,则 $\operatorname{Res}[f(z),\infty]=$ ________.

2. 级数 $\sum\limits_{n=1}^{\infty}\dfrac{(z-1)^{n-3}}{n^2}$ 的收敛圆为________________.

3. 设 $f(z)$ 是解析函数,$g(z)=c_0+\dfrac{c_{-1}}{z-z_0}+\dfrac{c_{-2}}{(z-z_0)^2}+\cdots$,则 $\operatorname{Res}[f(z)+g^2(z),z_0]=$ ________________.

4. 已知分式线性映射 $w=L(z)$ 将单位圆 $\{z \mid |z|<1\}$ 映射为单位圆 $\{w \mid |w|<1\}$,且 $L\left(\dfrac{1}{2}i\right)=0$,则 $L(2i)=$ __________.

5. $\oint\limits_{|z|=1}\operatorname{Im}(z)\,dz=$ ____________(积分沿 $|z|=1$ 的正向).

三、解答下列各题

1. 试求函数 $f(z)=\dfrac{\sin\left(z-\dfrac{\pi}{2}\right)}{\left(z-\dfrac{\pi}{2}\right)\cos z}$ 在它的所有有限孤立奇点处的留数.

2. 求 $f(z)=\dfrac{z-i}{\sin\dfrac{\pi}{z}-1}$ 的解析区域. $z=0$ 是 $f(z)$ 的有限孤立奇点吗?为什么?

3. 计算积分 $\oint_{|z|=1}\tan\pi z\mathrm{d}z$,积分沿 $|z|=1$ 的正向.

4. 将 $\dfrac{1}{az+b}(a,b\neq 0)$ 展开成 z 的幂级数,并求出收敛半径 R.

5. 计算实积分 $I=\displaystyle\int_{-\infty}^{+\infty}\frac{\mathrm{d}x}{(x^2-2x+4)^2}$.

6. 计算 $\displaystyle\oint_{|z-3|=6}\frac{z\mathrm{d}z}{(z-2)^3(z+4)}$,其中积分路径的方向为正向.

四、证明下列各题

1. 已知:$f(x,y)$ 与 $g(x,y)$ 都是调和函数. 证明:$\alpha f(x,y)+\beta g(x,y)$ 也是调和函数,其中 α 与 β 都是常数.

2. 设 G 为单连通区域,其边界为简单闭曲线 C. 若函数 $f(z)$ 在 $\overline{G}=G\cup C$ 上解析,且在 C 上,$f(z)=0$. 证明:在区域 G 内恒有 $f(z)=0$.

3. 证明:复数 z_1 与 z_2 所表示的向量互相垂直的充要条件是 $\mathrm{Re}(z_1\bar{z}_2)=0$.

试题(二)解答

一、1. (C); 2. (A); 3. (D); 4. (B).

二、1. -1;　2. $|z-1|<1$;　3. $2c_0c_{-1}$;　4. ∞;　5. $-\pi$.

三、1. $f(z)$ 的有限孤立奇点为 $z=k\pi+\frac{\pi}{2}$ ($k=0,\pm1,\pm2,\cdots$),它们都是$f(z)$ 的一级极点(其中 $z=\frac{\pi}{2}$ 是分子的一级零点,分母的二级零点,所以是$f(z)$ 的一级极点). 当 $k\neq0$ 时,

$$\operatorname{Res}\left[f(z),k\pi+\frac{\pi}{2}\right]=\left.\frac{\sin\left(z-\frac{\pi}{2}\right)}{\left(z-\frac{\pi}{2}\right)(\cos z)'}\right|_{z=k\pi+\frac{\pi}{2}}=0;$$

当 $k=0$ 时,

$$\operatorname{Res}\left[f(z),\frac{\pi}{2}\right]=\lim_{z\to\frac{\pi}{2}}\left(z-\frac{\pi}{2}\right)f(z)=\lim_{z\to\frac{\pi}{2}}\frac{\sin\left(z-\frac{\pi}{2}\right)}{\cos z}$$

$$=\lim_{z\to\frac{\pi}{2}}\frac{\cos\left(z-\frac{\pi}{2}\right)}{-\sin z}=-1.$$

2. 解方程 $\sin\frac{\pi}{z}=1$ 得 $z_k=\frac{2}{4k+1}$,其中 k 为整数. 又 $\sin\frac{\pi}{z}$ 在 $z=0$ 处不解析,故$f(z)$ 的解析区域为除去 $z=0$ 及所有 z_k 的复平面.

由于 $z_k\to0(k\to\infty)$,所以在 $z=0$ 的任何去心邻域内都含有 $f(z)$ 的孤立奇点 z_k,故 $z=0$ 不是$f(z)$ 的有限孤立奇点.

3. $f(z)$ 在 $|z|<1$ 内有两个孤立奇点 $z=\pm\frac{1}{2}$,它们都是$f(z)$ 的一级极点,故

$$\operatorname{Res}\left[f(z),\pm\frac{1}{2}\right]=\left.\frac{\sin\pi z}{(\cos\pi z)'}\right|_{\pm\frac{1}{2}}=-\frac{1}{\pi}.$$

根据留数定理,

$$\oint_{|z|=1}\tan\pi z\mathrm{d}z=2\pi i\left\{\operatorname{Res}\left[\tan\pi z,\frac{1}{2}\right]+\operatorname{Res}\left[\tan\pi z,-\frac{1}{2}\right]\right\}$$

$$= -4i.$$

4. $\dfrac{1}{az+b}=\dfrac{1}{b}\dfrac{1}{1+\dfrac{az}{b}}=\sum\limits_{n=0}^{\infty}(-1)^n\dfrac{a^n}{b^{n+1}}z^n$, $|z|<\left|\dfrac{b}{a}\right|$, $|R|=\left|\dfrac{b}{a}\right|$.

5. 由于 $f(z)=\dfrac{1}{(z^2-2z+4)^2}$ 在上半平面仅有一个二级极点 $z=1+\sqrt{3}i$,并且

$$\begin{aligned}\mathrm{Res}[f(z),1+\sqrt{3}i]&=\lim_{z\to1+\sqrt{3}i}\frac{\mathrm{d}}{\mathrm{d}z}[(z-1-\sqrt{3}i)^2f(z)]\\&=\lim_{z\to1+\sqrt{3}i}\frac{\mathrm{d}}{\mathrm{d}z}\left[\frac{1}{(z-1+\sqrt{3}i)^2}\right]=\frac{1}{12\sqrt{3}i},\end{aligned}$$

所以

$$I=2\pi i\mathrm{Res}[f(z),1+\sqrt{3}i]=\frac{\pi}{6\sqrt{3}}.$$

6. $$\begin{aligned}\oint_{|z-3|=6}\frac{z\mathrm{d}z}{(z-2)^3(z+4)}&=\oint_{|z-3|=6}\frac{\dfrac{z}{z+4}}{(z-2)^3}\mathrm{d}z\\&=\frac{2\pi i}{2!}\left(\frac{z}{z+4}\right)''\bigg|_{z=2}=-\frac{1}{27}\pi i.\end{aligned}$$

四、1. 因为 $\Delta f=0$, $\Delta g=0$,且 f,g 有二阶连续偏导数,所以

$$\Delta(\alpha f+\beta g)=\alpha\Delta f+\beta\Delta g=0.$$

并且 $\alpha f+\beta g$ 也有二阶连续偏导数,故为调和函数.

2. 由柯西积分公式,对任意 $z\in G$ 都有

$$f(z)=\frac{1}{2\pi i}\oint_C\frac{f(\xi)}{\xi-z}d\xi.$$

又因为在 C 上,$f(z)=0$,由上式得知对任意 $z\in G$ 都有 $f(z)=0$. 故在区域 D 内恒有 $f(z)=0$.

3. 设 $z_1=x_1+iy_1$,$z_2=x_2+iy_2$,它们所表示的向量相互垂直的

充要条件为

$$x_1x_2+y_1y_2=0,\quad 或\quad z_1\bar{z}_2+\bar{z}_1z_2=0.$$

再由 $\mathrm{Re}(z_1\bar{z}_2)=\dfrac{1}{2}(z_1\bar{z}_2+\overline{z_1\bar{z}_2})=\dfrac{1}{2}(z_1\bar{z}_2+\bar{z}_1z_2)$ 知,充要条件也可表示为

$$\mathrm{Re}(z,\bar{z}_2)=0.$$

试　题　(三)

一、单项选择题(在每个小题四个备选答案中选出一个正确答案,填在题中括号内)

1. 设 $f(z)=\bar{z}z^3$,则

(A) $f(z)$ 在复平面上无处可导;

(B) $f(z)$ 在复平面上处处可导;

(C) $f(z)$ 仅在 $z=0$ 处可导;

(D) $f(z)$ 仅在 $z=0$ 处解析.

答:(　　)

2. 下列映射中,将角形域 $0<\arg z<\dfrac{\pi}{4}$ 变为带形域的共形映射为

(A) z^2;　　(B) $\ln z$;　　(C) e^z;　　(D) $\mathrm{sh}\, z$.

答:(　　)

3. 为使积分 $\dfrac{1}{\pi i}\oint_C\dfrac{1}{z(z^2-1)}\mathrm{d}z=1$,积分路径 C(C 为正向简单闭曲线)应

(A) 包含 1 而不包含 0, -1;　(B) 包含 0,1 而不包含 -1;

(C) 包含 0, -1,而不包含 1;　(D) 不包含 0,1, -1.

答:(　　)

4. 设 $\alpha_n = \frac{n}{2^n}(1+i)^n$，则级数 $\sum_{n=1}^{\infty}\alpha_n$

(A) 发散；　　(B) 收敛但非绝对收敛；

(C) 绝对收敛；　　(D) 绝对收敛但非收敛.

答：(　　)

二、填空题(将正确答案填在题中横线上)

1. $\text{Res}[\sin z - \cos^2 z, \infty] =$ ________.

2. 函数 $\frac{z}{z+2}$ 在 $z < |z| < +\infty$ 内的洛朗展开式为________.

3. $\oint_{|z|=r} x\mathrm{d}z =$ ________(r 为正常数，积分沿 $|z| = r$ 的正向).

4. $\text{Res}\left[\sin\frac{z}{1-z}, 1\right] =$ ________，$\text{Res}\left[z\sin\frac{z}{1-z}, 1\right] =$ ________.

5. 将 0、1、-1 依次变为 0、$-i$、1 的分式线性映射为________.

三、解答下列各题

1. 解方程 $i\mathrm{e}^z + 1 + i = 0$.

2. 试求函数 $\frac{\cot z}{z}$ 在它的所有有限孤立奇点处的留数.

3. 求曲线 $z = R\cos t + iR\sin t$，$(0 \leqslant t \leqslant \pi)$ 在映射 $w = \frac{z}{\bar{z}}$ 下的像曲线，其中 $R > 0$.

4. 计算积分 $\oint_{|z|=5} \frac{\mathrm{e}^{2z}}{(z-\pi i)^5}\mathrm{d}z$，积分沿 $|z| = 5$ 的正向.

5. 计算实积分 $I = \int_{-\infty}^{+\infty} \frac{\mathrm{d}x}{(x^2+2x+2)^2}$.

6. 计算积分$\oint_{|z|=1}\left[2\cos\frac{1}{z}+\sin\left(\frac{\pi z-2}{z}\right)\right]dz$, $|z|=1$ 取正向.

7. 将 $\sin^2 z$ 展开成 z 的幂级数.

四、证明下列各题

1. 试证明:三点 $1+3i$,0 与$\frac{1}{3i-1}$在一条直线上.

2. 设 $w=u+iv$ 是 $z=r(\cos\theta+i\sin\theta)$ 的解析函数,证明:

$$z\frac{dw}{dz}=\frac{\partial v}{\partial\theta}-i\frac{\partial u}{\partial\theta}.$$

试题(三)解答

一、1. (C); 2. (B); 3. (A); 4. (C).

二、1. 0; 2. $\sum_{n=0}^{\infty}(-1)^n\frac{2^n}{z^n}$; 3. $\pi r^2 i$; 4. -1, -1;

5. $(1+i)\frac{z}{iz-1}$.

三、1. 因为 $e^z=-\frac{1+i}{i}=-1+i$,所以

$$z=\mathrm{Ln}(-1+i)=\frac{1}{2}\ln 2+\left(2k+\frac{3}{4}\right)\pi i\ (k\ 为整数).$$

2. 因为$\frac{\cot z}{z}$的有限孤立奇点为 $z_k=k\pi(k=0,\pm1,\pm2,\cdots)$,除 $z=0$ 外,它们都是一级极点,而 $z=0$ 为二级极点,所以

$$\mathrm{Res}\left[\frac{\cot z}{z},z_k\right]=\frac{\cos z}{z(\sin z)'}\bigg|_{z_k,k\neq0}=\frac{1}{k\pi},\quad(k=\pm1,\pm2,\cdots)$$

$$\mathrm{Res}\left[\frac{\cot z}{z},0\right]=\lim_{z\to0}\left(z^2\frac{\cot z}{z}\right)'=\lim_{z\to0}\frac{\sin z\cos z-z}{\sin^2 z}=0.$$

3. 由于 $z=Re^{it}$, 所以

$$w=\frac{z}{\bar{z}}=\frac{z^2}{|z|^2}=e^{2it}=\cos 2t+i\sin 2t\quad(0\leqslant 2t\leqslant 2\pi).$$

从而有 $|w|=1$,故像曲线为 w 平面上的单位圆.

4. $\displaystyle\oint_{|z|=5}\frac{e^{2z}}{(z-\pi i)^5}dz=\frac{2\pi i}{4!}(e^{2z})^{(4)}\Big|_{z=\pi i}=\frac{4}{3}\pi i e^{2\pi i}=\frac{4}{3}\pi i.$

5. 由于 $R(z)=\dfrac{1}{(z^2+2z+2)^2}$ 在上半平面仅有一个二级极点 $z=-1+i$,并且

$$\begin{aligned}\operatorname{Res}[R(z),-1+i]&=\lim_{z\to -1+i}\frac{d}{dz}[(z+1-i)^2R(z)]\\&=\lim_{z\to -1+i}\frac{d}{dz}\left[\frac{1}{(z+1+i)^2}\right]=\frac{1}{4i},\end{aligned}$$

所以 $I=2\pi i\cdot\dfrac{1}{4i}=\dfrac{\pi}{2}.$

6. 由于

$$\begin{aligned}f(z)&=2\cos\frac{1}{z}+\sin\left(\pi-\frac{2}{z}\right)=2\cos\frac{1}{z}+\sin\frac{2}{z}\\&=2\left(1-\frac{1}{2!z^2}+\frac{1}{4!z^4}-\cdots\right)+\left(\frac{2}{z}-\frac{8}{3!z^3}+\cdots\right)\\&=2+\frac{2}{z}-\frac{2}{2!z^2}-\frac{8}{3!z^3}+\frac{2}{4!z^4}+\cdots,\end{aligned}$$

所以 $\displaystyle\oint_{|z|=1}f(z)dz=2\pi i c_{-1}=4\pi i.$

7. 因为 $\sin^2 z=\dfrac{1-\cos 2z}{2}$,并且

$$\cos z=1-\frac{z^2}{2!}+\frac{z^4}{4!}-\frac{z^6}{6!}+\cdots+(-1)^n\frac{z^{2n}}{(2n)!}+\cdots,$$

所以 $\displaystyle\sin^2 z=\sum_{n=1}^{\infty}(-1)^{n+1}\frac{2^{2n-1}}{(2n)!}z^{2n}.$

四、1. 因为 $\dfrac{1}{3i-1}=-\dfrac{1}{10}(1+3i)$,所以

$$\operatorname{Arg}\left(\frac{1}{3i-1}\right)=\pi+\operatorname{Arg}(1+3i),$$

故知 $1+3i$,0 与$\dfrac{1}{3i-1}$三点共线.

2. 已知 $w=u+iv$ 解析,故$\dfrac{\partial u}{\partial x}=-\dfrac{\partial v}{\partial y},\dfrac{\partial u}{\partial y}=-\dfrac{\partial v}{\partial x}$,从而有

$$\frac{\partial u}{\partial \theta}=\frac{\partial u}{\partial x}\frac{\partial x}{\partial \theta}+\frac{\partial u}{\partial y}\frac{\partial y}{\partial \theta}=-r\frac{\partial u}{\partial x}\sin\theta+r\frac{\partial u}{\partial y}\cos\theta$$
$$=-r\left(\frac{\partial u}{\partial x}\sin\theta+\frac{\partial v}{\partial x}\cos\theta\right),$$
$$\frac{\partial v}{\partial \theta}=r\left(\frac{\partial u}{\partial x}\cos\theta-\frac{\partial v}{\partial x}\sin\theta\right).$$

所以

$$z\frac{\mathrm{d}w}{\mathrm{d}z}=r(\cos\theta+i\sin\theta)\left(\frac{\partial u}{\partial x}+i\frac{\partial v}{\partial x}\right)$$
$$=r\frac{\partial u}{\partial x}\cos\theta-r\frac{\partial v}{\partial x}\sin\theta+ir\left(\frac{\partial v}{\partial x}\cos\theta+\frac{\partial u}{\partial x}\sin\theta\right)$$
$$=\frac{\partial v}{\partial \theta}-i\frac{\partial u}{\partial \theta}.$$

试　题　(四)

一、单项选择题(在每小题四个备选答案中选出一个正确答案,填在题中括号内)

1. 由不等式 $0<\arg(z-1)<\dfrac{\pi}{4}$ 与 $2\leqslant \mathrm{Re}(z)\leqslant 3$ 所确定的点集是

(A) 开集,但非区域;　　(B) 闭区域;

(C) 区域;　　(D) 非开集,亦非闭区域.

答:(　　)

2. $z=1$ 为函数 $f(z)=\sin\dfrac{1}{z-1}+\dfrac{1}{(z-1)^2}$ 的

(A) 可去奇点;　　(B) 极点;

（C）本性奇点；　　（D）非孤立奇点.

答：（　　）

3. 设 C 为圆周 $|z|=2$,方向为正向,则积分 $\oint_C \frac{\sin z}{(z-\pi/2)^2}dz$ 等于

（A）0；　（B）$8\pi i$；　（C）$2\pi i$；　（D）1.

答：（　　）

4. 设 C 为 $2\pi<|z|<3\pi$ 内任一正向简单闭曲线,则 $\oint_C \frac{z}{1-e^z}dz=$

（A）0；　（B）$8\pi^2$；　（C）$-8\pi^2$；　（D）$8\pi^2 i$.

答：（　　）

二、填空题（将正确答案填在题中横线上）

1. 函数 $w=e^{\cos z}$ 在 $\frac{\pi}{2}$ 处的转动角为__________.

2. 已知 $f(z)=u(x,y)+i(2xy+y)$ 解析,则 $f'(z)=$__________.

3. $\oint_C \frac{1}{z^2(z^2+4)}dz=$__________,积分路线 C 为正向圆周 $|z|=3/2$ 与负向圆周 $|z|=1$ 所组成的复合闭路.

4. 函数 $\frac{z}{z^2+i}$ 在 $z_0=0$ 处的泰勒展开式中,z^5 的系数为__________.

5. 在 $w=\frac{1}{2}\left(z+\frac{1}{z}\right)$ 映射下圆周 $|z|=2$ 的像曲线的方程为__________.

6. 设 $f(z)$ 为复平面上的解析函数,则 $\mathrm{Res}\left[\left(\frac{1}{z}+\frac{1}{z^2}\right)f(z),0\right]=$__________.

三、解答下列各题

1. 解方程 $e^z = (1+i)^i$.

2. 讨论函数 $f(z) = \dfrac{\mathrm{Re}(z)}{1+|z|}$ 在原点处的连续性与可导性.

3. 计算 $I = \oint_C (1+i-2\bar{z})\mathrm{d}z$,其中 C 为折线 $z_1z_2z_3$,方向为 $z_1 = 0 \to z_2 = 1 \to z_3 = 1+i$.

4. 求级数 $\sum\limits_{n=0}^{\infty} \dfrac{3^n+4^n}{n^2+1}(z+2)^n$ 的收敛圆,并讨论在 $z=-\dfrac{7}{4}, -\dfrac{9}{4}$ 处该级数的敛散性.

5. 计算积分 $I = \oint_C \left(\dfrac{2}{z} + \dfrac{1}{\sin z}\right)\mathrm{d}z$,其中 C 为正向圆周 $|z| = 4$.

6. 求将角形域 $-\dfrac{\pi}{6} < \arg z < \dfrac{\pi}{6}$ 映为单位圆周 $|w| = 1$ 内部的共形映射.

四、证明下列各题

1. 证明:复平面上三点 z_1, z_2, z_3 共线的充要条件是 $\dfrac{z_3-z_1}{z_2-z_1}$ 为实数.

2. 设 $f(z) = u+iv$ 是区域 D 内的解析函数,证明乘积 uv 是 D 内的调和函数.

试题(四)解答

一、1. (D); 2. (C); 3. (A); 4. (A).

二、1. π; 2. $2z+1$; 3. 0; 4. i; 5. $\dfrac{16}{25}u^2 + \dfrac{16}{9}v^2 = 1$;

6. $f(0) + f'(0)$.

三、1. $z = i\mathrm{Ln}(1+i) = i\left[\ln\sqrt{2}+\left(2k+\frac{1}{4}\right)\pi i\right] = -\left(2k+\frac{1}{4}\right)\pi+\frac{i}{2}\ln 2$（$k$ 为整数）.

2. 因为当 $z\to 0$ 时，

$$|f(z)-f(0)| = \frac{|\mathrm{Re}(z)|}{1+|z|} \leqslant |\mathrm{Re}(z)| \to 0,$$

所以 $f(z)$ 在原点连续. 又因为

$$\frac{f(0+\Delta z)-f(0)}{\Delta z} = \frac{\mathrm{Re}(\Delta z)}{(\Delta z)(1+|\Delta z|)},$$

当 Δz 沿直线 $y=kx$ 趋于 0 时，上式极限随 k 而变，故在原点 $f(z)$ 不可导.

3. 设 C_1 的参数方程为 $z=t(0\leqslant t\leqslant 1)$，$C_2$ 的参数方程为 $z=1+it\ (0\leqslant t\leqslant 1)$，则

$$\begin{aligned} I &= \int_{C_1}(1+i-2\bar{z})\mathrm{d}z+\int_{C_2}(1+i-2\bar{z})\mathrm{d}z \\ &= \int_0^1(1+i-2t)\mathrm{d}t+\int_0^1(1+i-2+2ti)i\mathrm{d}t = -2. \end{aligned}$$

4. 因为

$$R = \lim_{n\to\infty}\frac{3^n+4^n}{n^2+1}\Big/\frac{3^{n+1}+4^{n+1}}{(n+1)^2+1} = \frac{1}{4},$$

所以级数的收敛圆为 $|z+2| = \frac{1}{4}$.

当 $z=-\frac{7}{4}$ 时，级数变为 $\sum\limits_{n=0}^{\infty}\frac{1}{n^2+1}\left(1+\frac{3^n}{4^n}\right)$，容易判定它是收敛的；

当 $z=-\frac{9}{4}$ 时，级数变为 $\sum\limits_{n=0}^{\infty}\frac{(-1)^n}{n^2+1}\left(1+\frac{3^n}{4^n}\right)$ 亦收敛，且绝对收敛.

5. 设 $f(z)=\frac{2}{z}+\frac{1}{\sin z}=\frac{2\sin z+z}{z\sin z}$,显然 $z=0$ 与 $z=\pm\pi$ 都是 $f(z)$ 在 C 内的孤立奇点,它们都是 $f(z)$ 的一级极点. 因为

$$\operatorname{Res}[f(z),0]=\lim_{z\to 0}zf(z)=\lim_{z\to 0}\frac{2\sin z+z}{\sin z}=\lim_{z\to 0}\frac{2\cos z+1}{\cos z}=3,$$

$$\operatorname{Res}[f(z),\pm\pi]=\left.\frac{2\sin z+z}{z(\sin z)'}\right|_{z=\pm\pi}=-1,$$

故

$$I=\oint_C\left(\frac{2}{z}+\frac{1}{\sin z}\right)\mathrm{d}z=2\pi i(3-2)=2\pi i.$$

6. 第一步,通过映射 $z_1=e^{\frac{\pi}{6}i}z$ 将角形域 $-\frac{\pi}{6}<\arg z<\frac{\pi}{6}$ 映为角形域

$0<\arg z_1<\frac{\pi}{3}$;第二步,通过映射 $z_2=z_1^3$ 将角形域 $0<\arg z_1<\frac{\pi}{3}$ 映为上半平面 $\operatorname{Im}(z_2)>0$;第三步,通过分式的映射 $w=\frac{z_2-i}{z_2+i}$ 将上半平面 $\operatorname{Im}(z_2)>0$ 映为单位圆 $|w|=1$ 的内部,故所求映射为

$$w=\frac{e^{\frac{\pi}{2}i}z^3-i}{e^{\frac{\pi}{2}i}z^3+i}=\frac{z^3-1}{z^3+1}.$$

四、1. 因为过 z_1 与 z_2 的直线方程为 $z=z_1+t(z_2-z_1)$,$t\in(-\infty,+\infty)$,所以 z_3 在该直线上的充要条件是:$\exists t_0\in(-\infty,+\infty)$,使

$$z_3=z_1+t_0(z_2-z_1),$$

或者

$$\frac{z_3-z_1}{z_2-z_1}=t_0\text{ 为实数}.$$

2. 由于 $f(z)=u+iv$ 在 D 内解析,所以 u 与 v 都是 D 内的调和函数,且满足 $C\text{-}R$ 方程:$\frac{\partial u}{\partial x}=\frac{\partial v}{\partial y},\frac{\partial u}{\partial y}=-\frac{\partial v}{\partial x}$. 又

$$\frac{\partial(uv)}{\partial x}=u\frac{\partial v}{\partial x}+v\frac{\partial u}{\partial x},$$

$$\frac{\partial^2(uv)}{\partial x^2}=u\frac{\partial^2 v}{\partial x^2}+2\frac{\partial u}{\partial x}\frac{\partial v}{\partial x}+v\frac{\partial^2 u}{\partial x^2},$$

同理，

$$\frac{\partial^2(uv)}{\partial y^2}=u\frac{\partial^2 v}{\partial y^2}+2\frac{\partial u}{\partial y}\frac{\partial v}{\partial y}+v\frac{\partial^2 u}{\partial y^2}.$$

代入 C-R 方程易得

$$\frac{\partial^2(uv)}{\partial x^2}+\frac{\partial^2(uv)}{\partial y^2}=u\left(\frac{\partial^2 v}{\partial x^2}+\frac{\partial^2 v}{\partial y^2}\right)+v\left(\frac{\partial^2 u}{\partial x^2}+\frac{\partial^2 u}{\partial y^2}\right)=0,$$

所以 uv 在 D 内是调和函数.

试　题（五）

一、单项选择题（在每个小题四个备选答案中选出一个正确答案，填在题中括号内）

1. $z=0$ 是函数 $f(z)=\left(1+\frac{1}{z^2}\right)e^{-\frac{1}{z}}$ 的

(A) 可去奇点；　(B) 极点；

(C) 本性奇点；　(D) 非孤立奇点.

答：(　　)

2. 设 C 为圆周 $|z-i|=2$，方向为正向，则积分 $\oint_C \frac{e^{-z}\sin z}{z^2}dz$ 等于

(A) $10\pi i$；　(B) $2\pi i$；　(C) 0；　(D) $\frac{e}{3}\pi i$.

答：(　　)

3. 设 C 为正向圆周 $|z|=1$，则 $\oint_C\left(z^2e^{\frac{1}{z^3}}+\cos\frac{1}{z}\right)dz=$

(A) $2\pi i$；　(B) 0；　(C) $-2\pi i$；　(D) $4\pi i$.

答：(　　)

二、填空题(将正确答案填在题中横线上)

1. 函数 $w = z^2 - z$ 伸缩率为 1 的点集为________.

2. 对解析函数 $f(z) = u(x,y) + \dfrac{iy}{x^2 + y^2}$ $(z \neq 0)$，有 $f'(1) =$ ________.

3. 设 $f(z)$ 在 z 平面上解析，$f(z) = \sum\limits_{n=0}^{\infty} a_n z^n$，则 $\mathrm{Res}\left[\dfrac{f(z)}{z^k},0\right] =$ ________(k 为自然数).

4. 在映射 $w = iz$ 下集合 $D = \{z \mid 1 \leqslant |z| \leqslant 2, 0 \leqslant \arg z \leqslant \pi\}$ 的像集为________.

5. $\oint\limits_{|z|=1} \dfrac{z+1}{(2z+1)(z-2)}\mathrm{d}z =$ ________(积分沿 $|z| = 1$ 的正向).

6. 设 $f(z) = \dfrac{2z+1}{z^2+z-2}$，则它在圆环域 $1 < |z| < 2$ 内洛朗展开式的主部为________.

三、解答下列各题

1. 求 $\left|\dfrac{(3+4i)(1+i)^6}{i^5(2+4i)^2}\right|$ 的值.

2. 利用对数留数计算积分 $I = \oint\limits_{|z|=\frac{3}{2}} \dfrac{z^3}{z^4+1}\mathrm{d}z$，$|z| = \dfrac{3}{2}$ 取正向.

3. 计算积分 $I = \oint_C \dfrac{1}{(z-1)^2}\sin\dfrac{2}{z^2}\mathrm{d}z$，$C$ 为正向圆周 $|z| = 2$.

4. 求将区域 $\{z \mid 0 < \arg z < \dfrac{\pi}{2}, |z| > 1\}$ 映为上半平面的共形映射.

5. 求函数 $f(z) = \dfrac{1}{(1+z^2)^2}$ 在原点的泰勒级数及其在圆环域 $1 <$

$|z|<+\infty$ 内的洛朗展开式.

6. 求 $\cos z$ 的所有零点.

7. 计算积分$\int_C (1+i-2\bar{z})\mathrm{d}z$,其中 C 为抛物线 $y=x^2$ 上自点 $z_1=0$ 至点 $z_2=1+i$ 的一段.

四、证明下列各题

1. 证明:函数 $f(z)=\begin{cases}\dfrac{xy}{x^2+y^2}, & z\neq 0,\\ 0, & z=0,\end{cases}$ 在 $z=0$ 处不连续.

2. 设 $\varphi(x,y)$ 与 $\psi(x,y)$ 是区域 D 内的调和函数,$u=\dfrac{\partial\varphi}{\partial y}-\dfrac{\partial\psi}{\partial x}$, $v=\dfrac{\partial\varphi}{\partial x}+\dfrac{\partial\psi}{\partial y}$,证明 $f(z)=u+iv$ 是 D 内的解析函数.

试题(五)解答

一、1. (C); 2. (B); 3. (B).

二、1. $\left\{z \mid \left|z-\dfrac{1}{2}\right|=\dfrac{1}{2}\right\}$; 2. 1; 3. $\dfrac{f^{(k-1)}(0)}{(k-1)!}$;

4. $\left\{z \mid 1\leqslant |z|\leqslant 2, \dfrac{\pi}{2}\leqslant \arg w\leqslant \pi, -\pi<\arg w\leqslant -\dfrac{\pi}{2}\right\}$;

5. $-\dfrac{\pi}{5}i$; 6. $\sum\limits_{n=1}^{\infty}\dfrac{1}{z^n}$.

三、1. $\left|\dfrac{(3+4i)(1+i)^6}{i^5(2+4i)^2}\right|=\dfrac{|3+4i|\cdot|1+i|^6}{|2+4i|^2}=\dfrac{5(\sqrt{2})^6}{(2\sqrt{5})^2}=2.$

2. 取 $f(z)=z^4+1$,则

$$I = \oint_{|z| = \frac{3}{2}} \frac{z^3}{z^4 + 1} dz = \frac{1}{4} \oint_{|z| = \frac{3}{2}} \frac{f'(z)}{f(z)} dz.$$

由于 $f(z)$ 的 4 个一级零点全在 $|z| = \dfrac{3}{2}$ 内，并且没有极点，故

$$I = \frac{1}{4} \oint_{|z| = \frac{3}{2}} \frac{f'(z)}{f(z)} dz = \frac{1}{4} \times 2\pi i \times 4 = 2\pi i.$$

3. 由于 $f(z) = \dfrac{1}{(z-1)^2}\sin\dfrac{2}{z^2}$ 的有限孤立奇点 $z = 0$ 与 $z = 1$ 都在 C 内，在 C 外只有一个孤立奇点 $z = \infty$，并且

$$\text{Res}[f(z), \infty] = -\text{Res}\left[f\left(\frac{1}{z}\right)\frac{1}{z^2}, 0\right] = -\text{Res}\left[\frac{\sin 2z^2}{(1-z)^2}, 0\right] = 0,$$

所以

$$I = -2\pi i \text{Res}[f(z), \infty] = 0.$$

4. 第一步，通过 $z_1 = z^2$ 将给定的区域映为 z_1 平面上的上半单位圆的外部，设为 D_1；第二步，通过映射 $z_2 = \dfrac{z_1 + 1}{z_1 - 1}$ 将 D_1 映为 z_2 平面上的第四象限，设为 D_2；第三步，通过 $w = (iz_2)^2 = -z_2^2$ 将 D_2 映为上半平面，故所求映射为

$$w = -\left(\frac{z^2 + 1}{z^2 - 1}\right)^2.$$

5. 利用二项展开式得 $f(z)$ 在原点的泰勒级数为：

$$\frac{1}{(1+z^2)^2} = 1 - 2z^2 + 3z^4 - 4z^6 + \cdots(-1)^n(n+1)z^{2n} + \cdots, \quad |z| < 1.$$

又 $f(z) = \dfrac{1}{z^4\left[1 + \left(\dfrac{1}{z}\right)^2\right]^2}$，在上面的展开式中用 $\dfrac{1}{z}$ 代替 z 即得 $f(z)$ 在 $1 < |z| < +\infty$ 内的洛朗展开式：

$$\frac{1}{(1+z^2)^2} = \frac{1}{z^4}\left[1 - \frac{2}{z^2} + \frac{3}{z^4} - \frac{4}{z^6} + \cdots + (-1)^n \frac{n+1}{z^{2n}} + \cdots\right]$$

$$= \frac{1}{z^4}\sum_{n=0}^{\infty}(-1)^n \frac{n+1}{z^{2n}}, \quad 1 < |z| < +\infty.$$

6. 由 $\cos z = \cos x \operatorname{ch} y - i\sin x \operatorname{sh} y = 0$ 得

$$\begin{cases}\cos x \operatorname{ch} y = 0, \\ \sin x \operatorname{sh} y = 0.\end{cases}$$

解此方程组可得 $x = k\pi + \frac{\pi}{2}, y = 0$. 所以 $\cos z$ 的零点为 $z = k\pi + \frac{\pi}{2}$(k 为整数).

7. C 的方程为 $z = x + ix^2 (0 \leqslant x \leqslant 1)$,所以

$$\begin{aligned}\int_C (1 + i - 2\bar{z})\mathrm{d}z &= \int_0^1 (1 + i - 2x + 2x^2 i)(1 + 2xi)\mathrm{d}x \\ &= \int_0^1 [(1 - 4x - 4x^3) + i(1 + 2x - 2x^2)]\mathrm{d}x \\ &= -2 + \frac{4}{3}i.\end{aligned}$$

四. 1. 由于 $\lim\limits_{\substack{x\to 0 \\ y = kx}} f(x) = \lim\limits_{x\to 0}\frac{kx^2}{x^2 + k^2x^2} = \frac{k}{1 + k^2}$ 随 k 的不同而不同,因此当 $z \to 0$ 时,$f(z)$ 的极限不存在,故 $f(z)$ 在 $z = 0$ 处不连续.

2. 因为 $\frac{\partial^2 \varphi}{\partial x^2} + \frac{\partial^2 \varphi}{\partial y^2} = 0, \frac{\partial^2 \psi}{\partial x^2} + \frac{\partial^2 \psi}{\partial y^2} = 0$,且 φ 与 ψ 中有二阶连续偏导数,所以

$$\frac{\partial u}{\partial x} = \frac{\partial^2 \varphi}{\partial x \partial y} - \frac{\partial^2 \psi}{\partial x^2}, \qquad \frac{\partial u}{\partial y} = \frac{\partial^2 \varphi}{\partial y^2} - \frac{\partial^2 \psi}{\partial x \partial y} = -\left(\frac{\partial^2 \varphi}{\partial x^2} + \frac{\partial^2 \psi}{\partial x \partial y}\right),$$

$$\frac{\partial v}{\partial x} = \frac{\partial^2 \varphi}{\partial x^2} + \frac{\partial^2 \psi}{\partial x \partial y}, \qquad \frac{\partial v}{\partial y} = \frac{\partial^2 \varphi}{\partial x \partial y} + \frac{\partial^2 \psi}{\partial y^2} = \frac{\partial^2 \varphi}{\partial x \partial y} - \frac{\partial^2 \psi}{\partial x^2}.$$

从而易见 $\frac{\partial u}{\partial x} = \frac{\partial v}{\partial y}, \frac{\partial u}{\partial y} = -\frac{\partial v}{\partial x}$,且 u 与 v 具有一阶连续偏导数,故 $f(z) = u + iv$ 是 D 内的解析函数.

策划编辑　李艳馥

责任编辑　胡乃囧

封面设计　于　涛

责任绘图　杜晓丹

责任印制　毛斯璐

图书在版编目(CIP)数据

工程数学.复变函数学习辅导与习题选解/王绵森编.
—4版.—北京:高等教育出版社,2003.12(2019.12重印)
ISBN 978-7-04-012957-1

Ⅰ.工…　Ⅱ.王…　Ⅲ.①工程数学-高等学校-
教学参考资料②复变函数-高等学校-教学参考资料
Ⅳ.TB11

中国版本图书馆CIP数据核字(2003)第093442号

出版发行	高等教育出版社	咨询电话	400-810-0598
社　　址	北京市西城区德外大街4号	网　　址	http://www.hep.edu.cn
邮政编码	100120		http://www.hep.com.cn
印　　刷	高教社(天津)印务有限公司	网上订购	http://www.landraco.com
开　　本	850×1168　1/32		http://www.landraco.com.cn
印　　张	7.5	版　　次	2003年12月第1版
字　　数	180 000	印　　次	2019年12月第20次印刷
购书热线	010-58581118	定　　价	19.20元

本书如有缺页、倒页、脱页等质量问题,请到所购图书销售部门联系调换。

物 料 号　12957-00